U0249923

图书在版编目(CIP)数据

构建中国—东盟"蓝色伙伴关系"研究 / 成汉平，
薛莉清主编. — 南京：南京大学出版社，2025.1.
(海洋命运共同体构建：理论与实践 / 朱锋主编).
ISBN 978-7-305-26728-4

Ⅰ. P7

中国国家版本馆 CIP 数据核字第 2024Y51Z25 号

出版发行　南京大学出版社
社　　址　南京市汉口路 22 号　　　　邮　编　210093
丛 书 名　海洋命运共同体构建：理论与实践
丛书主编　朱　锋
书　　名　**构建中国—东盟"蓝色伙伴关系"研究**
　　　　　GOUJIAN ZHONGGUO—DONGMENG "LANSE HUOBAN GUANXI" YANJIU
主　　编　成汉平　薛莉清
责任编辑　吴敏华　巩奚若　　　　　编辑热线　025-83593947
照　　排　南京南琳图文制作有限公司
印　　刷　南京爱德印刷有限公司
开　　本　718 mm×1000 mm　1/16　印张 14.5　字数 250 千
版　　次　2025 年 1 月第 1 版　2025 年 1 月第 1 次印刷
ISBN 978-7-305-26728-4
定　　价　98.00 元

网址：http://www.njupco.com
官方微博：http://weibo.com/njupco
官方微信号：njupress
销售咨询热线：(025)83594756

2023年主题出版重点出版物
"十四五"国家重点出版物出版规划项目
G7C 高校主题出版
GAOXIAO ZHUTI CHUBAN

海洋命运共同体构建:理论与实践—朱锋 主编

Research
on Building
the China-
ASEAN Blue
Partnership

构建中国—东盟
"蓝色伙伴关系"研究

成汉平 薛莉清 主编

南京大学出版社

编 委 会

总　序

　　海洋从古至今都是对人类至关重要的资源来源、物资通道、发展空间和联结本国与地区、本国与世界的战略网络,更是国家间地缘政治与地缘经济竞争与冲突的战场。21世纪的今天,人类已经进入开发海洋资源和利用海洋战略空间的新阶段,海洋在全球格局中的经济和战略资源地位愈加突出。有效运用海洋,不仅是国家经济活动的支撑点,是国家安全、科技进步、文化交流和国际合作的基本领域,更是一个崛起的大国加强海外利益保护、扩展海外商业互动空间和履行海洋生态、环境、资源保护的重要责任所在。世界各海洋大国和周边邻国纷纷制定新形势下的海洋规划,加速向海洋布局。中共十八大以来,以习近平同志为核心的党中央高度重视中国的海洋事业发展。习总书记高屋建瓴,围绕建设海洋强国提出了一系列新思想、新论断与新战略,涉及发展海洋经济、加快海洋科技创新行动、保护海洋生态环境、推进"21世纪海上丝绸之路"建设、构建海洋命运共同体等方方面面,为我们在新时代发展海洋事业、建设海洋强国提供了战略性的行动指南。

　　海洋强国建设的内涵可以从五个维度进行解析。一是推进海洋经济可持续发展。发展海洋经济是建设海洋强国的基础与核心。海洋蕴藏着巨大的发展能量,开发海洋是推动我国经济社会发展的一项战略任务,加快发展海洋产业,不仅能够有效促进海洋渔业、油气、盐业、矿业、化工业等产业的发展,对于形成新的国民经济增长点,确保国家经济协调健康发展也有重要意义。习近平总书记强调"海洋经济的发展前途无量","发达的海洋经济是建设海洋强国的重要支撑"。要大力发展海洋交通运输,发展海洋外贸,发展沿海港口经济,大力发展海洋产业特别是战略性海洋新兴产业,构建完善的现代海洋产业体

1

系,以沿海经济带为主战场,从自身实际出发,因地制宜,有所侧重,有所突破,推进海洋经济健康有序发展。

二是大力发展海洋科技。创新海洋科技是海洋强国建设的关键和要害,海洋强国崛起离不开科技的研发与运用。我国海洋经济已转向高质量发展阶段,对海洋资源开发保护、深海极地探索、海洋装备体系化发展等诸多领域的科技创新提出了更高、更迫切的要求。习近平总书记强调,建设海洋强国必须大力发展海洋高新技术,要"着力推动海洋科技向创新引领型转变","努力突破制约海洋经济发展和海洋生态保护的科技瓶颈"。他特别强调关键的技术要靠我们自主来研发,要推动"海洋科技实现高水平自立自强,加强原创性、引领性科技攻关"。这就需要做好海洋科技创新总体规划,坚持有所为有所不为,重点在深水、绿色、安全的海洋高新技术领域取得突破,尤其要推进海洋经济转型过程中急需的核心技术和关键共性技术的研究开发。

三是保护海洋生态环境。保护海洋环境是建设海洋强国的前提。海洋是生命的摇篮、资源的宝库、交通的命脉。海洋保护着人类的家园,健康的海洋是海洋强国战略的压舱石,人类开发和探索海洋,最好的状态莫过于"以海强国、人海和谐"。习近平总书记在多个场合强调,要重视海洋的生态文明建设,要像对待生命一样关爱海洋,"要保护海洋生态环境,着力推动海洋开发方式向循环利用型转变","要高度重视海洋生态文明建设,加强海洋环境污染防治,保护海洋生物多样性,实现海洋资源有序开发利用,为子孙后代留下一片碧海蓝天"。

四是增强海洋国防力量。强大的海上力量是海洋强国战略实施的硬实力保障,运用海上军事实力是海洋强国获取海洋利益的基本手段,也是国家海上安全、维护海权的基本保证。海防空虚,海军建设与发展落伍,是中国近代丧失国权的重要原因。面对世界百年未有之大变局,我国海洋权益仍面临着诸多挑战。以史为鉴,新时代捍卫国家主权和海权,必须要有强大的现代化的海上力量,努力建设一支强大的现代化海军,维护和捍卫国家主权、安全,维护地区稳定和世界和平,为建设海洋强国提供战略支撑,为中华民族向海图强劈波斩浪。习近平曾经多次视察人民海军,强调"在实现中华民族伟大复兴的奋斗中,建设强大的人民海军的任务从来没有像今天这样紧迫","要站在历史和时代的高度,担起建设强大的现代化海军历史重任",要进一步加强海军现代化改革转型,加强联合作战体系建设。

五是参与全球海洋治理。中国需要通过参与国际海洋事务的管理和规范,进而提升国家在全球海洋治理体系中的话语权和领导力,这是建设海洋强国的制度保障。习近平总书记指出,"我们人类居住的这个蓝色星球,不是被海洋分割成了各个孤岛,而是被海洋连结成了命运共同体,各国人民安危与共"。据此,中国在全球海洋事务领域提出了构建海洋命运共同体的理念。这一理念是中国自古以来的亲仁善仁、协和万邦精神的当代彰显,完全契合中华优秀传统文化的价值内核。实践、落实海洋命运共同体的理念,需要在中国的表率作用下将其具体化为海洋治理的"中国方案",更需要在各国的共同参与和努力下将全球海洋变成真正意义上的"和平之海、友谊之海、合作之海"。

当前,中国正面临着国际局势不断深化的百年未有之大变局,变乱交织的世界格局意味着1991年苏联解体、冷战终结以来全球化演进的世界政治大周期已经接近终结。落实好习总书记的指示、全面推进海洋强国建设,更成为中国国家利益维护和拓展的关键路径。加快海洋强国建设对维护国家主权与安全,实现新时代中国特色社会主义现代化,进而实现中华民族伟大复兴都具有重大而又深远的战略意义。

海洋强国建设一是可显著提升国家的综合国力。首先,海洋强国战略的推进,让我们拓展更加宽广的海内外蓝色发展空间,充分利用海洋渔业、海上运输、海洋旅游等产业对国家经济增长的可持续动力;其次,海洋强国战略的推进,更加推动了以创新的姿态进行自主的开发利用与管理,包括观念创新、科学技术创新、制度创新、模式创新等,提升国家在海洋科技领域的国际竞争力;再次,海洋强国战略的推进,使我国以更加开放的姿态拥抱世界、拥抱海洋,从而有利于推动中国内外经济循环的协同发展;最后,海洋强国战略通过"21世纪海上丝绸之路"倡议,将快速与沿线的国家和城市形成全方位高粘度合作,使我国在全球更广范围实现资源配置。因此,海洋强国战略对我国当代、后代社会经济长期可持续高效发展意义重大。

海洋强国建设二是可保障国家安全。中国拥有广阔的海洋领土和海域,建设海洋强国将有利于加强对海洋边界的控制,确保领土完整与海洋权益。随着全球地缘政治竞争的加剧,特别是在南海、东海等海域的争议不断升温的局势下,强大的海上军事力量将会有效提升我国对外部威胁的应对能力,从而更好地维护国家的战略自主权和发展空间。此外,强大的海军力量也能有效捍卫中国的海上运输线和航道安全,减少外部干预的风险,保障能源和物资供应的稳定,巩固国家的经济安全。

海洋强国建设三是可保护海洋生态环境,实现人海和谐。建设海洋强国的重要目标就是促进海洋生态文明,这是海洋强国之"强"的基本层面。发展海洋科技、促进海洋经济增长只是手段,而不是目的。若把手段当作目的,在海洋科技发展、海洋经济增长为谁服务上出了问题,就必然走上破坏海洋社会及内陆社会和谐正义、破坏海洋资源环境的邪路。那样的海洋科技越发展、海洋经济越增长,其破坏性和负面价值也就越大,也就越不可持续。那样的"强",显然不是我们所需要、所认同的。中国建设海洋强国要在发展海洋经济、保护海洋生物多样性、保护海洋生态环境等方面做出杰出贡献,为解决人类面临的共同海洋问题提供"中国智慧"。

海洋强国建设四是可促进国际合作与和平发展。建设海洋强国,实现海洋强国的全面内涵及其整体目标,努力塑造互利共赢、和谐共生的全球海洋新秩序。当今世界海洋发展应有的现代海洋观,不再是西方以海洋竞争、海洋霸权为主要内涵的旧有海洋观,那样的海洋观不仅在历史上给世界的多元文明带来极大破坏,而且也导致今天海洋竞争日益激化、国际争端此起彼伏、小规模乃至大规模的海洋战争危险无时不在。中国的海洋发展传统有着悠久而深厚的历史文化基础,中华民族至今一直坚守着对内和谐、对外和平的海洋发展理念。正如外交部副部长陈晓东在第五届"海洋合作与治理论坛"上的主旨演讲中所指出的:中国始终是海洋和平的坚定捍卫者、中国始终是海洋合作的积极推动者、中国始终是涉海友好交流的忠实维护者,中国参与并加强全球海洋治理是为了与各国携手共建"和平之海、友谊之海、合作之海"。中国应该也有能力、有条件在世界上倡导和建立这样的现代海洋观,为世界海洋和平做出自己的贡献。

目前我国实现海洋强国的战略目标需要应对的风险和挑战、需要解决的矛盾和问题更不容忽视。在国际层面,我国海洋强国建设面临的挑战主要有三个方面。首先,东海、台海、南海等涉海主权问题的联动。近年来,从北到南,在东海、台海、南海等地区,涉海主权事件频发,并且日渐形成联动趋势,牵一发而动全身。在东海方面,中日钓鱼岛争端以及大陆架划界等问题仍未得到妥善解决;在台海方面,尽管台湾问题纯属中国内政,但美国等部分西方国家乃至我国某些近邻国家的非法干涉,破坏了我国的稳定与发展,加之台湾民进党当局在"台独"道路上一意孤行,加剧了台海局势的紧张以及敏感;在南海方面,虽然在非法的"南海仲裁案"闹剧后,南海局势相对缓和,中国和东南亚各国关系稳步发展,但美国与部分西方国家依然试图破坏南海的和平与稳定,甚至直接粗暴干预南海局势,否定中国合理合法的主张。

其次,域外及周边国家在海洋领域的竞争,甚至局部冲突加剧。虽然我国海洋强国建设是根据自身发展的需求而行动,并提出了惠及世界人民的人类命运共同体理念。但是,我们要清醒地意识到,竞争无处不在。在海洋资源方面,随着国际海洋资源开发的加剧,特别是在南海、东海等海域,中国面临着海洋资源争夺的复杂局面,如何在保障国家权益的同时与其他国家进行有效沟通与合作,仍是难点。在海洋产业方面,我国面临着与韩国、日本等国家的竞争。在海上安全方面,国际的海上军备竞争日益激烈,中国需要加强海上防卫能力,保障国家安全。当前,中国海军力量的发展与美国谋求全球霸权的意图,使中美在海洋领域表现为对抗为主的竞争状态。在亚太地区,美国主导建立了"美日印澳"四国机制。"四国机制"的主要针对目标是中国,在此框架下,美国牵头在南海频繁组织高密度、实战性升级的各种舰机巡弋和演习的目的也是在海上与中国实施竞争。未来中国海军将在亚太地区乃至全球海洋范围内面临美国海军的挑战。建设与推进海洋强国战略相匹配,能够有效应对海上安全挑战、维护海上经济利益的海上军事力量成为历史必然。

最后,非传统海洋安全挑战凸显。尽管近年来涉海主权问题成为我国海洋强国建设的主要挑战,但非传统海洋安全挑战并没有消失且逐渐派生出新的问题。例如,日本核污染水排海问题。日本将核污染水排海是极其不负责任的行为。我国与日本是近邻,日本将核污染水排海会对我国的海洋生态以及相关海洋产业如渔业等带来巨大挑战,对周边国家与地区民众的生命健康也形成威胁。此外,海盗与武装抢劫、毒品贩运等跨国海上犯罪活动以及海平面上升、渔业资源衰竭等非传统海洋安全挑战也不容忽视。

中国的海洋强国建设面临三大挑战,对此,我们必须心明眼亮。首先,地理位置与自然环境的限制。除渤海外,我国近海均为半封闭海,黄海、东海、南海的边缘均被岛屿和半岛等岛链环绕,船只若想进入大洋,必须通过这些岛链,无法像传统海洋国家那样直接进入大洋,因此易被封锁。不仅如此,在自然资源与生态环境方面,尽管近年来我国海洋污染防治取得诸多成绩,但未来仍需持续加强海洋环境污染防治,保护海洋生物多样性,实现海洋资源有序开发利用。总之,半封闭海的地理条件以及自然资源、生态环境等方面的问题,给我国海洋强国建设带来挑战。

其次,海陆复合型国家的压力。我国是典型的海陆复合型国家,既拥有漫长的海岸线、辽阔的海域,又拥有广袤的陆地。海陆复合的地缘特征既给我国带来了诸多机遇,又使我国面临着来自海陆两方面的挑战。有的学者认为中国是海陆复合型国家,容易腹背受敌,难以成为海洋强国,只能发展有限海权;中国不太可能成为海权大国,甚至不可能成为海陆兼顾的大国,而只能定位为建设具有强大海权的陆权大国。这种观点存在商榷的空间。但我国的地缘政治特性确实决定了我国需要兼顾陆地与海洋之间、陆权与海权之间以及东部方向与西部方向之间的关系,把陆海二分转化成陆海统筹,真正发挥海陆兼备的正面效应。

最后,我国海洋强国建设的要素和能力建设仍显不足。经过多年的发展,我国海洋事业总体上进入了历史上最好的发展时期,甚至部分国家认为我国已经成为海洋强国,但我们要清楚地意识到,我国海洋强国建设依然任重道远,仍存在一定的短板。例如,海洋科技创新是海洋强国建设的根本动力,加快海洋开发进程,振兴海洋经济,关键在科技。但与发达海洋国家相比,我国海洋科技的原创性和高附加值创新成果较少,核心技术与关键共性技术"卡脖子"问题还比较突出。与此同时,海洋环境污染、过度捕捞、海洋生态系统退化等问题,亟须中国在发展海洋经济的同时加强海洋生态保护。

建设海洋强国是一项长期、艰巨、复杂的系统工程,单一的海洋强国要素并不能持续支撑海洋强国的地位,需要海洋经济、海洋科技、海洋规则、海洋文化、海军实力等综合力量的共同作用。这就要求海洋强国建设在发展海洋科技、推进海洋经济、建设强大海军、形成向海图强的风气和塑造未来海洋规则体系等各方面同时发力。中国在五千年的文明史中的绝大部分时间,都是陆地强国,并非海洋强国。郑和下西洋虽然是人类航海史的历史创举,但几乎是"惊鸿一瞥"。而 15 世纪末和 16 世纪初欧洲国家开启的大航海时代,才有效地推进了西方国家科技创新、知识创新和发展创新,并由此带动欧洲率先进入工业革命时代。今天,一个不断走向世界、改造世界和引领世界的中国,不仅要弥补中华文明从来不是海洋强国的缺陷,更需要在推进海洋强国建设的历史进程中在新时代助力中国实现民族复兴。在海洋强国建设的新征程中,我们要牢牢把握习近平总书记关于海洋强国建设重要阐释的精髓要义,深刻认识蕴含其中的理论逻辑和思想脉络,落实好习近平总书记关于建设海洋强国的系列重要论述精神,走出一条具有中国特色的海洋强国之路,为实现中华民族伟大复兴的中国梦保驾护航。

本丛书就是要在 21 世纪中国大国崛起和与世界的关联互动越发深刻和全面的基础上,通过深入学习和领会习总书记关于海洋强国建设的指示,从多学科、跨学科、交叉学科等学科协同的角度,结合区域国别学、国家安全学、国际关系、国际法等学科理论与方法,在创新中国自主知识体系的引领下,就海洋强国建设的理论与实践拿出系统的、持续性的、时效性的研究成果。本丛书也是南京大学国际关系学院和中国南海研究协同创新中心的重要科研创举。

最后,衷心感谢南京大学出版社和各位作者的大力支持!

朱　锋

2024 年 12 月

前　　言

　　世界正处于全面而深刻甚至颠覆性的转型期,人类面临的问题呈现更多交叉纠缠的复杂性。

　　海洋作为可持续发展的单领域,其治理越来越多地与环境、减贫、就业、安全、科技等国际治理核心议题相联系,成为目前国际治理框架中最重要的领域之一。现存的以《联合国海洋法公约》为核心的治理机制等制度存在一定程度的不完善之处,无法满足当下以及未来的变化,急需世界拿出新的方案进行修正和补充。2017 年 6 月,中国在联合国海洋大会上正式提出构建"蓝色伙伴关系"的倡议,为国际海洋治理提供新的中国方案。

　　关于航海以及海洋治理,中国有着悠久的历史,既积累了丰富的优秀经验,也有不少教训以及历史遗留的痛点和难点。中国—东盟自 20 世纪 90 年代全面恢复外交与对话以来,关系始终保持在不断正面发展的轨道上。但涉中国领土主权的"南海问题"是中国—东盟一些国家之间的历史遗留难题,为和谐的区域关系带来张力,而域外国家的介入及刻意挑拨、煽动使得与中国有领土主权争议的国家如菲律宾等与中国形成激烈冲突,给中国—东盟的和平发展、友好合作带来不和谐音,也为区域安全带来重大挑战。

　　2018 年以来,中国—东盟开始构建开放包容、具体务实的"蓝色经济伙伴关系",并朝着全面构建"蓝色伙伴关系"推进。

　　为更好地梳理、分析当前中国在南海治理领域提出的这一新方案及其推进建设中遇到的挑战和风险,一批东南亚区域国别研究领域的中青年学者,围绕中国—东盟"蓝色伙伴关系"的形成、发展、意义、挑战以及未来走向中的多个维度展开立体研究。研究团队本身就体现了南海区域海洋问题的多层次、立体化的复杂特征。主编成汉平教授来自南京大学中国南海研究协同创新中心及国际关系学院,是东南亚安全问题专家,主要负责团队组建及会议召集、

1

统筹、写作、统稿等诸多重要工作。主编薛莉清教授博士毕业于新加坡国立大学,现任职于南京工业大学,是东南亚社会文化及文化安全研究专家,主要负责本书的框架搭建以及第一章"'蓝色伙伴关系'的提出及发展脉络",第二章"中国—东盟'蓝色伙伴关系'的丰富内涵"以及第四章"中国—东盟'蓝色伙伴关系'的边界探索"的写作。周丹妮博士,是浙江工业大学越南研究中心的教师,长期从事中国东盟经贸合作、经济安全等研究;王嘉昊,是南京大学中国南海研究协同创新中心博士研究生,主要研究领域为中美关系和南海问题。周丹妮和王嘉昊主要负责第三章"既有研究成果与不足"的写作。虞群副教授、宁威副教授和钱坤副教授均来自国防科技大学外国语学院,三位作者长期从事缅甸、泰国等东南亚国家的问题研究,长于军事安全与非传统安全领域。宁威副教授负责第五章"东盟国家对构建'蓝色伙伴关系'的态度与立场"的写作;成汉平教授、钱坤副教授和虞群副教授负责第六章"中国—东盟海上军事安全合作"的写作。任珂瑶副教授,来自常熟理工学院,现为南京大学区域国别史博士后,主要研究领域为东南亚国际政治,负责第七章"中国—东盟'蓝色伙伴关系'建设面临的挑战与困境"以及第八章"中国—东盟'蓝色伙伴关系'建设的经验借鉴"的写作。刘喆,南京大学哲学博士,现为复旦大学政治学博士后,研究领域为中国—东南亚关系,主要负责第九章"构建中国—东盟'蓝色伙伴关系'的前景与未来"。团队成员从 60 后到 90 后的组合,不仅显示出学术领域的传承和创新,也体现着东南亚区域国别研究的后继有人。

海洋治理问题,尤其是中国—东盟的南海争端具有复杂性和敏感性,而著作与论文的出版形式也不尽相同。思虑再三,本书写作未采取激进和新锐的风格和理念,而是尽量采用平和、翔实的风格,对相关问题进行客观的梳理和分析。

本书虽已历经两年的写作与打磨,但处理庞杂而关键的国际问题,疏漏之处无可避免。我们本着抛砖引玉的态度写作此书,期待前辈、同行们对团队不吝赐教,并期待看到更多对中国—东盟"蓝色伙伴关系"的精辟研究。今后,我们也将进一步就相关问题展开更为深入、精到的研究。

薛莉清于金陵

2024.8.1

目　录

第一章

"蓝色伙伴关系"的提出及发展脉络

海洋是构成人类生命和财产的基本要素之一。地球表面最广阔的水体的总称叫海洋,海洋的中心部分称作"洋",靠近陆地的水域称作"海",它们被地球上的多块大陆分隔但又互相沟通,组成统一的水体。地球上的海洋总面积远远超过陆地,约为 3.6 亿平方千米,约占地球表面积的 70%,平均深度近 4 000 米。

随着社会的发展、工业化的深化等,人类社会从依赖陆地转向从海洋中寻求更多利益。随之而来的有气候变化引起的海洋生态环境的变化、海洋生物种群的变化、海洋资源的过度开发、海洋垃圾的增加、海洋渔业的非法与过度捕捞、海洋上传统与非传统安全风险的不断增大,更有在陆地上有明确疆域界限、具有一定封闭性的国家在具有开放、流动、不可分割等特性的海洋上的合作与冲突等诸多问题。

因此,如何形成全球海洋治理的规则与秩序,如何团结合作以弥合冲突及裂痕,越来越成为世界级重要难题,急需国际社会贡献优良方案,共同协商、共同处理;在共同治理的过程中,塑造海洋命运共同体,并进一步发展人类命运共同体。而我国提出的"蓝色伙伴关系"为此全球海洋治理难题提供了中国方案,并正在全球海洋治理、海洋命运共同体形成、人类命运共同体塑造中发挥越来越重要的作用。

第一节 "蓝色伙伴关系"的提出及发展

一、"蓝色伙伴关系"提出的背景

海洋对人类的生存与发展有着至关重要的作用,其含有地球上几乎 97% 的水。海洋是多样性生物繁殖生长之地,它提供了人类能转换成淡水的资源,产生氧气,提供以海洋生物为主的食物,并提供油气等能源资源。未来,人类的能源供应将越来越多地依赖海风、海浪和潮汐。海洋也是船只的主要通道,为世界贸易的进行提供重要的通路。① 人类对海洋的依赖将越来越多。21 世纪是人类全面认识、开发利用和保护海洋的新世纪。② 国际社会对海洋的认知重点建立在其自然属性之上,同时扩展到社会经济属性,海洋不再被单纯认为是自然环境的一部分,更是人类社会实现可持续经济增长和社会公平进步的保障。

然而进入 21 世纪以来,随着海洋资源无序开发、非法渔猎活动泛滥、陆地环境恶化及资源抢夺等不断发生,海洋环境越发恶劣,海洋面临越来越严重的问题,并形成了引发世界忧惧的海洋危机。海洋危机是指自然或者人类活动造成的对海洋生态环境、物种、产业、权益以及相关人群生命与财产安全产生严重威胁的公共危机。一般而言,根据导致危机的主要原因,海洋危机分为自然危机和人为危机。随着人类活动破坏性的增大,自然危机与人为危机已经有混为一体的趋势,对海洋健康造成的危害也更加巨大。

(一) 全球海洋自然危机

海洋面临着全球气候变暖、大气系统发生变化导致全球范围冰山融化、海平面升高的问题。例如,北极气候变暖的速度是全球平均水平的 2 倍,北冰洋海冰的快速减少是地球表面发生的最显著变化之一,改变了北极的气候和生态环境,导致北极岸线直接遭受海浪侵蚀,严重影响原住民的生活环境;而且,

---

① United Nations. The First Global Integrated Marine Assessment:Part Ⅱ chapter 1 Introduction-Planet,Ocean and Life[R/OL]. (2016 - 01)[2022 - 06 - 30]. https://www.un.org/Depts/los/global_reporting/WOA_RPROC/Chapter_01.pdf.

② 中国海洋 21 世纪议程[EB/OL]. (2009 - 10 - 31)[2022 - 06 - 15]. http://www.npc.gov.cn/zgrdw/huiyi/lfzt/hdbhf/2009 - 10/31/content_1525058.htm.

北冰洋海冰的融化还会通过大气环流,对北半球中高纬度地区的天气气候过程产生重要影响。[①] 气候变暖引起的海水表面温度的升高以及海平面升高导致的危害是系统性的,不仅影响海洋生物种群、生态环境、海陆面积变化,更对人类社会活动产生极大破坏性。

1. 海平面升高 全球变暖导致海洋的冰块融化加速,海平面升高,海水漫溢。沿海地区洪涝灾害的发生频次变密,当地居民的生存安全受到严重威胁。根据世界气象组织和欧盟哥白尼气候变化服务中心的数据,2023 年 7 月 3 日,全球平均气温创下新纪录。然而,这项新纪录一天后又被打破,到 9 月,这项记录几乎不断在被打破。海水上涨的同时引发潮汐活动异常,海水大幅侵蚀沿海陆地,导致土壤成分发生改变,植被受到破坏,严重影响沿海地区的农业、渔业等生产。海平面的升高也将影响海陆之间的关系,陆地后退,沿海地区的居民社区被迫搬迁。

2. 海水酸化 科学家们发现海水酸化问题愈发严重。海水酸度发生改变,海洋与淡水间的交换减弱并呈现脱氧等问题。2009 年,全球超过 150 位顶尖海洋研究人员齐聚摩纳哥,签署了《摩纳哥宣言》,对海洋酸化严重伤害全球海洋生态系统表示关切;政府间气候变化专门委员会(Intergovernmental Panel on Climate Chage,IPCC)2013 年第五次评估报告预测,至 2100 年,海水 pH 值将下降约 0.3~0.4,将对海洋生物和生态系统造成不可逆转的严重影响。[②]气候专家研究认为,通过减少生物源含硫化合物的产生的方式,海洋酸化具有导致气候变暖加剧的潜在可能。

3. 珊瑚礁生态退化 列入联合国教科文组织《世界遗产名录》的珊瑚礁分布在 100 多个国家,总面积超过 50 万平方公里,它们在吸收碳排放和保护海岸线免受风暴和侵蚀影响方面发挥着关键作用,它们的健康与一百多个土著社区的生存息息相关。此外,它们还是气候变化对全球珊瑚礁影响的参照点。然而,这些珊瑚礁正面临快速白化并逐渐死亡的困境。[③]由二氧化碳排放

---

① 海洋环境面临的挑战和应对[EB/OL]. (2020 - 04 - 23)[2022 - 06 - 15]. https://aoc. ouc. edu. cn/2020/0430/c9824a285753/pagem. htm.

② Intergovernmental Panel on Climate Change (IPCC). Climate Change 2013:The Physical Science Basis[M]. Cambridge,Eng:Cambridge University Press,2014:294,528.

③ 海洋:教科文组织启动紧急计划,保护珊瑚礁世界遗产[EB/OL]. (2022 - 04 - 14)[2022 - 08 - 23]. https://www. unesco. org/zh/articles/haiyangjiaokewenzuzhiqidongjinjijihuabaohushanhujiaoshijieyichan.

导致的海洋升温是全球珊瑚礁面临的最大威胁,代表全球海洋生物多样性的珊瑚礁生态系统正在经历严重退化。据全球珊瑚礁监测网络(Global Coral Reef Monitoring Network,GCRMN)2021 年观测报告,过去的 30 年里,全球 50% 的珊瑚礁已经死亡。有人认为到 2070 年,世界上的珊瑚礁可能会完全消失。现在已经是全球政策制定者拯救濒危珊瑚礁的最后机会。[①]

4. 鱼类种群转变　海水表面温度升高还将导致鱼类寻找温度更适宜的极地和深海,从而发生鱼群迁移,逐渐改变鱼类种群的世界分布及海洋整体生态。我们的研究表明,到 2030 年,23% 的跨境种群将发生转移,78% 的世界专属经济区将经历至少一次转移。据预测,到 21 世纪末,全球将有 45% 的鱼类种群发生转移,81% 的专属经济区水域至少有一种鱼类种群发生转移。这种变化的幅度反映在共享跨界鱼类资源的专属经济区之间渔获量比例的变化上。到 2030 年,预计全球专属经济区的跨界鱼类捕捞比例将平均变化 59%。[②]

(二) 全球海洋人为破坏危机

海洋污染、富营养化、过度捕捞、资源过度开发等都正在引发海洋生态环境系统性退化,造成如海水水质不断下降、一些海洋生物种类濒临灭绝、鱼群衰竭等问题。[③]

1. 塑料是当代海洋环境的巨大破坏者。目前在海洋中发现了 7 500 万吨到 1.99 亿吨的塑料垃圾。如果不改变人类目前生产、使用和处理塑料的方式,那么每年进入水生生态系统的塑料垃圾数量可能增加近两倍,从 2016 年的 900~1 400 万吨增至 2040 年的 2 300~3 700 万吨。这些大塑料和微塑料垃圾不仅威胁海洋哺乳动物的生存,还可能在贝类和鱼类体内聚集积累,并经由食物链进入人体,最终对人体产生危害。

---

① DAVID SOUTER, SERGE PLANES, JÉRÉMY WICQUART, MURRAY LOGAN, DAVID OBURA, FRANCIS. STAUB Foreword of Status of Coral Reefs of the World:2020[EB/OL]. [2024-09-05]. https://gcrmn. net/wp-content/uploads/2023/04/GCRMN_Souter_et_al_2021_Status_of_Coral_Reefs_of_the_World_2020_V1. pdf,p. 5.

② PALACIOS ABRANTES J, et al. Timing and magnitude of climate-driven range shifts in transboundary fish stocks challenge their management[J]. Global Change Biology, 2022,28(7):2312-2326.

③ The First Global Integrated Marine Assesment,Part 1 Summary[EB/OL]. [2022-06-15]. https://www. un. org/Depts/los/global_reporting/WOA_RPROC/Summary. pdf.

2. 根据联合国粮农组织《2024 年世界渔业和水产养殖业状况:蓝色转型在行动》概要可知,截至 2017 年,约有 34.2% 的鱼类种群在生物不可持续水平被捕捞,总体比例过高,且就全球而言,这一趋势未见好转。在生物可持续发展水平内的鱼群所占比例从 1974 年的 90% 下降到了 2021 年的 62.3%。报告指出,《变革我们的世界:2030 年可持续发展议程》(以下简称《2023 年可持续发展议程》)的实施进展仍然缓慢而不均衡。处于生物可持续限度内的渔业种群比例持续低于既定目标。

3. 海洋资源的过度开发造成海洋生态环境恶化。海洋资源按照自然属性,可分为海洋物质资源(包括海水及化学资源、海洋矿产资源和海洋生物资源)、海洋空间资源和海洋能资源三大类。目前,全球海洋资源正在被大开发,如全世界有 100 多个国家和地区从事海上石油、天然气勘探开发,其中一些开发项目属于无序开发。除此以外,非法开发更是防不胜防。但并没有有效的全球适用的法律和管理机制对这些开发进行约束。海洋资源的无序开发、海洋工程的不合理建设导致了严重的生态后果。目前,过度捕捞、水产养殖、海上石油勘探开采等行为是导致海洋生态系统灾难的主要因素。[①]

4. 海洋安全。海洋安全既存在传统安全问题也存在非传统安全问题,主要有海上航线安全问题和海上军备竞赛导致的风险与危害问题。丰富且具有巨大利益的海洋资源具有很强诱惑力,海上运输也成为不可或缺的海洋经济生产的毛细血管,而海盗也沿航线猖獗,各国都派出执法力量,打击海盗,保护航船和货物安全。而且,各国在海上和海底展开军备竞赛,导致海洋的安全风险不断升高。

5. 海权争夺。在多层次海洋权益中,对海底资源开发权的争夺目前牵涉政治、经济、军事多方面,是一种复杂的海洋权益和权利争夺的危机。目前,划分公海和各国大陆架界限主要依据《联合国海洋法公约》。但并非所有国家都宣布了专属经济区,并且,根据《联合国海洋法公约》第 76 条划定 200 海里以外大陆架外部界限的工作仍在进行中,因此,目前仍难以确定所有国家管辖范围内外区域的各部分的具体范围。[②]

---

① 龚政,苏敏.海洋资源开发与保护技术概论[M].北京:海洋出版社,2021:9.
② 联合国第一次全球海洋综合评估技术摘要[EB/OL].[2022 - 08 - 23]. https://www.un. org/regularprocess/sites/www.un.org.regularprocess/files/17 - 05752-c-biological-diversity.pdf.

这些自然与人为混合造成的危机和问题都不是个别国家或者组织能处理的。同时,问题之间有多重交叉性和关联性。因此需要引入全球治理框架,开展国家间、区域间全球合作,才有可能取得成效。海洋治理不能仅局限于对海上活动的管理和控制,需要同时运用系统性思维,采用跨部门方案综合考虑和妥善安排影响海洋环境的各类因素。

(三) 全球海洋治理面临的挑战

1. 全球海洋治理立法及其局限

500 多年前,随着航海技术的发展,大航海时代拉开序幕。葡萄牙、西班牙等国开启了海洋殖民时代。海洋列强们通过开辟航线,打破了大陆间的阻隔,开启了海洋全球化贸易时代。航海、海上贸易、海洋资源争夺以及通过航海开展陆上拓殖争夺等逐渐出现,关于海洋自由与海洋秩序约束的序幕也在国家、疆域等概念的逐渐成熟中拉开。客观来说,大航海时代以来的海洋强国崛起存在以下几个方面的共同点:具有经略海洋的国家意识和社会风气、向海图强的商业运营方式,不同时代节点上在工业化进程和海洋科技发展上占引领地位以及迅速将工业化和科技发展成果转化为海上军事和商业力量的投资和创新机制。而海洋强国的崛起伴随着掠夺扩张和争霸战乱,这也是现代海洋秩序与规则产生的过程。[①] 一批海洋战略学家出现,如塞尔登(英)、奥本海(英)、格劳秀斯(荷兰)、拉乌尔·卡斯泰(法)、马汉(美)等。他们提出了海洋权利,制定了海权划分规则,使得原始的"公海"被划分为公海和领海,地球上的海洋从天下共物成了国家私有和天下共物的合体。而航行也从既有的自由航行时代进入了规则框架和权利框架下的航行。随着海洋科技的发展以及强权国家的更迭,更多海洋资源被开发,各国为保护海上矿藏、渔场,控制海洋污染,划分责任归属等,常常爆发纠纷和冲突,制定适用于新的国际权利版图的海洋公约成为各国的共识。召开海洋公约会议以讨论并制定海洋公约是第二次世界大战以后联合国重塑国际秩序的重大行动之一。

第一次联合国海洋法会议于 1958 年 2 月 24 日至 4 月 27 日在日内瓦召开。这次会议达成四项公约及一项议定书:《领海及毗连区公约》《大陆架公约》《公海公约》《捕鱼及养护公海生物资源公约》以及《关于强制解决争端的任择签字议定书》。然而,参加这次会议的发展中国家不多,因此决议和公约的

---

① 朱锋.海洋强国的历史镜鉴及中国的现实选择[J].人民论坛(学术前沿),2022(17):30.

内容并不利于广大发展中国家,尤其是广大沿海发展中国家,维护主权和争取海洋权益。同时还有很多问题无法达成一致的决定,例如,会议未能就领海宽度达成一致意见。1960 年,联合国继续召开第二次海洋法会议,却未能在首次会议基础上达成更新的决议。《联合国海洋法公约》在序言中就写道:"注意到自从 1958 年和 1960 年在日内瓦举行了联合国海洋法会议以来的种种发展,着重指出了需要有一项新的可获一般接受的海洋法公约。"1973 年,联合国在纽约召开第三次联合国海洋法会议,预备提出全新条约以涵盖早前的几项公约。直至 1982 年,当时积累的海洋问题以及解决办法经过 9 年的多边谈判和会议讨论,各国代表终于达成共识。1982 年 12 月 10 日在牙买加的蒙特哥湾,与会各国通过《联合国海洋法公约》,并开放给各国签字、批准和加入。该公约于 1994 年 11 月 16 日生效,此公约对内水、领海、临接海域、大陆架、专属经济区、公海等重要概念作了界定,对解决当前全球各处的领海主权争端、海上天然资源管理、污染处理等问题具有重要的指导和裁决作用。中国在 1982 年的会议上第一个在《联合国海洋法公约》上签字,经过慎重研究中国海洋权益以及国际上各国相关利益等问题,于 1996 年 5 月 15 日,有条件地批准了该公约。这说明我国大致同意《联合国海洋法公约》,但认为该公约依然不能完全解决我国这样一个具有几千年连续性文明的国家的海洋问题,有些部分有待进一步商榷。①

《联合国海洋法公约》目前在处理国际海洋事务领域依然具有"宪章"式的地位,随着海洋环境跨域治理,深远海开发与合作不断开拓,互联网加持对海洋开发的治理②,公约在实施中新老问题并发,引发了诸多争议。其中既包括《联合国海洋法公约》在海洋划界、专属经济区剩余权利等某些关键制度设计上的有意"留白"处理,其模糊规定随着时间的推移正在实践中逐步演化为各国权利归属不明、现实争端频发的"灰色地带",由此愈发显露出《联合国海洋法公约》规制的缺失。面对全球海洋治理领域的若干重大问题,《联合国海洋法公约》长期缺乏有效的回应机制;与此同时,也有相关具体规则在条款内容或实施程序方面的解释和适用性争议。事实上,《联合国海洋法公约》已沦为

---

① 参见文件《全国人民代表大会常务委员会关于批准〈联合国海洋法公约〉的决定》。
② 王印红,房政杨. 新时代中国参与全球海洋治理的理念之维和实践向度[J]. 山东行政学院学报,2023(1):34.

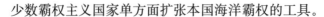

少数霸权主义国家单方面扩张本国海洋霸权的工具。

这些新老问题的出现与激化,意味着这个原本由发达国家占据主导话语权的海洋治理体系,需要负责任、有能力的发展中国家进一步思考,拿出新的方案来对现有的治理体系与制度进行修正和补充。

2. 全球海洋治理既有合作机构及其局限

对海洋的保护和可持续利用是典型的全球治理问题,保护海洋需要各国共同努力。在联合国的推动和协调下,越来越多的国际组织和主权国家参与进来,全球海洋治理的规则、体系和架构开始确立。目前全球海洋治理围绕环境污染防治、资源开发利用、生物物种保护、气候变化以及航行安全等问题,主要以《联合国海洋法公约》为核心,结合《联合国气候变化框架公约》和《京都议定书》等在内的国际法和国际公约,构建法律和规则体系,以联合国专门机构协同国际和主权国家的相关组织为主要的管理和协调机构,其他国际组织为补充,以各主权国家和利益攸关方为主要参与体,展开海洋治理、保护和发展。相关的国际组织与机构主要以专题分类或者以区域分类设立,同时分为联合国帮助支持下建立的组织机构以及独立于联合国的国际组织机构。比如,联合国支持下建立的主要组织机构有:《联合国海洋法公约》设立了国际海底管理局、大陆架界限委员会和国际海洋法法庭来促进和约束各利益攸关方执行公约;为管理海上航行等问题,设立了国际海事组织,这也是目前对国际航运业最具影响力的国际组织;海洋科学方面的政府间组织有联合国教科文组织下属的政府间海洋学委员会;民间机构则有国际科学联合会理事会下属的海洋研究科学委员会、国际海洋考察理事会等;渔业领域则有联合国粮农组织帮助设立的各类区域性渔业组织,如亚太渔业委员会、大西洋中西部渔业委员会等。独立于联合国的组织机构在渔业类有 21 个,如海洋生物南极资源保护委员会等。其他独立于联合国的重量级组织机构有世界贸易组织、国际捕鲸委员会等近 20 个国际组织以及欧盟、东盟、北极理事会等 30 多个区域性组织。①

各国政府、国际组织以及国与国、组织与组织之间积极协作,围绕海洋的开发利用和保护发展,展开了多元务实的合作计划、项目和行动。然而,随着

----

① 朱璇,贾宇. 全球海洋治理背景下对蓝色伙伴关系的思考[J]. 太平洋学报,2019,27(1):50-59.

全球局势的变化以及海洋治理的不断发展,当下的海洋治理规则体系以及组织架构显示出不足:第一,海洋治理体系呈现碎片化态势,各类组织的出现都源于某一个海洋问题,而不是根据总体的海洋治理规划设计;第二,治理内容总体上而言是倡导性大于约束性;第三,治理规则间的体系化程度也不高;第四,以美国为代表的霸权主义、单边主义倾向的回潮,也为全球海洋治理体系的深入发展带来了严峻挑战,如在过度捕捞、海洋污染、气候变暖等问题的处理上力度不足,在面对海域权利划分、航行安全、海洋资源开发等新问题时甚至产生治理失效的情形。一些涉及多方利益的协定的磋商,即便有相关国际组织机构推进,也常常因为无法取得一致而陷入停滞,工作效率低下,进程被严重拖延。如:关于国家管辖外海域生物多样性保护和可持续利用问题的国际协定,谈判各方就经过了长达 20 多年的磋商谈判才在 2023 年 3 月达成一致;而我国和东盟在 20 多年前就签署了《南海各方行为宣言》,近年来由于美国介入南海问题,我国与东盟的"南海行为准则"磋商陷入停滞。这些情况发生的主要原因为既有的法律体系和治理框架与新问题的不适应,治理资金缺乏,联合国机构和组织与各行为主体间的磋商、合作机制的协调力不足,实施、约束等实效性不强,各主体间负责任的态度、能力和行动差异性极大以及国际霸权国家的海上权利争夺带来负面效应等。

二、"蓝色伙伴关系"的提出及发展

海洋作为可持续发展的单领域,其治理越来越多地与环境、减贫、增长、就业、安全、科技等国际治理核心议题相联系,成为目前国际治理框架中最重要的领域之一。2012 年,联合国可持续发展会议(又称"里约＋20"会议)对海洋给予了更高程度的重视。2015 年,联合国通过的《变革我们的世界:2030 年可持续发展议程》,把海洋列为 17 个全球可持续发展目标之一。2017 年 6 月,为了推进"关于海洋的可持续发展目标 14——保护和可持续利用海洋和海洋资源以促进可持续发展"的实施,联合国海洋大会召开,这是联合国首次针对可持续发展目标单个目标的实施,召开高层级政府间会议,代表着海洋治理与可持续发展的高度融合,标志着海洋可持续发展理念的进一步巩固和发展。

随着海洋在全球治理中的地位越来越重要,对于建立什么样的机制进行合作治理,国际社会不断探索。灵活、包容、形式多样的伙伴关系从提出以来提供了宽泛的协作框架,吸纳政府和社会组织参与治理事务,并与其他国际组织进行互动,已经被国际社会熟知并接受,越来越多的国家参与进各种类型的伙伴关系。

1. 伙伴关系 伙伴关系在海洋治理领域是构建国际、区域、国家、地方多层级联动的,政府、非政府主体积极互动的一体化治理的重要关系。它能促进地方政府落实国际承诺,能有力促进科学界和非政府组织等非政府治理主体对治理进程的参与,还能作为动员财政资源的有力手段。1992 年里约会议首次使用了"可持续发展全球伙伴关系"的表述。可持续发展全球伙伴关系是指由政府、政府间组织、主要群体和其他利益攸关者,为实施各国政府间协商形成的发展目标和承诺而自愿采取的多利益攸关方关系。《21 世纪议程》《约翰内斯堡执行计划》《我们希望的未来》《2030 年可持续发展议程》等文件是可持续发展伙伴关系的渊源和出处,它们也构成了缔结伙伴关系的行动框架。

经历了 20 余年的发展,伙伴关系成为实现可持续发展的重要工具,其含义也从"公私伙伴关系""政府—非政府组织伙伴关系"等相对狭义的概念发展成为包含各类利益相关者,促进国际、区域、国家、地方各层面、多主体合作的网络结构,反映出国际和区域治理的理论和实践越来越注重广泛、坚实的社会参与,以及跨部门和跨领域的密切合作。截至 2023 年 10 月,联合国经济及社会理事会在线平台共接受了 8 001 个伙伴关系/自愿承诺的登记。①

2. 蓝色伙伴关系倡议 该倡议由中国首先提出,是对 2015 年的《2030 年可持续发展议程》中重振伙伴关系目标的积极响应。它同时以联合国提出的"蓝色经济"发展理念为基础。根据联合国定义,可持续的"蓝色经济"是指促进经济增长、维护和改善各行各业生计,同时确保海洋资源能够可持续使用的经济。2012 年在里约举办的联合国可持续发展会议首次提出"蓝色经济"概念,并迅速被国际社会接受和倡导。中国在 2017 年 6 月召开的联合国海洋大会上,正式提出"构建蓝色伙伴关系"的倡议,旨在推动珍爱共有海洋、守护蓝色家园的国际合作,以有效应对非传统的海洋危机问题,提出与各国、各国际组织积极构建开放包容、具体务实、互利共赢的蓝色伙伴关系。这个倡议奠定了中国与世界各国展开海洋合作的基调。

---

① Department of Economic and Social Affairs Sustainable Development. SDG Action Platform [EB/OL]. [2023 - 11 - 02]. https://sdgs. un. org/partnerships/browse.

3. 已建成的蓝色伙伴关系 中国重点经营中国—欧盟蓝色伙伴关系、中国—东盟蓝色伙伴关系、中国—太平洋岛国蓝色伙伴关系、中国—北极国家蓝色伙伴关系、中国—南美国家蓝色伙伴关系。2017 年 9 月 21 日,"中国—小岛屿国家海洋部长圆桌会议"在福建平潭举行,中国与来自 12 个小岛屿国家的政府代表签署了《平潭宣言》,就共建蓝色伙伴关系、提升海洋合作水平达成共识。2017 年 11 月 3 日,原国家海洋局与葡萄牙海洋部签署《中华人民共和国国家海洋局与葡萄牙共和国海洋部关于建立"蓝色伙伴关系"概念文件及海洋合作联合行动计划框架》。2018 年 7 月 16 日,中国与欧盟签署《中华人民共和国和欧洲联盟关于为促进海洋治理、渔业可持续发展和海洋经济繁荣在海洋领域建立蓝色伙伴关系的宣言》。2018 年 9 月 1 日,中国自然资源部与塞舌尔环境、能源与气候变化部签署《中华人民共和国自然资源部与塞舌尔共和国环境、能源和气候变化部关于面向蓝色伙伴关系的海洋领域合作谅解备忘录》。其后,中国与世界主要海洋国家合作进一步深化,共签订了 23 份政府间海洋合作文件,建立了 8 个海内外合作平台,承建了 13 个国际组织在华中心,通过构建蓝色伙伴关系,中国在蓝色经济、海洋环境保护、海上航行、港口建设、海洋治理资金、海洋科技合作等领域与合作伙伴加强协作和协调,共同促进全球海洋治理体系的完善,我国全球海洋治理体系的塑造力得到提升。

4. 以蓝色经济为基础的蓝色伙伴关系 中国逐步具体化了蓝色伙伴关系倡议。首先,将发展蓝色经济作为开展海洋合作、促成蓝色伙伴关系的重要基础,同时兼顾海洋经济发展过程中涉及的海洋保护、港口物流、海洋科研等方面的合作。2018 年 12 月 3 日,中国国家主席习近平在葡萄牙《新闻日报》发表题为《跨越时空的友谊 面向未来的伙伴》的署名文章。文章中提道:"开展海洋合作,做'蓝色经济'的先锋。葡萄牙被誉为'航海之乡',拥有悠久的海洋文化和丰富的开发利用海洋资源的经验。我们要积极发展'蓝色伙伴关系',鼓励双方加强海洋科研、海洋开发和保护、港口物流建设等方面合作,发展'蓝色经济',让浩瀚海洋造福子孙后代。"①我国以蓝色经济作为合作的基础,源于经济全球化是全球海洋治理的内在动力,因此发展蓝色经济是构建蓝

---

① 跨越时空的友谊 面向未来的伙伴——习近平主席在葡萄牙媒体发表署名文章[EB/OL].(2018 - 12 - 03)[2024 - 08 - 01]. https://www.gov.cn/gongbao/content/2018/content_53500H.htm.

色伙伴关系的重要支柱。

5. "海洋命运共同体"的提出　随着海洋经济的不断发展,多方利益开始合作的同时也伴随着竞争和冲突,海洋安全危机等愈加显现,为解决分歧、更好地合作,"海洋命运共同体"理念应运而生。2019年4月,习近平主席会见应邀出席中国人民解放军海军成立70周年多国海军活动的外方代表团团长时,提出"我们人类居住的这个蓝色星球,不是被海洋分割成了各个孤岛,而是被海洋连结成了命运共同体,各国人民安危与共",希望各国"集思广益、增进共识,努力为推动构建海洋命运共同体贡献智慧"①。自提出蓝色伙伴关系倡议以来,我国国家领导人不断地思考其内涵与外延,并不断提出具体的内容充实此倡议,逐步夯实海洋命运共同体建设的基底。海洋命运共同体提出一年后,2019年10月15日,《习近平致2019中国海洋经济博览会的贺信》中再一次提到"蓝色伙伴关系",信中写道:"海洋对人类社会生存和发展具有重要意义,海洋孕育了生命、联通了世界、促进了发展。海洋是高质量发展战略要地。要加快海洋科技创新步伐,提高海洋资源开发能力,培育壮大海洋战略性新兴产业。要促进海上互联互通和各领域务实合作,积极发展'蓝色伙伴关系'。要高度重视海洋生态文明建设,加强海洋环境污染防治,保护海洋生物多样性,实现海洋资源有序开发利用,为子孙后代留下一片碧海蓝天。"

至此,我国建设海洋合作伙伴关系已经从宗旨、理念发展为具体的海洋发展框架以及原则和方法,形成了完整的体系,即以海洋生态保护为根基,以海洋经济发展为主线,以科技创新为驱动,以维护海洋安全为保障,以海洋合作为宗旨,以构建海洋命运共同体为目标的海洋治理与发展的生态系统。而这一体系又是构建人类命运共同体的子体系,这说明我国在治理上能从问题意识出发,运用系统思维,具有极强的逻辑性、伦理性、科学性和一致性,这也体现了我国相互尊重、和谐发展、互通互融、共享共赢、知行合一的治理特色。

---

① 人民海军成立70周年 习近平首提构建"海洋命运共同体"[EB/OL].(2019-04-24)[2023-07-15]. http://www.qstheory.cn/zdwz/2019-04/24/c_1124407372.htm.

第二节 海洋命运共同体语境下
构建中国—东盟"蓝色伙伴关系"

当前全球局势呈现出全球化格局不断被割裂,区域化和本土化势力逐渐强劲的特点。全球治理出现区域化整合迹象,区域合作成为优先选项。在此过程中,区域性国际组织的作用也开始不断凸显。

东盟大部分国家与我国隔海相望,海洋将中国与东盟紧密连接。该地区与我国有着深厚的历史友谊,15世纪初期,郑和率领船队七次下西洋,开辟了"海上丝绸之路",而东盟地区自古以来就是海上丝绸之路的重要枢纽,也是我国周边外交优先方向和高质量共建"一带一路"重点地区。经过30多年的建设,中国—东盟不断加深战略互信,深化合作。

在中国—东盟顺利推进合作之际,2011年,时任美国总统奥巴马在夏威夷亚太经合组织峰会上提出"转向亚洲"战略;2013年11月,时任美国国务卿希拉里再次明确美国重返亚太区域。美国自此正式介入中国南海,从在南海问题上不持立场到偏向其他声索国,不断挑拨中国与东盟的关系,并不断刺激与中国有南海主权声索争议的东盟国家与中国发生海上冲突。南海地区在原有的和谐发展主流中出现了不和谐声音,也促使中国认识到加快建设中国—东盟命运共同体和加快构建中国—东盟"蓝色伙伴关系"的紧迫性、必要性及重要性。

一、中国—东盟命运共同体建设

1. 提出构建"中国—东盟命运共同体" 当代以来,中国与东盟的关系是中国在亚太区域最重要的关系之一。构建中国—东盟命运共同体既是区域秩序重塑的战略目标,也是区域秩序重塑的重要战略手段。中国和东盟已日益成为重塑地区与全球治理体系的重要建构性力量,共同重塑地区与全球治理体系成为中国和东盟互动的主要内容。

命运共同体的"命运与共",也隐含"命运掌握在自己手中"之意,按此逻辑,构建中国—东盟命运共同体也意味着中国和东盟要把命运掌握在自己手中。中国和东盟国家在中国—东盟命运共同体框架下构建起来的互利共生的地区体系结构,致力于实现双方的持久和平与发展,建设稳定的区域秩序,保障地区持久和平与发展,也在客观上有利于前述目标的实现。[①] 1991 年开始,中国与东盟开始接触对话,1996 年,中国成为东盟全面对话伙伴。中国—东盟不断提升战略互信,在政治安全、经济贸易、社会人文三大合作领域取得丰硕成果,成为规模最大的贸易伙伴。在东盟对话伙伴中,中国第一个加入《东南亚友好合作条约》,第一个同东盟建立战略伙伴关系,第一个同东盟商谈建立自贸区,第一个明确支持东盟在东亚区域合作中的中心地位,等等。2021年 11 月,中国—东盟关系提升为全面战略伙伴关系,体现了中国与东盟关系30 年来深度与广度的积累,反映了中国与东盟的关系正在健康发展。

2013 年 10 月,习近平主席在印尼国会发表重要演讲,提出"携手建设更为紧密的中国—东盟命运共同体"的倡议,这次演讲强调了中国—东盟命运共同体建设的原则和目标,即要坚持讲信修睦、合作共赢、守望相助、心心相印、开放包容,使双方成为兴衰相伴、安危与共、同舟共济的好邻居、好朋友、好伙伴。

在 2021 年 11 月 22 日召开的中国—东盟建立对话关系 30 周年纪念峰会上,习近平主席进一步提出推动中国—东盟关系的未来发展,即应以构建中国—东盟命运共同体为导向,共建和平家园、安宁家园、繁荣家园、美丽家园、友好家园。"五大家园"的表述,指明了构建中国—东盟命运共同体的目标与内涵,也明确了实践路径与建设内容。

2. 建设 21 世纪海上丝绸之路 伟大的理念需要具体的行动来推进、夯实,使之具体化。构建中国—东盟命运共同体的理念提出后,首个具体推进合作、促进理念落实的框架平台是 21 世纪海上丝绸之路建设。2013 年,习近平总书记提出共建"丝绸之路经济带"和"21 世纪海上丝绸之路"的倡议,东盟国家积极参与。我国与东盟加快了《东盟互联互通总体规划 2025》对接,并与柬埔寨"四角战略"、菲律宾"大建特建"计划、泰国"泰国 4.0"发展战略进行项目对接。截至 2024 年 8 月月底,一些重点项目已经竣工并投入使用,促进了中国—东盟的陆海高效互联互通,如柬埔寨的金港高速公路、连接中国和老挝的中老铁路、东盟首个高铁—雅万高铁、越南河内轻轨二号线项目、中老泰铁路。马来西亚东海岸铁路等也在建设提速。这些陆海新通道不仅高效联通了中国—东盟,更联通了欧亚,互联互通为促进区域经济一体化打下了坚实的基础。

---

① 卢光盛.中国—东盟命运共同体构建与区域秩序重塑[J].当代世界,2023(6):24.

3. 中国—东盟命运共同体建设中的双边、多边与整体建设 自中国—东盟命运共同体建设提出以来,2019年,中国与老挝签署了构建命运共同体的行动计划;2020年,中国与缅甸就构建中缅命运共同体行动计划的文本达成原则一致;2022年,中国与印尼就共建中印尼命运共同体达成重要共识;2023年,中国与柬埔寨签署了构建命运共同体联合声明。双边命运共同体建设不仅具体化了区域整体命运共同体建设,而且让双边国家在建设新型双边关系的过程中积累了经验,并有效地转化、落实,推动整体命运共同体建设目标的实现。

中国与东盟在长期的互动中形成了以中国和东盟国家为中心、共同作用和共同发展的区域共同体模式。这种模式以区域为中心,实现了由单方面设计、制定规范向中国与东盟共同设计、制定和遵守地区规范的转变,体现了以中国—东盟为中心的主导自己命运、共同塑造区域规范的主体性。

二、中国—东盟海洋命运共同体建设

当前全球海洋治理面临竞争加剧、资源枯竭、环境污染等风险,而中国—东盟区域在共性困境下还存在主权声索冲突以及美国利用霸权思维和冷战思维制造南海新争端等问题。在目前存在多方矛盾的南海区域,既有规则已经无法解决当下的困境,迫切需要重塑和平正义的海洋新秩序。在中国—东盟倡导的海洋命运共同体理念反击西方以海洋强权、霸权为本质的"海权论",是以和平、正义、平等、尊重为指引,以合作共赢、共同发展为根本目标的全新的海洋治理理念。

1. 内涵 基于对世界局势的正确判断和对世界关系的正确认知,2021年9月,习近平主席在第76届联合国大会上提出全球发展倡议,提出加快落实联合国《2030年议程》,推动实现更加强劲、绿色、健康的全球发展。2022年4月,习近平主席在博鳌亚洲论坛年会上提出全球安全倡议,指出全球应消弭国际冲突根源,完善全球安全治理,为动荡变化的时代注入更多稳定性和确定性。2023年3月,习近平总书记在中国共产党与世界政党高层对话会上提出全球文明倡议,呼吁世界努力开创各国人文交流、文化交融、民心相通新局面。中国共产党的"三大倡议"体现了中国的世界观、发展观、安全观和文明观,也为破解全球发展难题、应对国际安全挑战、促进文明互学互鉴贡献了重要的中国方案与中国智慧。

海洋命运共同体理念为全球海洋治理提供了全新的方案。其内涵根据习近平总书记提出的三个倡议,可概括为三个方面。一是人类命运共同体是海洋命运共同体的发展目标,海洋命运共同体是人类命运共同体的具体实践。从人类命运共同体到海洋命运共同体,需要摒弃霸权行动,需要各国的责任担当,需要国际社会着眼可持续的和平、繁荣与稳定,共同推进海洋治理,共同维护海洋秩序,共同维护海上安全,共同完善和发展现有体制,构建新型海上国际关系。[①] 作为人类命运共同体在海洋领域的分支和深化,海洋命运共同体理念体现了人类命运共同体理念中所强调的可持续发展、合作共赢、全球治理观等核心特征。二是促进和平发展、平等协作是建设海洋命运共同体的共同价值所在。坚持对话协商、坚持共建共享、坚持交流互鉴、坚持绿色低碳,管控、避免冲突,构成了海洋命运共同体的基本内容,实现人与海洋和谐共生是海洋命运共同体的最终目标。三是海洋命运共同体理念是系统观的文明思想的体现。在世界共同发展的大系统中,中国与世界各国的共同目的就是发展,中国与世界各国互相连接、互相支持也相互制约。正是基于系统观的特征,习近平总书记指出,中国发展离不开亚洲和世界,亚洲和世界繁荣稳定也需要中国。共同发展、共建海洋文明是世界沿海国家经略海洋的共同追求。在海洋环境保护、海洋科学研究、海上反恐、打击海盗、联合搜救等行动中,更需要多个国家、多支海上力量的相互配合。"双赢"或"多赢"符合沿海国家共同利益。习近平总书记提出的海洋命运共同体理念逐渐得到越来越多海洋国家的积极回应,并在参与全球海洋治理的互动中检验了其正确性。[②]

我国提出的海洋命运共同体理念倡导海洋与人类不可分割的命运观,是"要秉持和平、主权、普惠、共治原则,把深海、极地、外空、互联网等领域打造成各方合作的新疆域,而不是相互博弈的竞技场"。

2. 使命　我国提出的海洋命运共同体主要肩负四大使命。一是通过海洋推动当代海洋型全球化进一步发展。实现陆海联通,推动全球贸易和交通的继续发展;实现海底通信基础设施建设,推动信息全球化,从而推动全球化朝向开放、包容、普惠、平衡、共赢的方向发展,使其承担建成21世纪海上丝绸

---

① 朱锋.从"人类命运共同体"到"海洋命运共同体"——推进全球海洋治理与合作的理念和路径[J].亚太安全与海洋研究,2021(4):1.

② 王印红,房政杨.新时代中国参与全球海洋治理的理念之维和实践向度[J].山东行政学院学报,2023(1):35.

之路和海洋命运共同体的重要使命。二是建设健康海洋,促进人与海洋和谐发展。海洋约占地球表面积的 71%,与全球气候变化息息相关,海洋中的生物种群极其多样,维护着地球生物的平衡。海洋的环境保护以及海洋生物多样性保护关系着气候的变化、人类的生存。21 世纪的海洋观倡导健康海洋,保护人类赖以生存的海洋、减少污染,是推动构建人类命运共同体的基础。三是建设平等公正的海洋。大航海时代以来,海上霸权国家逐渐建立了殖民扩张式海洋规则,并将自身的规则推向了全球,在资源分配、开发利用、海域疆界划分等方面主导并控制着海洋话语权。中国提出的海洋命运共同体理念反对海上霸权,要统筹发展中国家与发达国家在安全与发展海洋、开发和保护海洋等方面构建平等、尊重、互助、包容的新型海洋伙伴关系和海洋秩序,着眼于传统海洋秩序的不公正、不合理和不可持续性,强调各国、各地区命运与共,都有机会且都有能力经略海洋、治理海洋、维护海洋秩序,为全球海洋秩序正法。[①]四是建设和平安全的海洋。以美国为首的西方国家不断规划各种海洋岛链计划,试图通过海洋岛链维护其军事控制他国、威胁他国的海洋霸权。中国提出的构建海洋命运共同体的使命则与联合国相关海洋机构、组织关心弱势群体生存发展的宗旨相一致,旨在维护各国海上和平发展的权利。

中国—东盟海洋命运共同体理念是人类命运共同体理念在海洋领域的体现和适用,也是中国—东盟命运共同体建设过程中的多边和整体命运共同体建设。海洋命运共同体理念的提出有利于将此前提出的"蓝色伙伴关系"置于人类命运共同体框架内,并成为构建人类命运共同体的实体。而构建海洋命运共同体是中国针对全球海洋治理的现状与挑战以及未来发展提出的中国理念、中国方案,是对目前世界逆全球化、去全球化的一种反制,也是发展中国家对重塑海洋治理秩序的一种新的尝试,对人类命运的未来发展具有重要意义。

三、中国—东盟"蓝色伙伴关系"建设

(一) 中国—东盟"蓝色伙伴关系"建设是中国—东盟海洋命运共同体建设的基础与核心

海洋命运共同体建立的核心与基础是互动型蓝色伙伴关系的建立,而构建蓝色伙伴关系也是我国全方位外交中的重要一环。

---

① 王义桅. 理解海洋命运共同体的三个维度[J]. 当代亚太,2022(3).

从具体路径来说,海洋命运共同体的构建需要对接各国海洋发展战略,把海洋交流合作和海上互联互通落到实处。不同于有些国家提出建立伙伴关系或构建命运共同体的倡议后就不了了之,我国的海洋发展理念如"构建海洋命运共同体和发展蓝色伙伴关系"从倡议进一步发展为国策,被正式写入《中华人民共和国国民经济和社会发展第十四个五年规划和 2035 年远景目标纲要》中:"坚持陆海统筹、人海和谐、合作共赢,协同推进海洋生态保护、海洋经济发展和海洋权益维护,加快建设海洋强国。……积极发展蓝色伙伴关系,深度参与国际海洋治理机制和相关规则制定与实施,推动建设公正合理的国际海洋秩序,推动构建海洋命运共同体。"而在这一目标规划中,蓝色伙伴关系是能协调各国政府以及非政府组织展开具体工作的灵活开放的关系平台。它能推进各种形式的组织机构的工作,也能推动围绕海洋各个领域的实际合作,如经济合作、信息合作、安全合作、污染检测治理合作、海洋科技合作、海洋资源开发合作、海洋渔业合作、海港建设合作等,从而编织紧密的项目网,刺激各利益攸关方展开行动。

(二) 蓝色经济与产业合作是构建"蓝色伙伴关系"的关键

近年来,发展蓝色经济已成为东盟与中国逐渐受关注的合作领域。中国与东盟在包括发展蓝色经济、产业合作在内的经贸方面的合作日益密切。所谓蓝色经济,国际上倾向于认为是以海洋经济为主体,强调可持续开发海洋与保护海洋生态的经济活动。蓝色经济的内涵丰富。一是物质层面:将海洋概念化为"发展空间",空间规划将养护、可持续利用、渔业、生物勘探、石油和矿产资源开采、海洋新兴能源利用、海洋运输等整合在一起考虑,这意味着在获取海洋资源的同时,也要考虑海洋的环境变化与生态成本。二是理念层面:强调可持续性,将社会公平正义以及环境可持续性原则纳入蓝色经济概念中;主张通过蓝色增长实现可持续发展,强调只有通过解决环境压力和生态需求,在更平等和更具凝聚力的社会中才能打造更可持续的社会生态系统。三是治理层面:从海洋的功能与治理关系出发来构建海洋与人类的多元互动方式。[①]

中国—东盟结成蓝色经济伙伴关系是《中国—东盟战略伙伴关系 2030 年愿景》确立的主要目标,也是中国和东盟领导人达成的重要共识。2021 年,在

---

① 郑英琴,陈丹红,任玲.蓝色经济的战略意涵与国际合作路径探析[J].太平洋学报,2023,31 (5):66 - 78.

中国—东盟建立对话关系30周年纪念峰会上,中国与东盟发表联合声明,提出双方将致力于建立蓝色经济伙伴关系。东盟也在同年10月通过了《东盟领导人蓝色经济宣言》,11月双方领导人在《中国—东盟建立对话伙伴关系30周年纪念峰会联合声明——面向和平、安全、繁荣和可持续发展的全面战略伙伴关系》中重申探讨建立中国—东盟蓝色经济伙伴关系,为双方加强相关合作提供了政治指引。2022年10月,"中国—东盟关系雅加达论坛"举办第三届"中国—东盟蓝色经济合作研讨会",就中国—东盟构建蓝色经济伙伴关系的范围、项目、模式等内容交换了意见看法。除了达成共识,中国—东盟蓝色经济伙伴关系更是借助2022年1月正式生效的《区域全面经济伙伴关系协定》(Regional Comprehensive Economic Partnership,以下简称RCEP)得到了落地。RCEP为中国—东盟蓝色经济合作提供了减让关税、开发市场、减少标准壁垒等优惠政策在原产地规则、海关程序、检验检疫等方向予以政策倾斜,蓝色经济发展面临全新优势。[①]在蓝色经济中,渔业、海上能源资源开发合作是核心产业。2023年中菲两国发表《中华人民共和国与菲律宾共和国联合声明》,声明提出在油气合作领域,双方同意尽早重启海上油气开发磋商。海上能源资源开发已成为中国—东盟蓝色经济伙伴关系中的一个重要项目,随着能源资源的开发利用,将成为其核心产业。

（三）海洋生态环境保护、减灾防灾是蓝色经济可持续发展的保障

在联合国坚持海洋发展要走可持续发展的道路的原则下,渔业捕捞、能源资源开发必须在保护海洋生态环境的大框架下进行,只有做好海洋生态环境保护与海洋减灾防灾,才能为海洋渔业、能源资源带来循环生长、持续开发利用的可能。2021年中国—东盟还设立了灾害管理部长级会议机制,并通过了《中国—东盟灾害管理工作计划(2021—2025)》。我国也分别与泰国、印尼、马来西亚等国的政府海洋主管部门,如泰国普吉海洋生物中心、印尼巴东海洋研究所、马来西亚海事研究所,在珊瑚礁、红树林以及海草床保护与管理等方面建立了合作。

（四）海洋数据信息资源管理是蓝色经济现代化的手段

随着科技的发展,智能化管理已经普遍运用于产业链。蓝色经济产业如

---

① 贺鉴,王筱寒. RCEP生效后中国—东盟蓝色经济伙伴关系的建构[J].湘潭大学学报(哲学社会科学版),2023,47(3):157.

渔业捕捞、能源开发、气候变化、环境保护等领域运用海洋数据信息的需求越来越大。我国在海洋数据信息资源管理领域,在亚太地区有技术等优势,近年来,通过举办"中国—东盟海洋大数据处理管理技术培训""中国—东盟海洋环境大数据服务平台建设",与东盟国家如泰国、越南、马来西亚、柬埔寨等国展开海洋信息技术、数据产品研发等方面的合作。

(五)中国—东盟既有合作机制为区域蓝色经济伙伴关系护航

目前中国—东盟的合作机制比较多,从政治、安全、法律、经贸、科技到文化和教育,都有合作机制,并富有成效。目前与蓝色经济、蓝色伙伴关系发展相关的主要有中国—东盟(10+1)合作、东盟与中日韩(10+3)合作、东盟地区论坛(ASEAN Regional Forum,ARF)、中国—东盟各项合作基金以及中国—东盟海洋合作中心等。因此,在区域经济合作机制方面,有关合作、交流、沟通的途径和机制不断完善,引领区域经济合作深入发展,对中国—东盟蓝色经济伙伴关系的发展也起到了直接或间接的推动作用。此外,中国—东盟自由贸易区、中国—东盟博览会、泛北部湾经济合作区、中国—东盟海上合作基金等,也在促进中国与东盟开展海洋合作、繁荣发展蓝色经济方面发挥了重要作用。其中,作为中国—东盟(10+1)框架下的新兴次区域合作机制,泛北部湾经济合作区已经成为中国—东盟"一轴两翼"区域经济合作格局的关键组成部分。

而海上丝绸之路建设更是蓝色经济建设、蓝色伙伴关系建设的重要既有机制和平台。2017年中华人民共和国国家发展和改革委员会与国家海洋局共同发布了《"一带一路"建设海上合作设想》,计划与"一带一路"沿线国家合作建设3条蓝色经济通道,进一步推进我国与"一带一路"沿线国家战略对接和共同行动,推动建立全方位、多层次、宽领域的蓝色伙伴关系,保护海洋和可持续利用海洋资源,推动各国政府、国际组织、民间团体等广泛参与海上合作,实现共同发展和共同繁荣。

2022年1月生效的RCEP则体现了中国—东盟蓝色经济合作的加速落实。RCEP实现了包括蓝色经济在内的众多经贸规则和标准的统一,有效削减非关税壁垒,促进区域产业链、供应链和价值链融合,进一步降低中国与东盟开展蓝色经济合作的成本。协定涵盖了货物贸易、服务贸易、海关程序和贸易便利化等20个领域,着眼于降低贸易壁垒、提升贸易自由化便利化水平。RCEP这一机制正式生效带来了助力,使中国—东盟蓝色经济合作保持强大韧性。

蓝色伙伴关系所涉海洋领域的合作项目,初始阶段多从港口经济、蓝色产业发展、海洋科技创新以及海洋生态保护与气候变化应对等低敏感度领域着手,取得较好成效后再向教育、文化、卫生等社会领域拓展。合作形式则灵活多样,既可签署正式书面文件,如专门宣言或谅解备忘录等,也可以联合举办相关活动的形式展开,如联合举行海洋博览会、海洋发展论坛,召开"二轨"层面专题研讨会,开展联合研究项目、联合科学考察,等等。

科技是第一生产力,蓝色经济合作的深入发展以及海洋产业的转型升级,离不开科技创新能力的增强与科研成果的转化。中国与东盟国家共同举办海洋科技合作相关论坛,进行海洋科技交流,研讨议题包括海洋生态与环境保护、海洋防灾减灾、海洋经济等。这不仅促进了海洋科技领域先进技术及成果的引进、输出和转化,而且对中国与东盟国家凝聚合作共识、明确合作方向有所助益。近年来,中国—东盟国家海洋科技联合研发中心的建设在双方的大力支持下加快推进,中国与东盟国家在海岸带综合治理、海洋自然资源开发利用和保护修复、海洋灾害监测预警与防灾减灾等领域的合作取得了实质性进展,进一步推动海洋科技与海洋经济深度融合。[①]

第三节 中国—东盟构建"蓝色伙伴关系"的原则与挑战

一、中国—东盟"蓝色伙伴关系"的原则

(一)"中国—东盟命运共同体"建设的原则与目标奠定了中国—东盟"蓝色伙伴关系"构建的方向

2013年10月,习近平主席在印尼国会发表重要演讲,提出"携手建设更为紧密的中国—东盟命运共同体"的倡议,这次演讲中强调了中国—东盟命运共同体建设的原则和目标,即要坚持讲信修睦、合作共赢、守望相助、心心相印、开放包容,使双方成为兴衰相伴、安危与共、同舟共济的好邻居、好朋友、好伙伴。坚持讲信修睦、守望相助、心心相印是我国与东盟作为邻国的邻居之道,坚持合作共赢、开放包容是能结成命运共同体的必要条件。而构建中国—

---

① 苏炜彬.推动建立中国—东盟蓝色经济伙伴关系[N].中国社会科学报,2023-06-19(A07).

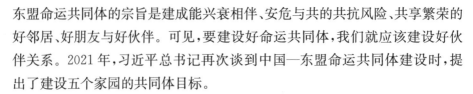

东盟命运共同体的宗旨是建成能兴衰相伴、安危与共的共抗风险、共享繁荣的好邻居、好朋友与好伙伴。可见,要建设好命运共同体,我们就应该建设好伙伴关系。2021年,习近平总书记再次谈到中国—东盟命运共同体建设时,提出了建设五个家园的共同体目标。

(二)"蓝色伙伴关系"的三大原则框架

蓝色伙伴关系是中国基于海洋命运共同体,积极推动构建新型海洋国际关系的重要载体。各海洋利益攸关方的共同目标原则是"互信、互助、互利",即构建蓝色伙伴关系的最终目标是通过各类合作,达到安危并济、生死与共的关系,能在任何时候互信、互助、互利。

各海洋利益攸关方以"平等、尊重、包容、开放"为外交礼仪原则。与西方霸权式海洋关系相比,蓝色伙伴关系是对霸权式海洋关系中一方受益、多方受损局面的反抗,是对凌驾式、胁迫式海洋外交的反抗,寻求海洋公平与正义。

各海洋利益攸关方以"共商、共建、共享"作为行动原则。在目标与外交礼仪原则的指导下,各方在合作行动中采取协商的方式,共同推进合作的建设,共担风险与责任,共享利益与成果,以保证公平与正义。

(三)中国颁布《蓝色伙伴关系原则》

2022年6月29日,在葡萄牙里斯本2022年联合国海洋大会会场,我国在由中国自然资源部主办,中国海洋发展基金会、世界经济论坛海洋行动之友等合作举办的"促进蓝色伙伴关系,共建可持续未来"边会上发布了《蓝色伙伴关系原则》[①],这份文件的发布使我国提出的蓝色伙伴关系原则真正体系化,并对世界宣告了中国政府治理海洋的理念。

此文件阐述了构建蓝色伙伴关系的宗旨和目标。蓝色伙伴关系为在自愿和合作的基础上,通过共商、共建全球蓝色伙伴关系,共享蓝色发展成果,促进联合国《2030年可持续发展议程》,尤其是目标14(保护和可持续利用海洋和海洋资源以促进保持续发展)、目标17(加强执行手段,重振可持续发展全球伙伴关系)的落实,协同推进《联合国海洋法公约》《生物多样性公约》《巴黎协定》和其他涉海国际文书的实施进程,并推动其承诺和目标的实现,共同保护海洋,科学利用海洋,增进海洋福祉,共促蓝色繁荣,共享蓝色

---

① 《蓝色伙伴关系原则》在2022联合国海洋大会期间发布[EB/OL].〔2022-09-23〕. http://ocean.china.com.cn/2022-07/08/content_78313459.htm.

成果,共建蓝色家园。

文件一共提出 16 条原则,其中第 1～5 条是关于保护和促进海洋健康和可持续增长的原则。

原则 1:保护海洋生态

我们采取一切可能的措施保护海洋生态系统,防止并扭转退化,共同开展海洋生态系统监测,支持实施基于自然的解决方案,促进典型海洋生态系统保护修复,建立和有效管理海洋自然保护地网络,恢复和维持海洋生态系统的健康、服务功能及价值。

目的:促进海洋生态系统的健康与韧性。

原则 2:应对气候变化

我们积极推动海洋领域应对气候变化合作,加强海平面变化、海洋缺氧、海洋酸化、海洋升温及热浪、极地冰雪融化、海气交换与全球碳循环等研究合作。积极推进海洋领域气候变化适应及减排工作,联合开展海洋观监测、预警预报及防灾减灾的信息技术合作与共享,充分挖掘滨海栖息地等生态系统的防灾减灾功能,共同提供公共服务产品,推动海洋领域"碳中和"。

目的:提升合作伙伴共同应对灾害及海洋领域气候变化的能力,维护人类安全家园。

原则 3:防治海洋污染

我们将通过开展切实可行的行动,尽量减少非必要一次性塑料制品的使用,促进海洋垃圾、微塑料治理,控制并减轻倾废,防治陆地活动、船舶及其他海上设施对海洋的污染,降低水下噪声对海洋生物的侵害。

目的:促进海洋健康与清洁。

原则 4:可持续利用海洋资源

我们支持海洋生物多样性的养护及可持续利用,开展海洋生态系统服务功能及其价值评估,探索促进生态产品价值实现的多种途径;鼓励发展绿色和可持续的海洋养殖业,支持终止过度捕捞和非法、未报告、无管制的捕捞活动以及破坏性捕捞做法,保持海洋的可持续生产和安全;鼓励发展清洁的可再生能源。

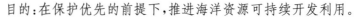

目的:在保护优先的前提下,推进海洋资源可持续开发利用。

原则 5:促进蓝色增长

我们共同支持以科技创新和环境友好的方式促进海洋产业的发展,以清洁生产、绿色技术、循环经济和最佳实践为基础,促进现有海洋产业的升级;倡导在绿色金融体系和"可持续蓝色经济金融原则"框架下,推动形成蓝色经济发展的新产业、新业态,创建新型金融平台、产品、标准和服务体系;探索滨海健康社区模式,打造亲海空间,实现沿海区域与内陆区域的协调可持续发展。

目的:挖掘蓝色经济未来发展潜力,促进全球蓝色经济高质量可持续发展。

第 6～9 条是关于推动蓝色伙伴关系合作的途径与措施。

原则 6:创新科技引领

我们将持续支持海洋基础科学研究,共同参与和支持《联合国海洋科学促进可持续发展十年(2021—2030)》实施计划,丰富实现可持续发展所需要的知识,加强对海洋的综合认知与理解,助推海洋科技成果转化,推广海洋知识的广泛利用。

目的:提高人类对海洋的认知水平,加强知识对可持续发展的引领作用。

原则 7:实施综合管理

我们倡导实施以生态系统为基础的海洋综合管理,通过支持全球海洋空间规划项目的实施,减少和避免人类活动给海岸带和海洋带来的不利影响,鼓励开展最佳实践的经验交流以及实施与评估研究,提升海洋综合管理的科学化水平。

目的:通过实施基于生态系统的海洋综合管理推进海洋保护与可持续发展。

原则 8:贡献解决方案

我们支持各方在实践中提出最佳解决方案,鼓励采取基于自然的解决方案支持海洋可持续发展的行动,努力把合作引导到有助于实现各国际涉海公约、条约及其他文书所确立的可持续发展目标,尤其是第 14、17 的海洋问题解决方案中去,对增进海洋生态系统健康和促进蓝色增长产生积极作用。

目的:提升海洋合作的高效性和解决问题的针对性。

原则 9:加强能力建设

我们将通过人员培训交流、技术援助和海洋发展规划制定等对小岛屿国家、中低收入国家予以支持;鼓励因地制宜发展当地蓝色产业,增加就业岗位,提高收入,改善生计,提升其通过可持续利用海洋资源获得效益的能力。

目的:提高小岛屿国家、中低收入国家可持续发展能力。

第 10~16 条则是推进蓝色伙伴关系应遵循的合作理念。

原则 10:坚持开放包容

我们愿意推动建立开放包容的全球蓝色伙伴关系,秉持求同存异原则,尊重伙伴间发展阶段不同、治理模式差异、利益诉求多元、传统特色各异的多样性存在,共同关心海洋、保护海洋和可持续利用海洋,推动构建海洋命运共同体,共同推进联合国《2030 可持续发展议程》的实现。

目的:促进形成更加开放、包容、更具灵活性的新型海洋合作关系。

原则 11:融合多方参与

意识到多元主体的广泛参与是推动全球海洋合作的关键,我们欢迎国家、政府间国际组织、非政府组织、地方政府、科研机构、企业积极参加蓝色伙伴关系,并提供支持。

目的:促进海洋问题解决方案的广泛、民主与科学。

原则 12:鼓励自愿承诺

我们鼓励各伙伴根据各自情况,在各自能力范围内自愿为蓝色伙伴关系构建做出承诺,为落实《2030 可持续发展议程》海洋目标做出贡献。

目的:提升蓝色伙伴兑现承诺的主动性和积极性。

原则 13：开展共同行动

我们愿意与各国和利益攸关方通力合作，加强伙伴间的沟通与协调，增进共识，提升社会对海洋的关注；通过分享海洋知识、最佳实践、经验教训，开展形式多样的合作行动，欢迎各方提供资金和资源支持，为政策制定贡献相关知识，解决共同关心的海洋问题。

目的：加强伙伴间的合作关系，推动开展形式多样的共同行动。

原则 14：推进公正治理

我们倡导蓝色伙伴的相关活动符合以《联合国海洋法公约》为核心的国际性、区域性、国家法律和其他相关制度框架，坚持共商共建共享，使保护和可持续利用海洋和海洋资源的制度安排及活动项目反映大多数国家的意志和利益。

目的：推进海洋治理机制更加公正合理。

原则 15：共享发展成果

我们承诺共享蓝色发展成果，在尊重知识产权的基础上公布我们行动的信息及其对社会、环境和经济的影响，公开本原则推动实施的进展情况。

目的：保障蓝色伙伴关系的公开、透明，使蓝色发展成果更多地惠及全球人民。

原则 16：维护代际公平

我们从海洋中创造出社会、环境和经济利益的同时，应充分考虑后代人利用海洋资源和享有海洋空间的权利与机会，有义务为后代保存好健康、清洁、优美的蓝色家园。

目的：推动实现海洋可持续发展的代际公平。

二、中国—东盟构建"蓝色伙伴关系"面临的挑战

（一）南海争端束缚了中国—东盟蓝色经济合作

包括南海争端和域外大国势力干扰在内的不稳定因素是中国—东盟蓝色经济合作面临的主要现实威胁。

南海争端（或称南海问题），始于 20 世纪 60—70 年代，指中国与东南亚声索国之间存在的岛礁主权争端和海域划界争端。南海争端包括两个方面：一

是因东南亚声索国对中国南海诸岛全部或部分岛礁提出主权要求并非法侵占部分岛礁而产生的领土争端,涉及"五国六方",即中国(中国台湾地区亦作为一方)、越南、菲律宾、马来西亚和文莱;二是随着现代海洋法发展,产生了专属经济区和大陆架划界争端,涉及"六国七方",即中国(中国台湾地区亦作为一方)、越南、菲律宾、马来西亚、文莱和印度尼西亚。

20 世纪 90 年代前,美国等西方国家对中国—东盟间的南海争端问题保持超然态度,直到 1996 年,美国国务院发布第 117 号《海洋界限》报告,无端指责中国南海主张为"过度海洋主张"。自此,域外海洋大国势力为了遏制中国发展、提升其在东盟的影响力,不断通过相关海洋战略影响东盟。美国等西方国家还屡次对东盟国家宣扬"南海核心利益说"。一方面是美方造势的"中国威胁",另一方面,越南、菲律宾等国也表示其所占据的部分南海岛礁也是"国家的核心利益所在"。除了多次引导国际舆论攻击中国、挑动相关声索国与中国发生激烈冲突,美日印澳还通过"印太战略"介入东盟。同时,美国更是多次在南海进行所谓的"航行自由活动",组织多国在南海联合军演。

在以美国为首的西方国家的挑唆下,南海局势不断恶化,争议不断加剧,严重束缚了涉及渔业、能源开发、航运、环境保护等领域的中国—东盟蓝色经济合作。

(二)现有合作机制多而杂,碎片化而非体系化

中国—东盟的合作机制比较多,不同领域、不同类型,多种多样。这些机制之间存在功能重叠、互不隶属、缺乏协调甚至相互冲突等情形,这对梳理机制之间的关系造成了较大困扰,也影响中国—东盟蓝色伙伴关系的构建。

(三)现有规则约束力弱,各国差异大

中国与东盟之间具有法律效应的合作文件,一般采用框架协议、愿景、备忘录、宣言、联合声明、倡议和行动计划等形式,用来反映双方的共识,掩盖分歧,这些文件较少明确规定具有法律约束力的义务和责任。这样的规则往往容易因为权责不清而影响后续相关行动的效果,容易落入"雷声大、雨点小"的尴尬境地,有些甚至是文件签完就意味着结束。

(四)各国发展水平差异较大,国内立法体系庞杂

东盟十国经济发展水平参差不齐,导致各国的诉求也不完全一样,也导致共同技术准则难以建立,存在互操作性缺失等障碍。中国—东盟蓝色伙伴关系的构建,需要中国与东盟各国在相关合作领域共同制定明确、合理的法律制度,并将其付诸实践。因此,在此过程中,各国相关部门法的完备以及国内法规与国际规则之间的协调就十分重要。

鉴于存在以上重大挑战,中国—东盟尽管通"21 世纪海上丝绸之路"框架、RCEP 以及其他合作机制与平台展开了卓有成效的经济合作、环保合作、气候合作等,并于 2018 年签署的《中国—东盟战略伙伴关系 2030 年愿景》中同意在海洋科技、海洋观测和减灾等方面加强蓝色经济伙伴关系的建设,但在海洋权力的梳理、海域的划界、专属经济区的归属等领域依然存在诸多未尽事宜以及冲突,这些都限制着中国—东盟构建"蓝色伙伴关系"文件的正式签署。

第二章

中国—东盟"蓝色伙伴关系"的丰富内涵

中国与东盟都是海洋可持续健康发展的推动者和受益者。自 2018 年中国与东盟签署《中国—东盟战略伙伴关系 2030 年愿景》开始,双方建立并稳步推进开放包容、具体务实的蓝色经济伙伴关系。

根据系统观的逻辑,蓝色经济伙伴关系是蓝色伙伴关系在经济层面的引申及落实,蓝色伙伴关系则是伙伴关系理念在海洋领域的扩展与具体化,而建立伙伴关系则是中国提出的人类命运共同体理念的具体体现以及落实路径之一。

根据国际关系构建逻辑,蓝色伙伴关系是由中国首倡并主导推动的以海洋经济的共同持续发展、保护海洋生态环境为根本,以开放包容、具体务实、互利共赢为原则的全球海洋治理新秩序;它是中国设计的一种多层次、多主体、多领域综合互动的海洋合作机制;是在改善、健全国际海洋治理体系,重塑国际秩序感召之下应运而生的一种海洋治理新模式。

中国—东盟蓝色伙伴关系是涉及该区域海洋可持续发展的合作关系,这一关系的基础内涵是经济及生态内涵,涵盖了海洋生态环境保护、资源可持续利用、区域海洋治理合作、蓝色经济合作、海洋科技研发与转让、海洋教育与文化交流、海上安全与权益保护、全球发展倡议在区域海洋领域的落实等多层次、多领域的内容。

根据新区域主义理论,外向型区域关系更重视国际形势的发展对区域主义所造成的影响,更多地从国际关系的整体来探求区域主义的原则与价值。而有效的区域化进程则必须建立在共同体建设和机制建设的双重层面上。所谓共同体建设是指参与区域化进程的民族彼此之间加强交往,培养对共同生存与福利的认同感和归属感,从而建立起某种彼此难以割舍的情感纽带和具有黏合力的文化氛围。[①]

中国—东盟蓝色伙伴关系正是新区域主义思潮绵延至今、响应新的国际形势而构建的区域多边关系。同时,它又与中国在世界不同区域构建的蓝色伙伴关系构成全球性关系,并不断为构建人类命运共同体贡献区域力量以及特定领域命运共同体力量。蓝色伙伴关系充分体现了区域主义与全球主义之间密切、和谐的系统关系。

中国—东盟积极推进蓝色伙伴关系的建立是该区域对这一海洋治理新理念和制度的认同,是对现有国际秩序的担忧,对既往的西方海洋霸权理念及治理制度的抛弃,对更为公平、公正、平等的国际秩序的渴望,是在全球关系中更凸显区域关系的表达。[②] 在美国介入南海区域后,南海问题愈发复杂,在此严峻的形势下,中国在尊重各国利益最大公约数基础上提出了这样一个行之有效的"中国方案",这一方案是中国在参与重塑南海区域国际秩序时从理念到体系的重大创新。

第一节　中国—东盟"蓝色伙伴关系"的经济与生态内涵

自亚太经济合作组织(Asia-Pacific Economic Cooperation,APEC)建立以来,区域化成为东亚各国深化经济合作层次,探求共同的合作利益和保持经济持续增长,增强经济竞争力,从而走向共同繁荣的重要手段。在 20 世纪 90 年代,学者朱锋就指出,区域主义是东亚的必然选择,推进区域化进程符合所

---

① 朱锋.东亚需要什么样的区域主义?——兼析区域主义的基本理论[J].太平洋学报,1997
(3):31-42.
② 杨泽伟.全球治理区域转向背景下中国—东盟蓝色伙伴关系的构建:成就、问题与未来发展
[J].边界与海洋研究,2023,8(2):28-45.

有东亚国家的共同利益,也是解决东亚现有的或潜在的矛盾与冲突的理想途径。① 与此同时,东盟逐渐成形,中国与东盟国家也完成建交,区域主义成为中国—东盟区域发展的必然选择。

受到新区域主义以及全球主义的影响,蓝色伙伴关系是一个多方面、多层次、多边的合作关系,各合作伙伴通过加强合作,共同推动海洋可持续发展和维护海洋生态环境,为人类未来的发展做出积极贡献。

东盟是中国推动高质量共建"一带一路"的重要战略支点,是中国最大的贸易伙伴。推动中国与东盟国家共同建立新型的区域合作形式——蓝色伙伴关系,是当前高质量共建"一带一路"、建设中国—东盟命运共同体的重要组成部分。中国—东盟以建立蓝色伙伴关系为契机,推动"以经促政",即将经济关系优势和周边毗邻优势转化为政治互信不断深化的优势、战略合作持续升级的优势,共同打造周边命运共同体,从而实现区域内经济、政治、安全有机融合、良性互动的局面。②

中国—东盟蓝色伙伴关系的基础是区域蓝色经济合作发展与海洋环境保护。"蓝色经济"概念应是中国学者最早提出来,源于20世纪60年代中国的5次海水养殖浪潮。20世纪80年代,"蓝色革命""蓝色经济""蓝色产业"等名词开始出现在中国学者的文章中。③ 经过国内、国际社会的不断努力,尤其是太平洋地区小海岛国家、欧盟、联合国、亚太经济合作组织等的不断推动,蓝色经济在21世纪已经成为国际社会经济生产发展的重要领域。

一、"蓝色经济"定义的复杂多元

何广顺等学者的研究认为,过去人们分别有所侧重地从理念、战略、政策、技术、产业和经济发展以及社会生活等多角度阐述蓝色经济的定义和内涵。但究其实质,蓝色经济是一种集成以往海洋经济和绿色经济发展思想的可持续发展理念下的海洋经济发展思维,是对海洋环境变迁中海洋战略资源重要性认识深化过程中自然演进出的一种发展思想,是全球环境面临新挑战形势

---

① 朱锋.东亚需要什么样的区域主义?——兼析区域主义的基本理论[J].太平洋学报,1997(3):31-42.

② 殷悦,王涛,姚荔.中国—东盟蓝色伙伴关系建立之初探——以"一带一路"倡议为背景[J].海洋经济,2018(4):13.

③ 何广顺,周秋麟.蓝色经济的定义和内涵[J].海洋经济,2013,3(4):9.

下人们对以往海洋经济发展和海洋开发行为的一种自我修正认识,符合自然资源永续理论的认识论和财富代际公平分配的发展观。何广顺对蓝色经济的定义为:"蓝色经济是基于可持续利用的海洋空间和资源,围绕经济、社会和生态协调发展,遵循生态系统途径,通过技术创新,发展海洋和海岸带经济的所有相关活动的总称。"[①]总体来看,蓝色经济是一个立体的组成系统,具有跨区域、涉海性、重技术、高投入、高风险等特性。

由此可见:第一,蓝色经济伙伴关系建基于健康的、可持续发展的海洋生态,这是区域国家蓝色经济发展的资源来源和保障。而蓝色经济发展的目的之一是能更好地保护海洋环境,促进海洋生态的健康发展。第二,依靠并使用海洋生态资源发展海洋产业,从而造福人类,是蓝色经济的基本功能。一般而言,蓝色经济涵盖可持续渔业及相关产业、蓝色供应链、运输业、海洋能源行业以及旅游业等。第三,蓝色经济发展需要依靠海洋科技的创新。智能革命时代,科技的提升与发展对了解海洋、发现海洋、发展海洋具有更为重要的作用。第四,蓝色经济还包括蓝色金融、海洋减贫及包容性发展等周边领域。经济的发展离不开金融运作,只有良好的蓝色金融才能有效地为蓝色经济保驾护航,而蓝色金融促进蓝色经济发展的目的之一是帮助海洋国家、社群多样化发展,从而脱离贫困。第五,发展蓝色经济伙伴关系要达到平等共赢等目的,就必须有共享意识。中国在海洋规则制定、渔业及能源业发展、海洋科技研发与创新、网络平台数据资源积累等方面在该区域具有领先优势;东盟国家则具有地理优势及基于此类本地优势的数据。因此,中国—东盟展开蓝色教育合作、大数据共享等,是友好伙伴关系在共建家园、互利共赢方面不可或缺的行动。

近年来,东盟国家愈发重视海洋发展,各国纷纷制定指导海洋产业结构调整、促进海洋经济发展的相关政策及发展战略。与我国没有海洋主权之争的"千岛之国"印尼在海洋政策与战略的制定方面,在东盟国家中非常突出并具有典型意义。2014年,苏西洛政府颁布了印尼海洋法,2017年2月佐科政府发布了"全球海洋支点"战略,将建设海洋强国看作国家战略之一。印尼是南海问题相关国,但与中国在南海领域存在的矛盾和分歧较少,双方没有主权争议,仅存在部分专属经济区的划分分歧。但其海洋战略与中国

---

① 何广顺,周秋麟.蓝色经济的定义和内涵[J].海洋经济,2013,3(4):11,16.

"21 世纪海上丝绸之路"战略有合作共赢的区域,尤其是在海洋能源产业领域。① 印尼的典型性在于其代表了东盟国家海洋战略的一种特征:与我国的海洋战略既具有竞争性又具有合作性。

二、中国—东盟"蓝色伙伴关系"的多重经济内涵

(一)竞合关系并存的海洋贸易发展

蓝色伙伴关系的重要基础是蓝色经济,而蓝色伙伴关系又在蓝色经济发展方面发挥着至关重要的作用。蓝色经济涵盖了广泛的海洋活动,包括渔业、航运、海洋能源、海洋旅游以及与海洋相关的制造业等。通过发展蓝色伙伴关系,可以促进这些行业之间的合作,提高海洋经济发展的规模和效益。然而,海洋经济发展也面临着严峻挑战,如资源争夺、环境污染、过度捕捞、非法捕捞等,有时利益攸关方则因为海洋经济利益争夺而具有严重的分歧甚至冲突。因此,大力呼吁提倡蓝色伙伴关系则提供了良好的合作精神、机制与平台,团结了各利益攸关方共同应对挑战,可以促进海洋经济的可持续发展。

中国—东盟的经贸关系紧密,并且互为最大贸易伙伴。21 世纪海上丝绸之路、RCEP 等更为中国—东盟发展蓝色经济提供了高质量平台,而蓝色经济也成为中国和东盟经贸发展新的经济增长点。除此以外,中国—东盟之间还搭建了丰富多元的合作机制,为繁荣蓝色经济提供了广泛而友好的平台,如中国—东盟自由贸易区、中国—东盟博览会、泛北部湾经济合作区等。此外,中国—东盟海上合作基金也在促进中国与东盟海洋合作、繁荣发展蓝色经济方面发挥了重要作用。2022 年 1 月以来,在区域全面经济伙伴关系协定正式启动后,区域内 90% 以上的货物贸易将逐步实现零关税,进口成本降低、出口机遇增多,为企业进一步打开国际市场提供了宝贵机遇。2022 年 RCEP 生效至今,中国与东盟多国贸易受益于此,快速增长,中国—东盟签署项目总金额为 800 多亿美元。②

(二)突破冲突局面,多、双边合作发展可持续海洋渔业

渔业是海洋经济的重要组成部分,包含人工养殖、海洋捕捞、海洋产品加

---

① 骆永昆."全球海洋支点"战略背景下印尼在南海的利益探析——兼议中印尼合作的机遇与挑战[J].亚太安全与海洋研究,2019(3):82-93,4.
② 根据中国—东盟经贸中心-RCEP 项目库(cabc-online.com)数据计算,2024 年登陆。

工等。发展可持续海洋渔业的关键在于提供渔业资源的海洋生态的健康、可持续以及再生。据联合国粮食及农业组织 2018 年《世界渔业和水产养殖状况》统计,我国与东盟十国渔业资源丰富,海洋捕捞量位居世界前列。[①] 因此,在中国—东盟蓝色经济伙伴关系中,合作发展可持续海洋渔业及其相关产业,形成捕捞、加工、养殖、运输、贸易一条龙,是该地区发展蓝色经济的主要目标。2002 年,中国—东盟共同签署了《中国—东盟全面经济合作框架协议》,标志着中国与东盟的经贸合作进入新的历史阶段。《框架协议》也是中国—东盟自贸区建立的法律基础,确定了其基本架构。在这前后,中国与东盟各个国家之间将海洋渔业确定为双边合作的重要发展领域,例如,2000 年中越签署了《中华人民共和国政府和越南社会主义共和国政府北部湾渔业合作协定》;2001 年中国、印尼签署《中华人民共和国农业部和印度尼西亚共和国海洋事务与渔业部关于渔业合作的谅解备忘录》;2004 年 9 月,中国、菲律宾签署《中国农业部和菲律宾农业部关于渔业合作的谅解备忘录》。此后,中国—东盟围绕海洋渔业展开了频繁的合作。自 2000 年以来,中国与东盟国家之间在渔业上的产品贸易总额出现了连年上升的发展态势,尤其在 2001 年中国—东盟自贸区落地建设之后的几年内,中国与东盟的渔业产品双边贸易总额出现逐年稳步增长的良好发展态势。但自 2016 年以来,我国与东盟国家间的渔业贸易顺差明显缩小,渔业贸易顺差额由 2016 年的 19.33 亿美元减少至 2019 年的 3.3 亿美元,缩水 16 亿美元。[②] 中国—东盟渔业贸易顺差萎缩的原因在于中国与东盟存在诸多冲突与挑战,如南海争端、东盟国家内部差异和冲突以及域外大国的干涉等。

中国"十四五"规划在海洋经济发展部分中提出要发展可持续远洋渔业,深化与周边国家的涉海合作。《"十四五"全国渔业发展规划》提出发挥我国水产养殖技术优势,推动我国渔业企业加强同"一带一路"沿线重点国家和地区合作。根据建设"21 世纪海上丝绸之路"的战略要求,紧密结合远洋渔业发展实际和国家政治外交大局需要,远洋渔业的发展结合"一带一路"倡议合作、南南合作等,推进海洋命运共同体建设。在"一带一路"沿线和远洋渔业重点合

---

① 联合国粮食及农业组织.2018 年世界渔业和水产养殖状况——实现可持续发展目标[R].罗马,2018:8-10.

② 郭林波.中国与东盟渔业贸易发展及贸易潜力分析[D].吉林:延边大学,2021:10.

作国家建设的远洋渔业海外综合基地,将捕捞与养殖、加工、物流贸易、人员培训等功能融合于一体,协同发展。如在亚洲深化与东盟国家的合作,开展水产种苗人工繁殖、陆基工厂化循环水养殖、海上网箱养殖以及饲料加工厂、育苗场配套网箱生产制造等项目。而成立于1967年、覆盖全部东盟国的政府间自治组织东南亚渔业发展中心（Southeast Asian Fisheries Development Center,SEAFDEC）因成立较早、职能机构完备、组织机制比较成熟,成为中国—东盟渔业发展不可绕过的平台。[①]

为尽量减少捕捞,中国利用自己先进的养殖技术,积极推进与东盟国家在渔业养殖上的合作共享。2021年,中国依托中山大学建设的中国—东盟海水养殖技术"一带一路"联合实验室正式获得中国国家科技部批准,以"共建共享、需求导向、能力建设、示范引领"为宗旨,以海水养殖技术为核心,在农业和海洋领域与东盟国家科研机构展开联合研究。目前,该实验室厦门分中心正与马来西亚、泰国等东盟国家重点展开东盟热带海藻种质资源收集与共享服务,开展东盟科技人才培养与渔民技术培训、海藻养殖技术示范及基地建设等工作。[②]

虽然蓝色伙伴关系鼓励各方采取可持续的渔业管理措施,如限制捕捞量、保护鱼种栖息地、加强执法力度、打击非法捕捞等,但中国—东盟在渔业合作领域的法律机制不完善,一些国际性公约、规则,如《联合国海洋法公约》、联合国粮农组织主导下的国际渔业法律规则、《生物多样性公约》、世界贸易组织中的相关规则等,过于宏观,没有具体性以及针对性,且效力和约束力欠缺,甚至无制裁条款。而区域性协议如《中国—东盟全面经济合作框架协议》（简称《框架协议》）,区域渔业管理组织如东南亚渔业发展中心、亚洲渔业协会,以及中国与越南、菲律宾、印尼等双边协定等,也缺少专门性的制度条款,从而缺少有效的法律约束性,这就造成该区域渔业合作存在重经贸、轻养管和制度规则缺位等弊端。因此,在建设"21世纪海上丝绸之路"的态势下,我国应积极与东盟国家合作开展渔业资源调查,建立资源名录和资源库,协助编制渔业资源开发利用规划,并提供必要的技术援助。同时,加强渔业领域的可持续开发和利

① 陈盼盼.中国—东盟渔业合作的战略支点:东南亚渔业发展中心[J].淮南师范学院学报,2018,20(1):78-84.

② 中国—东盟海水养殖技术"一带一路"联合实验室厦门分中心[EB/OL].(2023-03-29)[2023-10-26].https://coastal-sos.xmu.edu.cn/ch/info/1281/1793.htm.

用,完善相关配套机制,这也是"21世纪海上丝绸之路"建设中的重要内容。①

(三) 加强科技共享,合作开发、保护海洋及沿岸国家

在中国—东盟正在进行的蓝色经济合作中,科技起着重要作用。海洋经济的发展需要科学研究与技术支持。科研与技术越先进,利用科技的能力越强,则挖掘海洋经济资源与进行海洋产业化的能力越强。因此,海洋科研与技术的创新能力决定着海洋经济的发展成效。

中国—东盟蓝色经济伙伴关系的发展有冲突、有竞争、有合作。在科技领域,目前为东盟需要跟我国学习、合作的态势,我国可以平稳发挥引领作用,在海洋科技创新方面的作用主要体现在推动海洋科技研发、共享以及培养海洋科技人才等方面。通过加强国际合作,鼓励共享资源、技术和市场等,促进海洋科研与技术创新发展。

中国与东盟国家区域海洋合作从20世纪90年代的初期探索发展到现在,主要合作领域包括应对气候变化、管理及利用海洋资源、规划与设立海洋公园/保护区、海洋防灾减灾、保护海洋濒危物种等方面。中国自然资源部下属各海洋研究所不断加强自身科研能力,在海洋科技上做出了多方面重大突破。在提高海洋防灾减灾能力领域,中国自然资源部第二海洋研究所朱小华/张传正研究团队2023年对吕宋海峡西侧内潮时空变化和台风引起的近惯性振荡获得最新研究成果,该所与浙江大学联合培养的博士研究生韩通在岛礁浅海地形高效遥感探测技术方面取得重大进展,并在南海等海域进行实证应用,该研究成果具备高效获得岛礁浅海地形数据的能力,在全球海洋岛屿和珊瑚礁生态环境遥感探测评估方面具有巨大潜力。这些成果为中国—东盟国家海洋贸易、海洋生态保护以及沿岸国家台风灾害防治等提供了坚实可信且可用的科学依据。②

海洋科研与技术成果对在合作发展海洋经济过程中维护国家海洋权益具有重要作用。中国海洋第二研究所在中国东海200海里以外大陆架勘测上获得重大实质性成果,并向联合国大陆架界限委员会充分展示、陈述,为在国际

① 陈盼盼."21世纪海上丝绸之路"框架下中国—东盟渔业法律机制探究[J].资源开发与市场,2019,35(12):1508-1512.

② 自然资源部第二海洋研究所-成果速递[EB/OL].[2023-10-10].https://www.sio.org.cn/index.php/yjcg.html.

社会维护中国海洋权益提供了科学依据①,这项研究及其成果在处理中国—东盟南海大陆架界限冲突问题中具有重要的参考价值。

中国在中国—东盟区域海洋科研与技术发展中具有较大优势,为带动该区域海洋科研共同进步,中国主动推进该区域的研发合作与交流等工作。中国自然资源部第四海洋研究所承担了"中国—东盟国家海洋科技联合研发中心"的任务,该中心不断推动建立所际合作,积极举办区域国际会议,深度参与国际组织活动与工作。第四海洋研究所牵头成立并领导"WESTPAC 有害藻华快速检测技术工作组",应对中国与东盟国家有害藻华灾害,推动空、天、地一体化监测与海洋防灾减灾合作,这些活动都形成了较强的国际影响力。中国也积极帮助东盟国家进行国际海洋人才培养,2021 年,第四海洋研究所与浙江大学共同建设"中国—东盟国家海洋科技教育交流中心"创新平台,开始合作培养中国—东盟国家海洋领域博士生、硕士生。2023 年 10 月 14 日,天津大学组织的"中国—东盟海洋教育研讨会暨海洋技术东盟(马来西亚)专班"开班。教育合作、区域海洋青年人才培养在促进中国—东盟蓝色经济合作、应对海洋资源和生态可持续发展挑战、提升公众海洋保护意识、加深相互了解、增强区域互信、促进民心相通方面具有重要作用。海洋科研与技术的推广交流在中国—东盟蓝色伙伴关系中真正起到了共享、共赢、造福区域海洋与国家的作用。

(四) 以低敏区合作突破冲突,推进海洋油气合作及陆海运互联互通

东盟国家在海洋油气产业中一直保持较好的发展态势。中国—东盟合作开发南海油气资源符合中国能源安全战略,也符合东盟整体经济发展的需求。中国与东盟建立的油气合作项目,包括中石化在新加坡、马来西亚和印尼的炼油厂,中海油在印尼的南苏拉威西深水天然气田项目,中国在文莱的炼化项目。油气管道修建工程则与缅甸合作。目前,中国与东盟各成员国仍在探讨更多的油气合作机会,如菲律宾液化天然气接收终端项目以及和印尼开发煤层气的合作等。

但由于南海局势动荡不定,中国—东盟的油气开采合作困难重重,与共同开发相关的法律机制制定处于空白与停滞状态。在恶劣的形势下,中海油等

① 自然资源部第二海洋研究所-重大科研成果[EB/OL]. [2023 - 10 - 23]. https://www. sio. org. cn/zdkycg. html.

能源企业与南海周边国家以国际投资等较为低敏和安全的方式在南海海域开展了一系列海上油气资源勘探与开发的合作,其中中国与印尼的合作当属典范,双方在近三十年间收获了丰硕的合作成果,可以作为中国与东盟其他国家进行油气资源开发合作的样本。[1]

随着我国与东盟自贸区国际贸易的快速发展,中国—东盟海洋交通运输业成为迅猛发展的产业。2004年签署的《中国—东盟交通合作备忘录》明确了双方在交通便利化、海运领域合作的中长期目标。2013年中国与东盟十国联合发表《中国—东盟港口城市合作网络论坛宣言》,确认建立中国与东盟47个港口城市的交通运输路线并顺利通航,至此互联互通的经济格局基本形成。通过"一带一路"框架,中国与东盟《东盟互联互通总体规划2025》进行对接,形成"六廊六路多国多港"互联互通基本框架。

总体而言,中国与东盟国家在海洋经济产业合作中还缺乏更为系统、深入的合作内容。

(五) 以蓝色金融托底,为蓝色伙伴关系护航

蓝色金融是一个新兴领域,其目标是引导金融资源进入海洋领域,保障蓝色伙伴关系的实际运作。蓝色伙伴关系鼓励金融机构创新金融产品和服务,发展多元化的资金往来渠道。已有研究认为,金融发展对技术进步和区域创新发展具有显著的影响,金融合作可以从缓解融资约束、促进知识流动、推动金融发展、防范金融风险等方面来影响技术引进和技术创新,从而推动区域创新发展。[2]

蓝色金融在蓝色伙伴关系构建中的作用主要体现在利用金融手段支持蓝色经济发展,在合作发展海洋科技、教育,数字化建设、环境保护等方面,以蓝色金融托底,为蓝色伙伴关系的发展护航。中国与东盟的金融合作始于1991年建立对话关系,1997年的亚洲金融危机促进了合作深化。2000年,东盟和中国、日本、韩国联合签署了《清迈倡议》,其核心目标是解决本区域短期资金流动性困难,弥补现有国际金融资金安排的不足。2008年金融危机后,"10+

---

① 文海漓,夏惟怡,陈修谦.技术进步偏向视角下中国—东盟区域海洋经济产业结构特征及合作机制研究[J].中国软科学,2021(6):153-164.

② 何建军,毛文莉,潘红玉.中国—东盟金融合作与区域创新发展[J].财经理论与实践,2022,43(2):17-23.

3"（东盟—中、日、韩）的财长于 2009 年 2 月共同宣布了《亚洲经济金融稳定行动计划》。[①] 在行动计划的指引之下,2010 年,清迈倡议多边机制(CMIM)正式启动。2011 年,东盟与中日韩(10＋3)宏观经济研究办公室(AMRO)正式成立。2021 年 3 月,清迈倡议多边化(CMIM)协议特别修订稿正式生效。《清迈倡议》通过不断推进具体措施落地,在区域危机监测、救助、治理等多方面都有了明显的效能提升。

2013 年我国提出"一带一路"倡议后,双边金融合作面临新的发展机遇。据商务部《2021 年度中国对外直接投资统计公报》,2021 年,中国内地对东盟十国的投资达 197.3 亿美元,占对亚洲投资的 15.4％,中国证监会已与新加坡等 8 个东盟国家的证券期货监管机构签署了双边监管合作谅解备忘录;据中国人民银行近三年发布的《人民币国际化报告》以及《2022 年人民币东盟国家使用报告》,2021 年中国—东盟跨境人民币结算量为 4.8 万亿元,同比增长 16％。人民币跨境支付系统(CIPS)及中资银行在东盟十国实现了全覆盖。2022 年,随着目前中国金融业相关的最高开放水平的自贸协定 RCEP 的正式生效,中国首次承诺在 RCEP 协定生效六年后完成正面清单向负面清单的转化,未来将进一步推动金融业开放。同时,RCEP 的生效有助于进一步削减区域内贸易和非贸易壁垒,为企业调整产业布局和扩大直接投资提供更多支撑,中国与东盟之间的投资往来也必将更为密切。2022 年 5 月 11 日,国际货币基金组织(IMF)执董会完成了每五年一次的特别提款权(SDR)审查,人民币在 SDR 中的权重由 10.92％上调至 12.28％,权重排名仍保持在第三位,次于美元和欧元,新的 SDR 货币篮子已于 2022 年 8 月 1 日正式生效。在政策方面,跨境人民币业务政策框架进一步完善,在各类业务项下推进实施本外币一体化管理,加强本外币政策协同,使跨境人民币业务更好地支持贸易投资和实体经济。在东盟国家中,人民币是影响力第二大的货币,仅次于美元。人民币国际影响力的提升为中国和东盟的金融合作提供了更多动力。近年来,中国和东南亚在数字经济、绿色经济等领域发展势头强劲,在新领域和新业态的合作也是中国和东盟合作的亮点。数字经济合作正向溢出效应显著,有助于东盟完善数字基础设施和向数字经济转型,从而促进当地经济的可持续健康

---

① 丁莉娅. 回顾清迈倡议多边化进程［EB/OL］.（2009 - 09 - 06）［2023 - 09 - 10］. https://finance. sina. com. cn/roll/20090609/09476323421. shtml.

发展。

亚洲的金融合作真正体现着平等、共赢的伙伴关系特征。中国和东盟均扮演了重要角色,例如,《清迈倡议》最初由东盟货币安排互换(ASA)扩展而来,《清迈倡议》多边化的倡议则是 2003 年由中国首次在"10+3"领导人会议上提出。

然而,东盟国家中只有新加坡处于金融发展与经济增长中度协调阶段,其他国家明显处于勉强协调和失调阶段,金融发展未能发挥协调经济增长的作用,且各国存在经济、政治、文化等差异,中国与这些国家开展金融合作时,双边合作无法实行无差异的统一措施,因此对东盟国家进行金融能力分级,采取多元合作模式更符合现实。① 同时,东盟内部还面临着诸多历史遗留问题和政治、经济、文化差异较大等现实问题,这也导致中国—东盟金融合作缺乏深度。未来,中国与东盟的金融合作将朝进一步完善区域金融安全网、推动建设亚洲共同债券市场、扩大区域内的本币使用、推动人民币基于人口流动的跨境使用等方面发展,在 RCEP 等经贸协定的基础上,进一步提升金融合作。②

三、中国—东盟"蓝色伙伴关系"的生态内涵:保护海洋生态,实现人类与海洋和谐共处

(一)海洋生态是海洋资源的保障

人类与海洋的互动在深层次上体现出人类与海洋的相互需求。然而,多年来,南海周边国家对海洋资源过度开发,又缺乏资金和技术以及解决环境问题的意愿等,致使南海的资源与环境失衡以及环保问题日益凸显。目前,南海生态环境由于过度捕捞、陆源污染、油气资源开发、航运中的排污以及溢油等而日趋恶化,海洋生物多样性降低,海洋与人类协调发展的平衡正被打破。良好的海洋生态是丰富海洋资源的保障,是发展蓝色经济的基础,因此,保护海洋生态是蓝色经济伙伴关系的重要内容之一。

(二)中国—东盟南海生态保护的困境与挑战

中国—东盟蓝色经济伙伴关系在海洋生态保护方面的作用主要体现在促

---

① 赵瑞娟,李晓黎. 中国—东盟差异化金融合作方式——基于耦合协调模型的研究[J]. 社会科学家,2023(2):87.

② 杨盼盼,徐奇渊. 面向未来的中国与东盟金融合作[J]. 中国金融,2023(8):44-46.

进环境保护、生态修复、减震救灾以及应对海洋气候变化等方面。依据 2015 年《推动共建丝绸之路经济带和 21 世纪海上丝绸之路的愿景与行动》与 2017 年《"一带一路"建设海上合作设想》,南海是"一带一路"建设的关键区域,环境保护合作则是"一带一路"建设的内在维度。但《联合国海洋法公约》磋商和实施以来,南海形势错综复杂,围绕生物资源和矿物资源的争端也不断激化。20 世纪 80 年代,中国针对南海问题提出"搁置争议,共同开发"的倡议,希望推进与南海沿岸各国的合作治理。但是,南海争端的复杂化、国际化和司法化发展态势,以及域外国家插手南海局势、挑拨中国—东盟关系、激化矛盾,使得该区域尚未能达成有效的海洋环境保护合作。2013 年由菲律宾提起的所谓"南海仲裁案"就涉及海洋环保类诉求。① 所谓的"南海仲裁案"是"一场披着法律外衣的政治闹剧",但南海环境问题借由此事被推至前台,中国—东盟海洋生态环境保护的合作更加艰难。②

(三) 我国有能力、有必要推进南海生态保护

蓝色伙伴关系的构建使中国—东盟能以平等、亲密的伙伴关系,相互尊重、相互合作的方式缓冲该区域的紧张关系,并能借此框架以及"一带一路"平台,找到低敏感、高利益共同性的部分,展开先期合作,比如海底形态探测,海底珊瑚礁保护、海洋科技研发合作等。中国在海洋生态保护领域的海洋科技水平较高,完全有能力主导、主推海洋环境保护领域科技的交流与合作。近年来,我国海洋研究成果显著,特别是在生物物种探测、海底形态探测等领域,如自然资源部第二海洋研究所在李家彪院士带领下,在洋中脊硫化物的探测技术、发现、成矿规律等方面取得了重大突破,形成中国深海硫化物探测评价技术体系,牵头完成"西南印度洋硫化物勘探区申请方案";在聚焦海底科学和深海探测的过程中,在深海近底探测、沉浮式地震仪研制、底质声学原位、无人智能探测等多项海底高精度探测关键技术上实现突破。③

中国国家海洋局不断推进中国—东盟全方位蓝色伙伴关系的建设,在

① The South China Sea Arbitration (the Republic of the Philippines v. the People's Republic of China)[EB/OL]. (2016-07-12). https://pca-cpa.org/en/cases/7/.

② 李道季,朱礼鑫,常思远. 中国—东盟合作防治海洋塑料垃圾污染的策略建议[J]. 环境保护,2020,48(23):62-67.

③ 自然资源科技创新系列谈|需求牵引科技供给 创新提升治理能力[EB/OL]. [2023-10-10]. hyj. gxzf. gov. cn/gzdt/mtgc_66843/t9701914. shtml.

《"一带一路"建设海上合作设想》中提出加强中国与东盟之间的蓝碳合作,中国、印尼发展蓝碳合作,共同进行气候治理。印尼积极响应,在 2020 年、2021 年与中国共同推出"碳达峰"与"碳中和"合作政策。从印尼与中国的蓝色合作看,气候、环境保护、蓝色金融等目前是合作良好的领域。而油气、渔业等涉及海洋权利和资源的领域,则需要审慎考虑双方的核心利益,谨慎制定合作板块和路径。

中国—东盟蓝色伙伴关系的建设正处在探索期,中国推出的系列具有操作性的项目本着鼓励各方积极参与的态度,灵活采取双边或多边合作,在海洋环境保护和生态修复、共同应对气候变化带来的挑战等方面获得了积极进展。同时,通过宣传绿色发展、循环发展和低碳发展等理念,蓝色伙伴关系致力于实现人与自然的和谐共处和可持续发展。

第二节 "蓝色伙伴关系"的文化内涵

国际关系中的"伙伴关系"最初是西方话语,是第二次世界大战结束后出现的国际合作新模式,用来弥补同盟合作功能的不足。其后伙伴关系深入外交领域,成为反对强权政治、结盟对抗霸权主义的国家运用国际合作建立平等亲密外交关系的实践探索。[①]随着伙伴关系的地位在全球外交事务处理中获得战略性提升,如今它已成为"以长期历史纽带为联结,在多种政策领域中有共同利益、共同认知和目标的外交关系"[②]。

中国与他国伙伴关系的本质是外交关系和国家对外政治活动[③],其特点是伙伴之间强调协商而非对抗,聚焦结伴而非结盟。1993 年,中国同巴西建立第一对伙伴关系;2014 年,中国宣布已初步构建全球伙伴关系网络;2017 年,伙伴关系被写入党的十九大报告,助力国家深化战略谋划和全球布局。伙伴关系在海洋治理领域是要构建平等、相互尊重、关系亲密的国际、区域、国家、地方多层级联动的,政府、非政府主体积极互动的一体化治

---

① 肖晞、马程.中国伙伴关系:内容布局与战略管理[J].国际观察,2017(2):73.
② FELIX HEIDUK. What Is in A Name? Germany's Strategic Partnerships with Asia's Rising Powers[J]. Asia Europe Journal, 2015,13(2):131-146.
③ 张萍.国际政治系统中的外交:过程与基本形态——一个政治传播学的分析框架[J].国际关系研究,2017(5):3-19.

理的重要关系。

构建蓝色伙伴关系的合作倡议由中国在 2017 年 6 月召开的首届联合国海洋大会上正式提出,旨在推动珍爱共有海洋、守护蓝色家园,以有效应对非传统的海洋危机问题。中国提出与各国、各国际组织积极构建开放包容、具体务实、互利共赢的蓝色伙伴关系。这个倡议奠定了中国与世界各国展开海洋合作的基调。

蓝色伙伴关系的宗旨是推动珍爱共有海洋、守护蓝色家园,因此其本质或源头是要处理人与自然尤其是人与海洋相互依存的关系。中国提出的蓝色伙伴关系建基于中国传统文化中的生态文明思想,带着浓厚的中国传统文化意涵。

一、"天人合一"与仁爱思想结合下的自然和谐观

中国是农耕大国,农耕文明的源头体现着人对天地自然的敬畏与崇拜。"仁"是中华文化的核心,直指仁爱与友善,是一种爱的意识、心念与精神。"仁",首先表述为人与人之间的爱,当人与人因为仁爱而成为生命共同体,这种观念就被扩大化,投射到人与天地自然的关系。当中国人对天地自然敬畏崇拜的原始情感与仁爱结合,就构成"天人合一"的自然和谐观。"天人合一"既是中国古代道学对宇宙本体的客观认识,也是儒家对天人客观整体的认知理念,"仁者,以天地万物为一体"[①],意为"仁,是一种将宇宙、天地、万物、人类自身视为一体的境界和状态,亦如游酢"[②]。天人合一观体现的是人与自然的完全统一,是人对万事万物有所敬畏、不妄为,是人与世间万物紧密一体,无法彼此分割。天人合一是中国传统文化中自然观的本真表述,也是赖以认识世界、改造世界的思维方法。

正是在天人合一的自然和谐观的影响下,中国提出的蓝色伙伴关系原则的第一条就是对海洋生态的保护,该原则指出:我们采取一切可能的措施保护海洋生态系统,防止并扭转退化,共同开展海洋生态系统监测,支持实施基于自然的解决方案,促进典型海洋生态系统保护修复,建立和有效管理海洋自然保护地网络,恢复和维持海洋生态系统的健康、服务功能及价值。此原则制定

---

① 程颢,程颐. 二程遗书[M]. 上海:上海古籍出版社,2000:65.
② 游酢. 游酢文集[M]. 延吉:延边大学出版社,1998:118.

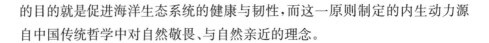

的目的就是促进海洋生态系统的健康与韧性,而这一原则制定的内生动力源自中国传统哲学中对自然敬畏、与自然亲近的理念。

二、海洋命运共同体理念是天人合一观在人与海洋关系上的现代化创新

天人合一观一直在中国的文化与文明中占据重要地位。到了当代,即便中国的科学技术已经越来越发达,但人们始终秉持这一与自然和谐相处、融为一体的天人合一观。天人合一与仁爱思想,让中国人具有敬畏生命的文化习惯。习近平总书记传承了这一中国经典哲学理念,并在重大国际场合多次提及,如 2017 年在联合国发言时就指出:"我们应该遵循天人合一、道法自然的理念,寻求永续发展之路。"在复杂的当代社会中,习近平总书记将这一传统文化理念进行现代化,创造性地提出"人与自然是生命共同体"的思想:"人与自然是生命共同体,对自然的伤害最终会伤及人类自己。"习近平生态文明思想强调,要化解人与自然、人与人、人与社会的各种矛盾,必须依靠文化的熏陶、教化、激励作用。这是面对经济社会快速发展与生态环境之间的剧烈冲突,在中国传统经典哲学理念启发下对人与自然关系的创新性认识。而这一认识也体现在习近平总书记对人与海洋关系的深刻阐述中。2019 年 4 月 23 日上午,习近平总书记在青岛会见应邀出席中国人民解放军海军成立 70 周年多国海军活动的外方代表团团长时发表讲话,指出我们人类居住的这个蓝色星球,不是被海洋分割成了各个孤岛,而是被海洋连结成了命运共同体,各国人民安危与共。① 习近平总书记的"人与自然是命运共同体"的理念体现在蓝色伙伴关系原则的第 2、3 条中,这两条原则分别就应对气候变化和污染治理提出倡议,如为了提升合作伙伴共同应对灾害及海洋领域气候变化的能力,维护人类安全家园,倡议蓝色合作伙伴们积极推动在海洋领域应对气候变化的合作,加强对海平面变化、海洋缺氧、海洋酸化、海洋升温及热浪、极地冰雪融化、海气交换与全球碳循环等的研究合作。积极推进适应海洋领域气候变化及减排工作,联合开展海洋观、监测,预警预报及防灾减灾的信息技术合作与共享,充分挖掘滨海栖息地等生态系统的防灾减灾功能,共同提供公共服务产品,推动海洋领域"碳中和";为了促进海洋健康与清洁,则倡议蓝色伙伴们通过

---

① 人民海军成立 70 周年 习近平首提构建"海洋命运共同体"[EB/OL].(2019－04－24)[2023－07－15].http://www.qstheory.cn/zdwz/2019－04/24/c_1124407372.htm.

开展切实可行的行动,防治海洋污染,尽量减少非必要一次性塑料制品的使用,促进海洋垃圾、微塑料的治理,控制并减少倾废,防治陆地活动、船舶及其他海上设施对海洋产生的污染,降低水下噪声对海洋生物的侵害。这些原则的制定,为建立蓝色伙伴关系定下了行动指南,设置了行动底线。

三、取用有节的生态发展观是海洋生态保护观的根源

中国之所以首倡蓝色伙伴关系并不断主导推动,是因为蓝色伙伴关系的整体理念及原则框架具有鲜明的中国特色,其底层逻辑是中国传统文化中绵延至今的经典哲学思想:首先,蓝色伙伴关系源于中国传统哲学与文化对人与自然、人与人关系的认知;其次,源于中国对当今世界政治秩序的深刻反思及对新型大国关系、新型国际秩序重塑的创新。

春秋战国时期的政治家、经济学家、哲学家管仲在其《管子》"八观"篇中提出"山林虽广,草木虽美,禁发必有时"。管仲认为在谋求生存与发展的同时,一定要注重对自然资源的养护,禁止过度采伐,避免自然生态遭到破坏。北宋政治家、史学家司马光在其《资治通鉴》中指出:"夫地力之生物有大数,人力之成物有大限。取之有度,用之有节,则常足;取之无度,用之不节,则常不足。"这些都是中华传统文化倡导人在利用自然界的事物谋求自身生存与发展时,要尊重自然规律,在向自然索取时要保护自然,避免涸泽而渔、杀鸡取卵。"取用有节"的生态观同样源自我国农耕文明,农耕活动与大自然紧密关联,中国古代哲人就在长期的农耕活动中总结出了这套人与自然和谐相处的经典思想体系。

中国传统的哲学思想仍体现在当代中国政府的施政理念中,并且在各个时期根据当时当地的情况,因地制宜地被进行创新性的发扬。习近平总书记在面对现代社会发展与环保冲突问题时就强调经济发展不能以牺牲生态环境为代价,"必须懂得机会成本,善于选择,学会扬弃,做到有所为、有所不为,坚定不移地落实科学发展观,建设人与自然和谐相处的资源节约型、环境友好型社会"。这种既包含了中国传统文化观又进行了当代创新的生态文明观也被一以贯之地落实在海洋发展合作中。《习近平致2019中国海洋经济博览会的贺信》指出:"海洋对人类社会生存和发展具有重要意义,海洋孕育了生命、联通了世界、促进了发展。海洋是高质量发展战略要地。要加快海洋科技创新步伐,提高海洋资源开发能力,培育壮大海洋战略性新兴产业。要促进海上互

联互通和各领域务实合作,积极发展'蓝色伙伴关系'。要高度重视海洋生态文明建设,加强海洋环境污染防治,保护海洋生物多样性,实现海洋资源有序开发利用,为子孙后代留下一片碧海蓝天。"①贺信以对海洋的敬畏心,阐明了海洋对人类发展的意义;以仁爱以及天人合一观阐明了对海洋生物多样性进行保护、对海洋生态文明加强建设的决心;以取之有节的价值观为基础,提出对海洋资源有序开发、保护海洋再生能力、造福子孙后代的发展底线。习近平总书记对中国传统哲学理念的现代创新也体现在蓝色伙伴关系原则的第 4 条"可持续利用海洋资源"中。为达到在保护优先的前提下,推进海洋资源可持续开发利用的目标,倡议合作伙伴支持海洋生物多样性的养护及可持续利用,开展海洋生态系统服务功能及其价值评估,探索促进生态产品价值实现的多种途径;鼓励发展绿色和可持续的海洋养殖业,支持终止过度捕捞和非法、未报告、无管制的捕捞活动以及破坏性捕捞,保持海洋的可持续生产和安全,鼓励发展清洁的可再生能源。

由此,"蓝色伙伴关系"及其原则的提出首先体现的是中国政府在中国传统文化基础上对人海关系的深入思考,是对人与海洋和谐共生共荣创新性、系统性的理念,其次才是区域间、国与国之间外交政治之道的凸显。

第三节 中国—东盟"蓝色伙伴关系"的政治内涵

当代的全球秩序是多重国际秩序的复合体,是全球化秩序与区域秩序以及本土化秩序的叠加,是国家主体政府间与非政府间组织关系的叠加,具有复合型、立体式秩序的特点。其中,起主导作用的秩序法则依然是第二次世界大战后确定的体系。在这个体系中,西方发达国家的价值观和法则占主导地位,拥有主要话语权,发展中国家在整个秩序中处于劣势地位。

一、世界局势巨变,全球秩序亟待重塑

2001 年震惊全球的"9·11"事件催动国际秩序发生变化,保护主义悄然抬头。2008 年全球金融危机爆发后,全球治理呈现出一些新的趋势。首先,

---

① 习近平致 2019 中国海洋经济博览会的贺信[EB/OL]. (2019 - 10 - 15)[2023 - 10 - 05]. https://www. gov. cn/xinwen/2019 - 10/15/content_5440000. htm.

全球经济复苏乏力,促使各国贸易保护主义抬头;其次,2016 年特朗普当选美国总统后,"逆全球化"思潮更加流行,美国退出《跨太平洋伙伴关系协定》(TPP),并发起对中国和欧盟等国家与地区的贸易战,这显示出联合国等国际组织无法对强权国家的霸权行为进行调解、平衡,作用愈发弱化。2022 年俄乌冲突引发了愈演愈烈的地缘政治冲突。2023 年 10 月开始的巴以冲突,美国、叙利亚冲突,印度、巴基斯坦冲突以及美国军舰在南海地区肆无忌惮的挑衅,使得全球既有治理秩序岌岌可危,全球治理主体区域化整合迹象越发凸显。全球秩序在内、外因的影响下,到了不得不重塑的阶段。

二、构建人类命运共同体——中国在全球秩序重塑上的创新

(一)百年未有之大变局的提出是中国对世界局势的准确判断

面对错综复杂的局面,各国都在对世界走向进行分析、判断,试图找到本国与世界走出迷雾,重新走向稳定和平正轨的道路。中国不断地对世界局势以及本国发展进行分析判断,习近平总书记明确指出:"当今世界正经历百年未有之大变局,这样的大变局不是一时一事、一域一国之变,是世界之变、时代之变、历史之变。"①这是中国科学认识全球发展大势、深刻洞察世界格局变化而作出的重大而准确的判断。

(二)目前全球势力变化的态势

百年未有之大变局显示世界秩序从局部到整体都发生着改变,由 20 世纪的"欧美等发达国家主导",开始转向 21 世纪的"第三世界国家要求进一步获得平等尊重"。在世界迎来大发展、大变革、大调整甚至颠覆性的大动荡时期,国际格局和国际体系正发生深刻变化,世界百年未有之大变局迅猛地展现出新趋势。首先是权力格局从超级大国单极化转向多极化。小国抱团组成新的主体中心,参与新的国际规则与话语权制定,如东盟、中东、非洲国家。其次是科技革命促使世界经济格局发生变化。智能革命时代来临,科技研发以及围绕新科技产生的新经济形态正在形成,经济的领头人决定着世界权力的重新分配。最后是自然环境的急剧变化如气候变暖等,引发地球生存危机。综合来看,从自然到社会,从外因到内因,国际社会急需重新塑造全球化规则与秩序。

---

① 习近平.新发展阶段贯彻新发展理念必然要求构建新发展格局[J].求是,2022(17).

(三) 人类命运共同体——中国在全球秩序重塑上的创新

在此变局下,中国从文化传统及中华民族价值观出发,从中国及世界面对的发展机遇与挑战出发,阐明了构建人类命运共同体的理念,为全球秩序重塑提出中国方案。

2012年11月,中国共产党在十八大报告第十一部分"继续促进人类和平与发展的崇高事业"中战略性提出了构建人类命运共同体理念,并将其解释为"在追求本国利益时兼顾他国合理关切,在谋求本国发展中促进各国共同发展"。2013年3月23日,习近平总书记在莫斯科国际关系学院的演讲中首次将人类命运共同体理念由中国推向世界,他指出:"这个世界,各国相互联系、相互依存的程度空前加深,人类生活在同一个地球村里,生活在历史和现实交汇的同一个时空里,越来越成为你中有我、我中有你的命运共同体。"[①]此后,习近平总书记不断丰富与发展人类命运共同体理念的具体内涵,发展同各国的外交关系和经济、文化交流,在谋求本国发展中促进共同发展,推动构建人类命运共同体,并逐步获得国际社会的认同。2017年2月,构建人类命运共同体理念被写入联合国决议,随后又陆续被写入联合国人权理事会、联合国安理会等多个联合国组织的决议。2017年10月18日,习近平总书记在十九大报告中明确了构建人类命运共同体理念的核心,即"建设持久和平、普遍安全、共同繁荣、开放包容、清洁美丽的世界"。这一核心体现了政治、安全、经济、文化、生态的"五位一体"。[②]

三、南海区域局势急需中国提出解决方案

涉中国主权的南海争端是历史遗留下来的难题,其基本现状是中国的固有岛礁被邻国长期占据。而《联合国海洋法公约》在相关问题上的模糊性、不完善性使得多方钻规则的空子,导致这一历史问题引发诸多后遗症。南海争端非常复杂,相关研究涉猎深远,本文仅整理与南海争端相关的根本性问题,以此作为阐述中国—东盟蓝色伙伴关系构建的重要背景。

---

① 国家主席习近平在莫斯科国际关系学院的演讲[EB/OL]. (2013-03-24)[2023-08-20]. https://www.gov.cn/ldhd/2013-03/24/content_2360829.htm.

② 朱锋. 从"人类命运共同体"到"海洋命运共同体"——推进全球海洋治理与合作的理念和路径[J]. 亚太安全与海洋研究,2021(4):6.

（一）中国与东盟个别国家间争议岛礁归属引发的主权争端问题

1. 南海争端的两个主要方面

南海争端（也称"南海问题"）始于 20 世纪 60—70 年代，主要指两个方面：中国与东南亚声索国之间存在的岛礁归属主权争端、专属经济区及大陆架海域划界争端。这两个方面以中国为主要声索应对方，而各东盟国家就这两个主要方面对中国提出的声索既有重叠也有不同。

第一个方面主要涉及"五国六方"，即中国（中国台湾地区作为一方）、越南、菲律宾、马来西亚和文莱。第二个方面涉及"六国七方"，即中国（中国台湾地区作为一方）、越南、菲律宾、马来西亚、文莱和印尼。综合而言，在两个方面对我国均进行声索的有越南、菲律宾、马来西亚和文莱，仅有海域划界争议的是印尼。

2. 南海争端产生的根本原因

第一是海洋资源的争夺。南海蕴藏的资源极其丰富，目前跟人类经济社会有密切而重大关系的是其丰富的油气资源。事实上，越南、菲律宾、马来西亚、印尼这些南海周边国家侵占我国岛屿与相关海域主要是为了展开对南海油气资源的掠夺性勘探和开采。

第二是各国依据法律的不一致。1982 年才获通过的《联合国海洋法公约》在海域划界问题上还存在不完善性，没有具体条款可以就国与国之间在新的公约法实施后，误用经济专属区划界条款而产生主权区域重叠及争端的问题进行说明。同时该公约的内容并没有阐明历史先占区域的法律权利。南海各国利用后出的新法刻意抹除中国无可辩驳的历史权利和先占权利，从而造成争端。①

第三是域外大国介入，激化区域争端，试图渔利。南海地区的战略意义重大，因此，随着中国的快速崛起，一些域外国家认为，炒作南海争端可削弱中国在亚洲的影响力，同时能用南海争端对冲中国与东盟长久以来的良好关系。而一旦中国—东盟关系发展受阻，则双方实力与影响力势必都会下降，如此，域外国家便能多方渔利。在以美国为首的西方国家基于利己主义的霸权和冷战思维的主导下，南海争端不断激化，被当成牵制中国发挥地区作用和诠释国

① 各国与我国在岛礁归属、领海基线、专属经济区区域划分领域的争端细节已有多种著作进行详细阐述，如郭渊《地缘政治与南海争端》、胡斌《海洋法公约视角下公海保护区建设困境与对策》等。

际角色的天然抓手。

(二) 围绕主权争端,中国—东盟"和中有争"的关系

中国—东盟自 20 世纪 90 年代全面恢复外交与对话以来,关系始终保持在不断向正面发展的轨道上。基于地缘的便利,中国—东盟区域贸易往来频繁,区域关系总体和谐稳定,区域间双边及多边关系发展密切,形成了你中有我、我中有你的网状关系,中国—东盟命运共同体建设、海洋命运共同体建设以及"一带一路"建设、蓝色经济伙伴关系建设等如火如荼地展开。

南海争端为和谐的区域关系带来了张力,给中国—东盟区域关系建设带来不和谐因素。同时,域外国家利用《联合国海洋法公约》对公海规定的模糊、不完善性,不顾他国和地区利益,来南海大打擦边球,对中国以及东盟的安全造成巨大威胁。越发紧张的局势需要中国与东盟国家一起,以区域视角,建设全新的区域海洋秩序,以破解或者缓冲目前的困境,给南海区域发展带来更长的时间窗口,用以协商解决目前的争端。

四、中国—东盟"蓝色伙伴关系"构建是典型的中国方案

(一) 中国—东盟构建"蓝色伙伴关系"是具有中国主导特征的中国方案

构建人类命运共同体是中国对世界秩序重塑提出的创新性解决方案。这一方案有总目标、各级子目标、落地平台和具体关系建设,是一套完整的秩序体系。以中国—东盟蓝色伙伴关系这一新兴外交秩序的构建为例,可以看出中国提出构建人类命运共同体这一总目标后,以思维导图的模式开始生成二、三级下属目标,将总目标分解、下沉到落实层面,其基本理念与逻辑层层铺展。

人类命运共同体是一个全球宏观图景,是总目标、总方向、总框架。其具体落实则由构建各级各类命运共同体齐头并进。而中国与东盟一衣带水,具有紧密的大陆与海上邻居关系,具有历史悠久的、友好的文化交流、文明互鉴,因此构建中国—东盟命运共同体显然符合我国逐步形成的"大国是关键,周边是首要,发展中国家是基础,多边是重要舞台"的全方位外交方针,符合十八大以来,党中央继续坚持的"立足周边,着眼亚非拉,加强与发达经济体合作,推动构建人类命运共同体"大政方针。海洋作为人类生存环境中的重要组成部分,其命运共同体建设对推进人类整体命运共同体构建具有积极的作用。中国—东盟处于海洋与大陆文化与文明的交织处,以大陆文明为主体叠加海洋

文明的中国和以海洋文明、岛屿文化为主体叠加大陆文明的东盟国家,在此重要关头,结合全球呼声,创造性提出中国—东盟海洋命运共同体建设理念与推进体系,启动了新世纪海洋秩序重塑的图景。

在重组全球秩序、构建人类命运共同体与构建海洋命运共同体构成的宏观与具体、总体与特殊关系下,南海地区推进构建中国—东盟命运共同体到二级子目标中国—东盟海洋命运共同体建设。新兴秩序图景在中国与东盟国家的共同努力下正作更为具体的铺陈:中国与东盟借助现有的"一带一路"倡议下"21世纪海上丝绸之路"既有的发展平台和框架,在十年"一带一路"建设硕果累累的基础上,在既有蓝色经济伙伴关系积极推进的前提下,逐步构建蓝色伙伴关系,进一步深化并实质化区域海洋外交新秩序,即构成了中国—东盟蓝色伙伴关系——→中国—东盟海洋命运共同体——→中国—东盟命运共同体——→人类命运共同体构建的秩序重塑逻辑链。由此,我们可以清晰地推导出中国在南海地区的秩序重塑完全由中国设计、主导,获得东盟正面响应,由东盟加入并且共同推动而成,是以中国主导、中国—东盟互为主体为明显特征的中国方案。

(二)中国—东盟"蓝色伙伴关系"具有深厚的中国经典哲学体系的烙印

中国—东盟蓝色伙伴关系是一种基于正确义利观团结区域伙伴,围绕使用海洋资源进行社会发展、保护海洋等问题建立的区域国际关系。中国提出的这一聚焦伙伴关系的国际关系具有互信、互助、互利、共促、共建、共享的鲜明特点,即中国提出的构建蓝色伙伴关系旨在构建一种平等、尊重、团结、和谐、安危共济、共同发展、持续发展的国际秩序。这一国际秩序提出的基础以及底层逻辑源自中国经典的"仁、义、礼、智、信"的哲学体系。

1. 以仁为核心、推己及人的政治同理心是"蓝色伙伴关系"的政治根本

"仁"是儒学的核心价值观。"仁"普遍应用于传统中国处理人与人的关系、国与国的关系,是国家治理与社会运行的伦理基础;"仁"也是一种最高的社会道德要求,是古代中国对作为社会精英的官僚的基本素质要求。"仁"的核心价值延续至当代中国,并始终在中国社会发挥着作用。

在国际关系中,中国也始终秉持着仁爱之心对待与其他国家的合作。仁者爱人,就是推己及人的同理心,是"己欲立而立人,己欲达而达人"的互相爱护、互相成就。正因为此,中国在设计蓝色伙伴关系原则时才会明确提出坚持开放包容的原则,坚持融合多方参与从而海纳多元主体的原则。这两条原则

秉持求同存异,欢迎多元主体如国家、政府间国际组织、非政府组织、地方政府、科研机构、企业等加入蓝色伙伴关系,并尊重伙伴间发展阶段不同、治理模式差异、利益诉求多元、传统特色各异的多样性存在,共同关心海洋、保护海洋和可持续利用海洋,推动构建海洋命运共同体,共同推进联合国《2030 年可持续发展议程》的实现。

2. 以"义"为准绳,惠及众生的正确义利观贯穿蓝色伙伴关系构建过程,体现中国的责任担当

"义"是中国古代最基本的道德和行为准则,也是中国人立身治国的根本原则。中国古代哲学家荀子在《劝学》中言:"故学数有终,若其义则不可须臾舍也。为之,人也;舍之,禽兽也。"可见,"义"对于中国人而言,是立身之本。中国古代哲学家都非常重视"义"的构建。通过反复重申、释义与引申,将社会事务的是非标准阐释清楚,并带领社会尊崇。如孔子的"义以为上",孟子的"舍生取义",董仲舒的"正其义不谋其利,明其道不计其功"等。因此,中国社会整体具有重义轻利,主张公利至上、私利应服从公利,反对因私废公和见利忘义的价值观。这种价值观构成了中华民族注重整体利益的民族气节。

中国的价值观历来对"义"大加推崇与赞赏,"义"不仅是个人的行为准则,也是社会奖赏的准则,往往伴随着义利之辨这一重大伦理问题。义利关系的讨论与辨别体现了整个社会处理道义与功利关系的准绳,而义利观是国家治理以及与他者关系处理中的核心问题,义之利他性与利之利己性形成鲜明对比,也形成目前世界上主要以义和主要以利为驱动的两种国际关系。中国一向在国际上高举道义之旗,将维护人类整体利益置于个人与个别国家利益之上,体现着以天下为大义、以利己为小义的中国责任感与行为担当。

"义"在蓝色伙伴关系构建中以及百年未有之大变局下具有较强的理论价值与现实意义。这就鲜明地区分了坚持道义与正义的国家与坚持功利主义的国家,吸引志同道合者成为伙伴。这也是中国在蓝色伙伴关系原则中坚持建立伙伴关系并不靠胁迫,而是以义相交,伙伴间具有相同的是非标准,对待整体利益都能以义平衡,这样的国家团结在一起才能真正提升蓝色伙伴兑现承诺的主动性和积极性,才能构建伙伴间安危并济、生死与共的海洋命运共同体,避免因利而聚、利尽则散。为了达到使海洋治理机制更加公正合理的目标,中国倡导蓝色伙伴关系要推进公正治理,倡导蓝色伙伴的相关活动符合以《联合国海洋法公约》为核心的国际性、区域性国家法律和其他相关制度框架,

坚持共商共建共享,使保护和可持续利用海洋和海洋资源的制度安排及活动项目反映大多数国家的意志和利益。蓝色伙伴关系不仅考虑到同一代际的公正性,还前瞻性考虑到代际公平,从而提出以维护代际公平为重点的第 16 条原则,倡议应充分考虑后代利用海洋资源和享有海洋空间的权利与机会,认为我们有义务为后代保存好健康、清洁、优美的蓝色家园。

3. 以"礼"相待、互相尊重是蓝色伙伴关系的相处之道

中国是礼仪之邦。礼是中国传统社会的四维之首,蕴含着传统社会丰富的伦理标准和秩序规范,荀子认为"礼者,法之大分,类之纲纪也"。礼最初起源于上古宗教祭祀,后逐渐演变成政治之礼、伦理之礼,礼的内在精神是恭敬、尊敬、谦逊,外在表现为反映等级秩序的一切典章制度、社会规范以及相应的仪式。① 中国传统社会对礼的重视,体现了一种重秩序、求稳定的精神与追求。

中国传统"礼"的内在精神在当代社会有了一定的转变,从着重体现秩序转变为追求平等、相互尊重以及包容,而外在的典章制度也相应地用来体现这种内在精神。这种礼体现在国与国之间、组织之间就是友好、平等、开放、包容的精神。这种中国之礼体现在蓝色伙伴关系中就表现为遵守国际规则、维护国际秩序,促进形成更加开放、更加包容、更具灵活性的新型海洋合作关系。

4. "智"是一种"坚持科学发展、遵循发展规律"的发展观念

"智",是中国古代智、仁、勇"三达德"之首。经过历史积累与衍化,"智"的主要内涵可分为科学认知之智与明辨是非之智。中国文化认为"智"的最高境界是要通过不断的学习通晓人生之理、天地之道,获得"大智慧"。

我国贵智的传统对中国的生存与发展影响极为深远。它要求中国在当前的全球生存发展建设中具有对所处局势准确判断的能力,同时能充分重视科学知识、科学技能,重视科技创新在个人发展、国家治理中的作用。蓝色伙伴关系的构建充分重视了智的传统,倡导提高人类对海洋的认知水平,加强知识对可持续发展的引领作用;持续支持海洋基础科学研究,共同参与和支持联合国"海洋科学促进可持续发展十年(2021—2030)"计划,丰富实现可持续发展所需要的知识,加强对海洋的综合认知与理解,助推海洋科技成果转化,推动海洋知识的普及;倡导实施以生态系统为基础的海洋综合管理,通过支持全球

---

① 龙倩."仁义礼智信"的现代转换[J].理论导刊,2017(2):89-92.

海洋空间规划项目的实施,减少和避免人类活动给海岸带和海洋带来不利影响,鼓励开展最佳实践的经验交流以及实施与评估研究,提升海洋综合管理的科学化水平;鼓励各方采取基于自然的解决方案支持海洋可持续发展,努力把合作引导到有助于实现各国际涉海公约、条约及其他文书所确立的可持续发展目标,尤其是第14、17条的海洋问题解决方案中去,对增进海洋生态系统健康和促进蓝色经济增长产生积极作用;通过人员培训交流、技术援助和海洋发展规划制定等,对小岛屿国家、中低收入国家予以支持,不断提升管理人才的素质。

5."信"是一种"信守国际责任,以增强互信来稳定国际秩序"的中国理念

"信",是中国古代最基本的道德规范,更是中华民族的传统美德。"信"的观念在古代最初是指祭祀上天、神和先祖时的一种不敢妄言的虔诚态度,经儒家提倡,成为经世致用的道德规范。许慎在《说文解字》中将"信"解释为"诚也,从人从言"。"信"也为诚信,为诚实不欺、表里如一、信守承诺。"信"运用到国际关系中就是国家自觉把诚信作为伙伴关系的内核,切实做到诚实无欺、言行一致,重视诚信对契约的基础保障作用。因此,蓝色伙伴关系鼓励大家自愿参与,就是基于对契约精神达成共识再作出合作承诺,并确保这一不具有法律约束力的伙伴关系能因为诚信精神获得保障。

中国的"仁""义""礼""智""信"传统价值观贯穿于当代中国的社会运行与政府管理中,贯穿于中国人的行为规范中,这是中国的文化意识与精神内核。在这样的价值观的推动下,中国构建蓝色伙伴关系必然体现着中国价值观与中国精神内涵,为世界贡献出独具特色的海洋合作治理中国方案。

第三章

既有研究成果与不足

第一节　对中国国际海洋合作研究的既有成果与不足

　　"蓝色伙伴关系"是"伙伴关系"概念在海洋领域的拓展与延伸,是中国政府在全球海洋治理背景下提出的进一步构建全球伙伴关系网络的重大举措,与联合国《变革我们的世界:2030年可持续发展议程》中关于海洋可持续发展的目标高度契合。2017年6月,首届联合国海洋大会在纽约联合国总部召开,中国国家海洋局率领中国代表团出席,并正式提出"构建蓝色伙伴关系""大力发展蓝色经济""推动海洋生态文明建设"三大倡议,提出要与各国、各国际组织积极构建开放包容、具体务实、互利共赢的蓝色伙伴关系,推动构建更加公平、合理和均衡的全球海洋治理体系。构建蓝色伙伴关系,有助于串联海上"朋友圈",打造蓝色经济通道①,是百年未有之大变局下完善全球海洋治理的"中国方案",是顺应国际海洋合作大势、促进海洋可持续发展的务实选择②。

---

　　①　何广顺.共建蓝色伙伴关系,串起海上"朋友圈"[N].中国海洋报,2017－07－19(02).

　　②　苏炜彬.推动建立中国—东盟蓝色经济伙伴关系[N].中国社会科学报,2023－06－19(007).

虽然蓝色伙伴关系提出的时间并不长,是一个较新的名词,但目前学术界对这一话题进行了广泛的研究,取得了一定的成果。这些研究主要集中在两个方面。

第一,从全球治理视野的宏观角度出发,学者们在全球海洋治理、海洋命运共同体、海洋外交等视域下分析了蓝色伙伴关系的理论基础与实现路径。这涉及对全球海洋治理的现状与挑战、海洋命运共同体的构建、海洋外交的实践等方面的探讨。在此基础上,学者们提出了一些具体的建议和路径,如加强国际合作、推动政策法规的制定和实施、提高海洋意识和参与度等。

第二,更多的学者则是从国别和区域研究视角出发,聚焦于特定的双边蓝色伙伴关系。他们梳理了中国与具体的某个国家、地区或国际组织的合作领域和进程,分析了与其建立蓝色伙伴关系面临的机遇和挑战,并为进一步发展和推进合作提出相应对策,如对中国—太平洋岛国、中欧、中非、中国—东盟、中俄、中芬、中葡、中埃南海蓝色伙伴关系构建的研究。这些研究关注了不同国家和地区的具体情况和特点,探讨了它们在海洋领域的合作现状、问题和发展方向。

此外,还有一些学者从更具体的角度对蓝色伙伴关系进行了研究。例如,有学者探讨了蓝色伙伴关系在海洋生态保护、海洋资源开发、海洋科技创新等方面的应用和实践,还有学者关注了蓝色伙伴关系在应对气候变化、海平面上升等全球性挑战中的作用和意义。这些研究丰富了我们对蓝色伙伴关系的理解,为我们提供了更多维度的思考和分析。

一、国内研究现状

(一) 对蓝色伙伴关系理论基础与实现路径的研究

国内学者从全球治理视野的宏观角度出发,对蓝色伙伴关系进行了深入的研究和分析。他们在全球海洋治理、海洋命运共同体、海洋外交等不同视域下,探讨了构建蓝色伙伴关系的理论基础与实现路径。

朱璇和贾宇从全球海洋治理的供给现状出发,深入探讨了蓝色伙伴关系在全球海洋治理面临环境恶化、人类活动增加、气候变化影响加剧等重大挑战的背景下,如何作为一种新的治理模式发挥重要作用。他们强调,蓝色伙伴关系具有协调各级政府和非政府组织、补充和加强政府间治理职责的潜力,是实现海洋融合治理的关键途径。同时,他们指出,中国政府提出的构建蓝色伙伴关系倡议是在海洋这一全球治理的具体领域践行构建全方位伙伴关系总体思路的有力举措,是落实构建全方位伙伴关系的国际海洋治理总体框架、推动全球海洋治理集体行动的重要助推器。[①] 然而,他们的研究存在一些不足之处。首先,他们对全球海洋治理面临的挑战分析得不够全面。尽管他们提到了环境恶化、人类活动增加和气候变化影响加剧等挑战,但未能深入探讨这些挑战的具体表现形式以及可能对蓝色伙伴关系产生的影响。其次,他们对蓝色伙伴关系的作用描述得不够明确具体,缺乏对蓝色伙伴关系在协调多方行为、整合信息资源、推进科技合作等方面的具体作用机制的探讨。这些不足之处限制了他们对蓝色伙伴关系在全球海洋治理中的实际应用的理解和评估。

侯丽维和张丽娜认为构建蓝色伙伴关系的理论基础可以追溯到 20 世纪 80 年代初的"不结盟"原则,这一原则构成了我国深度参与全球海洋治理体系改革和建设的重要抓手和实施路径。[②] 他们从全球海洋治理的视角出发,探讨了构建南海蓝色伙伴关系所面临的问题及优化路径。他们明确指出了南海蓝色伙伴关系在主体演化、客体限制和机制体系等方面存在的问题。为了改善这些问题,他们提出需要鼓励多领域的蓝色合作,培育多元密切互动的伙伴主体,以及确保多层次合作联动的关系架构。然而,他们在分析这些问题时并未深入剖析各种问题的具体表现形式,提出的优化路径也相对宽泛,缺乏更为具体和可操作的建议。此外,他们对南海蓝色伙伴关系的案例分析也不够全面和深入。

姜秀敏和陈坚对"一带一路"倡议中三条蓝色经济通道的建设进行了深入研究,总结了它们在不同阶段的发展状况。他们分析了在当前复杂的国际环境下,三条蓝色经济通道所面临的诸多挑战,并提出了相应的对策建议。这些建议包括推动非政府间的交流、增进互信、谨慎处理地缘政治问题,以及关注沿线国家的合作战略与国家利益诉求,以期与这些国家加强沟通协调,共同构建人类命运共同体。[③] 然而,他们的研究存在一些不足之处。首先,他们并未

① 朱璇,贾宇.全球海洋治理背景下对蓝色伙伴关系的思考[J].太平洋学报,2019,27(1):50-59.

② 侯丽维,张丽娜.全球海洋治理视阈下南海"蓝色伙伴关系"的构建[J].南洋问题研究,2019(3):61-72.

③ 姜秀敏,陈坚.论海洋伙伴关系视野下三条蓝色经济通道建设[J].中国海洋大学学报(社会科学版),2019(3):38-45.

根据不同国家和地区的具体情况进行具体分析。尽管他们提到了三条蓝色经济通道在不同阶段的发展状况,但这些分析并未深入各个国家和地区的具体情况。其次,他们提出的对策建议也较为笼统,缺乏针对性。这些建议虽然涉及多个方面,但并未针对具体的挑战提出具体的应对措施。

姜秀敏等人在另一篇研究中提出,为应对当前蓝色伙伴关系所面临的诸多问题和挑战,可以推动四条有效的构建路径,分别是常态化合作论坛、进博会、各国民意交流和完善国际法律法规。[①] 然而,这篇文章对这四条路径的说明相对较为理论化,对具体的实施方法和实施过程缺乏详尽的阐述,同时也没有深入探讨这四条路径之间的相互关系和配合。此外,文章也未充分考虑到不同国家在蓝色伙伴关系构建过程中可能存在的利益诉求和立场差异。

程保志梳理了自 2017 年蓝色伙伴关系概念提出以来,中国与各国家和地区蓝色伙伴关系的外交实践与成果特点。他指出,蓝色伙伴关系在理念上与联合国所倡导的可持续发展伙伴关系高度一致,并且在欧盟、东盟、南太平洋国家取得了丰硕的成果。这种伙伴关系以政府为主导,企业为先行,具有广泛的参与主体和灵活的合作形式。它不仅体现了中国在全球海洋治理方面的坚定决心和强大信心,同时也为重塑海洋国际秩序和构建海洋命运共同体提供了具有中国特色的方案和智慧。[②] 然而,文章在某些方面仍有待深化。首先,对于蓝色伙伴关系的具体内涵,文章并没有进行深入的阐释。尽管我们了解到它在理念上与联合国倡导的可持续发展伙伴关系高度契合,但我们也需要更具体地理解其背后的含义和目标。其次,文章对蓝色伙伴关系外交成效的展示相对简略,缺乏与国际组织、跨国公司及非政府组织的合作实例。这些实例可以提供更多关于蓝色伙伴关系如何在实际中运作和取得成果的具体信息,从而更全面地展示其价值和潜力。

(二) 对中国与各国家或地区蓝色伙伴关系合作的研究

鉴于蓝色伙伴关系是一种外交倡议,越来越多的国内学者开始以具体的伙伴国家、地区和国际组织为研究对象,梳理中国与各双边蓝色伙伴的具体合

---

① 姜秀敏,陈坚,张沭."四轮驱动"推进蓝色伙伴关系构建的路径分析[J].创新,2020,14(1):1-11.

② 程保志.全球海洋治理语境下的"蓝色伙伴关系"倡议:理念特色与外交实践[J].边界与海洋研究,2022,7(4):26-45.

作领域、进程和所面临的挑战。他们通过深入的研究,提出了一系列针对性的对策建议。

贺鉴和王雪强调了全球海洋治理理论在构建中非蓝色伙伴关系中的重要性。他们指出,发展中非蓝色伙伴关系能够充分展现南南合作在全球海洋治理领域的强大力量,并有助于构建公平合理的国际海洋政治关系,推动全球蓝色经济的可持续发展,促进海洋命运共同体的建设以及改善全球海洋生态环境。针对当前存在的问题,他们建议应重点推动中国海洋治理体系和治理能力的现代化建设,积极协调域外大国,推动联合国发展议程与非盟的 2063 年愿景进行协同,以促进解决全球海洋治理的争端和完善全球海洋治理机制。[①]然而,他们的论述在"蓝色伙伴关系"的内涵方面稍显模糊,使得整体讨论显得较为空泛。此外,他们也缺乏对当前中非海洋合作所面临的主要困难和问题的深入剖析,缺乏对当前中非海洋合作中存在的具体问题,如资源共享、技术合作、政策协调等的关注,因此对策建议显得较为笼统。

贺鉴和堵泽西引入管理学中的 SWOT 分析法和 APH 分析法,对中埃蓝色伙伴关系构建中的四大宏观因素进行了深入的分析和权重计算。经过综合考量,他们认为两国合作应主要采取增长型战略。在此基础上,他们提出了相应的实施路径,即在"21 世纪海上丝绸之路"框架下,通过以下路径推进中埃蓝色经济伙伴关系建设:加强高层交流、推动海洋产业合作、共建海洋基础设施以及拓展人文交流等。[②]尽管此研究方法具有一定的创新性,但仍存在一些不足之处。首先,对各因素的权重判断可能存在一定主观性,这可能会对研究结果产生一定影响。其次,在提出合作路径时,作者主要给出了原则性的建议,而未能提供具体的合作项目设计,这可能会使实施路径显得不够具体和有针对性。

程保志关注了中欧双方在港口经济、国家管辖外海域生物多样性养护、南北极事物等关键协作领域的发展状况。他深入分析了当前面临的主要挑战,并针对中欧蓝色伙伴关系的构建提出了四点建议。他强调,中欧在传统航运、造船、港口等经济合作的基础上,已开始在国家管辖范围外地区海洋生物多样

---

①　贺鉴,王雪. 全球海洋治理视野下中非"蓝色伙伴关系"的建构[J]. 太平洋学报,2019,27(2):71 - 82.

②　贺鉴,堵泽西. 新时期中埃蓝色伙伴关系构建——基于 SWOT - APH 分析法[J]. 中国海洋大学学报(社会科学版),2019(4):68 - 78.

性的治理和极地治理等新领域进行合作。建立蓝色伙伴关系有助于巩固中欧全面战略伙伴关系。中国应借鉴欧盟海洋治理的战略思维,在共同利益的基础上,与欧盟在更多海洋领域开展务实合作,构建中欧蓝色伙伴关系。[①] 然而,他对欧盟海洋战略的具体内容和演变的描述相对简略,且在论述中欧海洋合作时,所提出的观点较为笼统,并未给出有针对性的对策建议,导致其操作性不够强。此外,对于中国应如何借鉴欧盟海洋治理的战略思维,以及如何与欧盟开展务实合作,该文指出也需要更具体的策略和步骤来增强其可操作性。

白佳玉和冯蔚蔚基于新型大国关系合作理论,深入探讨了中俄建交七十年来政治外交关系的进展和合作项目的成就。他们指出,尽管两国在合作能力、机制和维度上存在一定的不足,但共建"冰上丝绸之路"为两国在海洋领域的合作提供了全新的机遇。通过宏观规划、地方合作以及互联互通等领域的拓展,可以弥补现行合作的不足。他们强调,应以"冰上丝绸之路"作为开启中俄蓝色伙伴关系新起点的重要契机,并以此扩大中俄新型大国关系所辐射的伙伴圈。[②] 然而,文章在探讨中俄合作在新型大国关系目标下的具体发展方向和实施策略方面略显不足。此外,文章也没有深入探讨如何具体实现中俄两国在地方层面的合作,而只是提供了一些一般性的建议和方向。

于婷等通过梳理中欧近年来在海洋相关领域的合作现状与进展,包括2010 年双方签署的建立高层对话机制、2013 年确定的 2020 年战略议程、2017年启动的"中欧蓝色年"系列活动等,强调了中欧蓝色伙伴关系对双方发展及全球海洋治理的重要性,分析出在当今复杂的国际环境下,伙伴关系可以推动全球治理体系变革,并进一步阐释了伙伴关系与"一带一路"倡议相辅相成的战略意义,还提出了进一步推进伙伴关系的建议,包括加强海洋经济、科技创新、环境保护等领域的合作,以及逐步拓展合作范围。[③] 但他们并未深入分析中欧海洋合作可能面临的具体困难和问题,提出的建议也比较宏观,针对性和可操作性有所欠缺。

---

① 程保志. 从欧盟海洋战略的演进看中欧蓝色伙伴关系之构建[J]. 江南社会学院学报,2019,21(4):34 - 38.

② 白佳玉,冯蔚蔚. 以深化新型大国关系为目标的中俄合作发展探究——从"冰上丝绸之路"到"蓝色伙伴关系"[J]. 太平洋学报,2019,27(4):53 - 63.

③ YU TING, YIN YUE, LIU JIAYI. The Progress and Prospect or China-EU Blue Partnership[J]. Marine Science Bulletin, 2020, 22(01):54 - 64.

傻欣媛探讨了中国提出蓝色伙伴关系倡议后,中国与欧盟成为首批建立这种伙伴关系的国家背后的动机及双方所面临的困境。她认为,中欧共建蓝色伙伴关系的动因主要为双方现实利益的交汇和中国新海洋观的影响。然而,欧盟内部治理的不统一和中国海洋法制体系的不健全等问题也为合作带来了困难。^① 不过,她对中欧建立蓝色伙伴关系动机的分析不够全面和深入,仅从双方利益的交汇和中国海洋观的影响两个方面进行了简要阐述,而未能充分考虑历史、政治、经济等多方面的因素。对于欧盟内部治理不统一的状况,她的分析较为笼统,未能具体分析不同成员国的立场和欧盟内部利益调节的复杂性。此外,除了利益交汇和中国海洋观的影响外,中欧双方还存在其他重要历史因素,如地缘政治、国际地位争夺等。这些因素在推动中欧建立蓝色伙伴关系方面也产生影响。同时,欧盟内部治理的不统一不仅涉及多个成员国的立场差异,还涉及权力分配、法规的制定与执行等复杂问题。

李雪威和李鹏羽从国家与区域组织互动的视角研究了中欧蓝色伙伴关系,归纳了中欧准区域间主义五大功能,即平衡、理念多元化、制度建设、议程设置以及规范扩散,并通过这一框架考察了中欧蓝色伙伴关系的实践,进一步指出中欧准区域间主义各项功能虽然均能发挥效用,但其全球层面和区域层面的功效并不总是具有一致性,中国与欧盟执行具体功能的功效也有差别,因此深化中欧蓝色伙伴关系仍存在诸多挑战,中国应继续加强中国—欧盟层面的务实合作,创新合作模式,强化区域间对话机制,提高议题贡献度,提升海洋话语权。^②但是,他们所使用的理论框架过于简单,没有充分挖掘和分析中欧蓝色伙伴关系在区域间主义中的独特性和复杂性,也缺乏对于其实践、发展阶段以及取得的成果等方面的深入探讨。

郭丹凤和林香红分析了中国和太平洋岛国在海洋可持续发展方面广泛而深入的合作领域与机制。他们认为,双方均积极缔结开放、包容的合作伙伴关系,以推动海洋可持续发展。根据中国—太平洋岛国蓝色伙伴关系建设中所面临的挑战,他们进一步指出,中国应提出更具包容性的蓝色经济理念,与太平洋岛国打造蓝色伙伴示范区,扩大蓝色合作发展共识。同时,中国应用以合

① 傻欣媛.新时代中欧构建"蓝色伙伴关系"的动因及困境探析[J].国际公关,2022(18):102 - 104.

② 李雪威、李鹏羽.中欧蓝色伙伴关系研究——基于区域间主义视角[J].欧洲研究,2022,40(2):72 - 92.

作化解分歧、以互利共赢制约恶性竞争的思路,推出联动性强的系列举措,为蓝色伙伴关系营造良好的外部环境。[1] 然而,他们并没有明确提出中国与太平洋岛国蓝色伙伴关系建设的具体路径和实施方案,而只是进行了基础性的分析和建议,缺乏对中国与太平洋岛国蓝色伙伴关系建设的具体案例探讨或实证研究,使得提出的建议缺乏实践基础。

钟书能和巫喜丽探讨了中国"21世纪海上丝绸之路"倡议对印度洋岛国可持续发展的看法和实践,分析了印度洋岛屿国家和地区面临的可持续性挑战,指出该倡议强调经济发展和环境保护相辅相成,通过双边和多边合作促进整个地区以及岛国的可持续发展,还介绍了针对作为海上丝绸之路一部分的一些具体的印度洋岛屿的倡议,为根据岛国不同需求推动可持续发展创造了机会。[2] 但他们并未深入剖析实施过程中面临的现实困难,虽然指出了可持续发展评估机制不足,但没有提出构建有效评估机制的具体建议。

此外,诸多国内学者对中国—东盟蓝色伙伴关系进行了有针对性的研究,具体将在下一节展开评述。

二、国外研究现状

蓝色伙伴关系倡议除了引起中国学术界的广泛关注外,国外的学者也开始注意到中国提出的这个海洋合作倡议。但到目前为止,国外学者专门针对蓝色伙伴关系的研究较少,并且大多基于"一带一路"倡议背景加以研究。

美国学者托德·罗亚尔从地缘战略的视角,深入剖析了中俄"冰上丝绸之路"对美国的潜在影响。他明确指出,将"一带一路"与北极航道相连接,将使中国和俄罗斯得以扩大其在北极理事会和欧洲的影响力,进而削弱美国和北约在地区的干预能力。这种合作甚至有可能改写全球权力布局。[3] 然而,由于文章篇幅的限制,托德·罗亚尔对于中俄在北极地区的战略合作及其对全球贸易和权力格局的影响仅提供了较为简略的概述,并未深入探讨具体的合

---

[1] 郭丹凤,林香红.中国—太平洋岛国蓝色伙伴关系:基础、路径与建议 [J].国际关系研究,2022(6):47-69.

[2] ZHONG S N, WU XL. Indian Ocean Island Sustainable Development in the Context of the 21st-Century Maritime Silk Road[J]. Island Studies Journal, 2020,15:115-130.

[3] ROYAL T. How China and Russia are Teaming up to Degrade U. S. Influence in South America [J]. The National Interest, December 4, 2017.

作细节和潜在影响。此外,对于其他可能存在的影响因素,如国际政治局势、环境保护等重要因素也未能进行充分的讨论。

印度学者阿姆里塔·贾什在"21世纪海上丝绸之路"的背景下对蓝色伙伴关系的概念进行了分析,她认为,中国构建"21世纪海上丝绸之路"的动机可以从现实主义角度和自由主义角度来理解。现实主义角度关注的是保障自然资源和增强军事能力,而自由主义角度则强调中国与周边国家的贸易增长以及其对区域多边框架的承诺。中国的目标是减少对马六甲海峡的依赖,并在印度洋地区建立港口。该文档还强调了中国计划建设三个海洋型蓝色经济通道,将亚洲与非洲、大洋洲、欧洲等地连接起来。中国大力建造海港和相关基础设施的目的在于确保本国海上运输通道的安全,这与其90%的贸易和能源供应密切相关。[①]但是,关于中国提出的三大蓝色经济通道,她仅简略描述了路径,没有分析这些通道的战略意义以及面临的机遇和挑战,也没有对中国提出此倡议的影响进行预测。同时,她虽然援引了一些中文资料和观点,但没有充分引用更多中国官方文件和专家学者的观点以反映中方的立场。

伊娃·奥奇维茨和乔安娜·贝德纳兹对中国推动的"21世纪海上丝绸之路"倡议进行了深入研究,探讨了这一倡议为欧盟国家带来的机遇和挑战。她们详细分析了中国对欧洲港口和航运公司的投资情况以及与海上贸易相关的基础设施和行业所受到的影响。文章指出,海上丝绸之路倡议为欧盟国家发展蓝色经济创造了机遇,但也带来了竞争方面的风险。两位作者建议欧盟国家应注意中国蓝色经济与日俱增的重要性,重视该倡议对蓝色经济增长产生的积极意义的同时,注意潜在的风险。[②]然而,文章对蓝色经济定义和内涵的阐述不够清晰和明确,缺乏具体的案例和数据支撑,分析视角也较为片面。

葡萄牙学者恩里克·加兰以东帝汶为例,深入探讨了"一带一路"倡议为小岛屿发展中国家带来的机遇与挑战。他指出,"一带一路"计划能够为东帝汶提供基础设施投资和丰富的融资机会,然而,这也伴随着债务增加和环保标准偏低的风险。他认为,如果东帝汶能够保持其发展伙伴的多元化,并引入私

---

① JASH A. China's "Blue partnership" through the Maritime Silk Road [J]. National Martine Foundation, September 22, 2017.

② OZIEWICZ E, BEDNARZ J. Challenges and Opportunities of the Marine Silk Road Initiative for EU Countries [J]. Scientific Journals. September 30, 2019.

营部门的融资,那么"一带一路"倡议的潜在收益将会远超所面临的风险。①然而,尽管他的研究具有一定的启发性和参考价值,但仅仅专注于对东帝汶这一特定案例的探讨,而未尝试构建一个具有普适性的理论框架,这在一定程度上削弱了他的研究的代表性。在个案研究中,他对环保标准偏低的风险分析并未足够全面和深入,因此未能提出细致的风险防控建议。此外,他对私营部门融资的讨论也过于简化,没有具体分析私营部门的融资渠道及实现途径。这样的研究方式和深度,诚然可以作为一种启发式的研究示例,但对于普遍规律和原则的总结稍显不足。

宋·安妮·杨和迈克尔·法宾尼采用案例研究方法,探讨了中国在"21世纪海上丝绸之路"倡议下对东盟国家的海洋投资,以及这些投资对东盟国家沿海生计的影响。他们认为,中国的海洋投资确实为东盟国家带来了经济机遇,如创造就业、带动地方经济发展等,但同时也给当地居民带来了各种挑战,例如收益分配不均、土地利用变化、出现环境问题等,而中国投资的快速增长可能超出了东盟国家应对这些挑战的能力。他们还提出,中国的海洋投资需要更多考虑当地利益,并提高透明度和协商程度,才能真正为东盟国家沿海生计带来持续发展。②但他们仅关注了渔业、水产养殖和旅游业三个行业的投资,无法全面反映中国在东盟国家的海洋投资情况。在分析投资影响时,也缺乏与东盟国家发展策略和需求的对接,过于强调中国投资带来的负面影响,也没有从东盟国家的角度提出具体的政策建议,以帮助其更好地应对中国海洋投资带来的影响。

三、现有研究的贡献与不足

通过以上梳理可以发现,尽管距中国政府首次提出"蓝色伙伴关系"这一概念仅过去六年多的时间,但是针对这一主题在理论基础、实施路径以及与特定国家、地区或国际组织构建蓝色伙伴关系等方面的研究已经相当全面且有重要的参考价值。这些研究深入揭示了蓝色伙伴关系的内涵和意义:它是在全球海洋治理新形势下应运而生的一种创新型海洋治理模式,并具有鲜明的时代特点。同时,这些研究也提供了许多切实有效的建议和对策来应对和化

---

① ENRIQUE GALÁN. The challenges and the opportunities of the Belt and Road initiative for participating countries: the case of Timor-Leste [J]. City University of Macao, 2019 (1): 135 - 162.

② SONG Y A, FABINYI M. China's 21st century maritime silk road: Challenges and opportunities to coastal livelihoods in ASEAN countries[J]. Marine Policy, 2022, 136.

解构建各类蓝色伙伴关系过程中可能出现的风险和挑战，为进一步深化和拓展蓝色伙伴关系提供了许多重要参考。然而，笔者发现，当前学术界对蓝色伙伴关系的研究仍然存在一些不足。

（一）研究关注度普遍较低

与学者对"一带一路"倡议进行的深入研究相比，学术界对"蓝色伙伴关系"倡议的研究程度明显较低，特别是国外学者对该领域的研究非常有限。由此可见，学术界在该领域还有很多工作需要开展。为了更好地向世界展示"中国故事"、阐述"中国理论"并传播"中国声音"，我们应主动争取国际话语权，增进国际社会对中国发展的认同。我们应呈现一个真实、多维、全面的中国[①]，让世界更好地认识和了解中国的面貌。

（二）研究内容较为零散

对于构建蓝色伙伴关系的倡议，学术界的研究主要聚焦于探讨在全球海洋治理问题的背景下，中国如何应对国际海洋秩序和全球海洋治理体系的变革。然而，这些研究内容较为零散，缺乏系统性和全面性，针对安全领域的研究明显多于经济、环境等其他领域。当前世界面临多种挑战，如日本核废水排海、俄乌冲突导致多国粮食和能源供应短缺以及大国博弈风起云涌等，我们如何有效地回应全球海洋治理的现实需求，将直接影响到世界的持久和平与发展。因此，我们需要拓展该领域研究的广度和深度，推动海洋命运共同体的构建，以实现持久和平与共同发展的目标。

（三）研究方法较为单一

目前对构建蓝色伙伴关系倡议的研究主要基于海洋政治学，专注于政策性研究和梳理蓝色伙伴关系的外交实践与成果特点。然而，这种单一的研究方法不仅局限了研究人员的视野和思路，也限制了进一步深入研究的可能性。因此，建议在该领域促进学科交叉融合和跨学科研究，以丰富研究成果。具体而言，可以借鉴其他学科的理论和方法，如国际关系、经济学、环境科学等，来深入探讨蓝色伙伴关系的内涵、特点、实践和影响。同时，也可以通过比较研究、案例分析、定量分析等方法，提高研究的科学性和准确性。这样不仅可以扩展研究领域、丰富研究内容，还可以为后续研究提供更坚实的基础和更广阔的视野。

① 傅莹.在讲好中国故事中提升话语权[N].人民日报，2020－04－02(009).

65

第二节　对中国—东盟构建"蓝色伙伴关系"
研究的既有成果与不足

中国—东盟蓝色伙伴关系是中国与东盟全面战略伙伴关系中的重要组成部分。自 1991 年确立双边战略对话关系以来,中国与东盟之间的海洋合作稳步前行。在过去的 20 余年里,海洋合作在中国与东盟关系中的战略地位逐渐上升,合作内容也从最初的零散分布逐渐走向聚合发展。2017 年 6 月,中国国家海洋局在首届联合国海洋大会上提出了"构建蓝色伙伴关系""大力发展蓝色经济""推动海洋生态文明建设"三大倡议,这标志着中国与东盟构建蓝色伙伴关系的序幕正式拉开。在 2021 年 11 月举办的中国—东盟建立对话关系 30 周年纪念峰会上,通过了《中国—东盟建立对话关系 30 周年纪念峰会联合声明》,其中特别强调了双方将致力于建立蓝色经济伙伴关系。这一伙伴关系的建立将进一步推动中国与东盟在海洋领域的深度合作,促进地区的可持续发展。2022 年 6 月,中国自然资源部在第二届联合国海洋大会上主办了"促进蓝色伙伴关系,共建可持续未来"的边会活动,并发布了《蓝色伙伴关系原则》。这一原则明确了蓝色伙伴关系合作的重点领域,合作的途径和措施,推进合作的基本方式,以及合作需要遵循的理念。这为中国与东盟之间构建蓝色伙伴关系提供了重要的指导和推动力。

一、中国—东盟"蓝色伙伴关系"构建研究现状梳理

近年来,国内外众多学者对中国—东盟在海洋各领域的互动进行了一系列研究,为进一步深入探究双方的蓝色伙伴关系奠定了基础。从整体上看,中国—东盟在海洋各领域的互动呈现快速增长的趋势,从渔业、港口航运等传统产业不断扩大到海洋旅游、海洋科技、海洋高等教育等各个领域,合作项目数量及规模都在不断扩大。此外,对中国—东盟海洋互动方面的研究也包括了海洋环境保护、海洋法律等方面的议题。在这样的背景下,我国许多学者结合自己的专业领域,从各个不同的角度对中国—东盟蓝色伙伴关系的构建进行了深入研究,取得了丰富多样的成果,为进一步深入探究双方蓝色伙伴关系的构建提供了基础,并为未来的研究提供了新的思路和方法。

蔡鹏鸿深入剖析了双方推动海洋合作的动力和挑战,并对未来发展趋势进

行了预测。他指出,自 20 世纪 90 年代以来,中国—东盟海上合作已经进入一个
新的升级和创新阶段。合作领域从最初的分散状态逐渐集中,合作方式也从多
边和双边并行到逐渐融合。尽管存在一些困难和挑战,但促进海洋合作是中国
和东盟加强相互信任和解决分歧的共同要求。双方应秉持共赢合作的精神,努
力将海洋合作作为战略伙伴关系的新支柱。① 然而,他并未充分探讨中国与东
盟国家在海洋合作方面存在的具体障碍和挑战。此外,他也没有提出具体的解
决方案或建议,这可能限制了他对这一主题的全面理解和分析。

　　殷悦等探讨了在"一带一路"倡议背景下,中国与东盟国家建立蓝色伙
伴关系的可能性,概述了中国与东盟在海洋数据管理、发展蓝色经济、海洋
生态保护以及海洋灾害防治等领域的合作现状,分析了面临的机遇和挑战,
提出了在统筹资源利用和能力建设等方面开展双边和多边合作、推动中国
与东盟建立蓝色伙伴关系、共同促进海洋事业发展的相关对策与建议。②虽
然探讨的范围比较广泛,但他们对每个领域的现状分析和合作建议都较为
笼统,没有深入剖析每个领域的具体合作内容,也没有分析东盟各国在海洋
领域发展的差异性,没有考虑各国所处发展阶段和战略需求的差异,对策建
议的针对性也因此有所欠缺。

　　杨泽伟在全球治理区域转向的背景下,对中国—东盟构建蓝色伙伴关系
的意义、历程以及存在的问题进行了深入的分析,并提出了相应的发展建议。
他指出,中国—东盟蓝色伙伴关系是全球治理区域转向中的重要组成部分,其
建立主要体现在蓝色经济和产业合作、海上能源资源开发、海洋生态环境保
护、海洋数据信息资源管理、合作机制建设以及区域海洋治理探索等方面。尽
管中国—东盟蓝色伙伴关系取得了一定成就,但仍存在许多问题。例如,合作
机制碎片化,法律基础以软法为主,各国发展水平差异大,国内立法体系庞杂,
存在的内部争端以及外部势力的影响等。这些问题在一定程度上制约了蓝色
伙伴关系的进一步发展。针对这些问题,杨泽伟提出了一些具有针对性的发
展建议。首先,应秉持海洋命运共同体的理念,推动各国在海洋领域的合作。
其次,应遵循共商共建共享的原则,协调现有的合作机制,推动软法向硬法过

---

① 蔡鸿鹏. 中国—东盟海洋合作:进程、动因和前景[J]. 国际问题研究,2015(4):14 - 25.
② 殷悦,王涛,姚荔. 中国—东盟蓝色伙伴关系建立之初探——以"一带一路"倡议为背景[J]. 海
洋经济,2018,8(4):12 - 18.

渡。最后,还应拓展蓝色合作领域,建立危机预警与管控机制等。这些措施将有助于促进中国—东盟蓝色伙伴关系的进一步发展,并为全球治理区域转向提供有益的借鉴。[①] 但是,他没有深入探讨全球治理区域转向与中国—东盟蓝色伙伴关系构建之间的具体关联。在全球治理区域转向的背景下,中国与东盟蓝色伙伴关系的构建显得格外重要,他没有深入分析这种背景下蓝色伙伴关系构建的具体情况以及如何应对全球治理区域转向带来的挑战。在描述中国—东盟蓝色伙伴关系发展取得的成就时,他虽然列举了多个领域的合作,但也没有对每个领域的具体合作成果进行深入的阐述和解释。例如,在发展蓝色经济和产业合作方面,他没有详细说明合作的深度和广度以及具体的合作项目或协议等。此外,在探讨中国—东盟蓝色伙伴关系的未来发展时,他虽然提出了几个具体的建议,但同样没有深入探讨这些建议的具体实施路径和可能遇到的问题。例如,在推动软法向硬法过渡方面,他没有具体说明如何推动以及可能遇到的问题和相应的解决方案。

冯晓玲和泮宁探讨了中国与东盟如何在"一带一路"框架下深化蓝色伙伴关系。他们首先介绍了中国与东盟蓝色经济合作的现状:在产业基础建设、服务平台搭建和合作机制制定等方面都取得了长足的进展,但同时也面临东盟内部发展不均衡、域外势力介入南海、资源过度开发等挑战。因此他们提出了几点建议:一是充分利用中国与东盟经济合作的优势,发挥经济引领作用;二是坚持"双轨思路",妥善处理地缘政治问题;三是依托 RCEP 等机制推动区域经济包容发展;四是统筹海陆资源,保障生态环境;五是科学规划海洋空间,发展新兴产业;六是构建陆海贸易大通道,加强交流合作。这些举措有助于深化中国与东盟蓝色伙伴关系。[②] 不足之处是他们对东盟内部的发展差异分析不够深入,没有结合不同国家的具体情况开展分析,尤其是在构建陆海贸易通道方面,没有考虑不同国家的地缘位置差异,在应对域外势力介入方面也缺乏针对性建议。

---

① 杨泽伟. 全球治理区域转向背景下中国—东盟蓝色伙伴关系的构建:成就、问题与未来发展[J]. 便捷与海洋研究,2023,8(2):28-45.

② 冯晓玲,泮宁. "一带一路"框架下中国—东盟深化蓝色伙伴关系策略探究[J]. 国际贸易,2023(9):45-51.

二、中国—东盟"蓝色经济伙伴关系"研究现状梳理

建立中国—东盟蓝色经济伙伴关系是《中国—东盟战略伙伴关系2030年愿景》确定的重要目标之一,也是中国—东盟蓝色伙伴关系构建的重中之重。随着中国"一带一路"倡议与东盟发展规划对接的不断深化,双方在包括蓝色经济、产业合作在内的经贸方面的合作日益密切,货物贸易规模不断扩大,服务贸易、相互投资蓬勃发展,经贸园区建设合作持续推进,产业链、供应链深度融合。在此背景下,许多学者对中国与东盟的蓝色经济伙伴关系从不同角度展开了深入研究。

毕世鸿认为,随着东盟经济共同体的建设,中国与东盟的经济合作进入新阶段。中国重视与东盟的合作关系,支持东盟共同体建设,积极推动"一带一路"倡议与东盟发展战略对接,与东盟的经贸联系日益密切,双边贸易投资规模不断扩大,但也面临贸易投资竞争、贸易逆差、区域经济合作主导权争夺等方面的挑战。加强中国与东盟经济合作的思路包括协调各合作机制、优化合作结构、实施竞争消极清单制度、调整产业分工实现优势互补等。[①] 不过他的分析框架局限在经济层面,并未讨论政治和安全因素如何影响中国与东盟的经济合作。此外,他对东盟内部经济发展差异和利益诉求的分析也不够深入。东盟各国发展程度不同,在许多问题上存在分歧,这对中国与东盟的合作也构成了挑战。

陈翔基于"安全—发展联结"理论,通过分别梳理中国与东盟对蓝色经济的认知与实践,揭示了双方蓝色经济合作的安全内涵,深入剖析了来自中美竞争和南海问题方面的挑战。[②] 他指出,中国与东盟对蓝色经济的认知与实践表明,双方在海洋安全、区域安全和内在安全等方面存在共同利益,因此有望在"安全—发展联结"下加强蓝色经济合作。然而,中美竞争和南海问题等带来体系安全压力和区域安全挑战,同时东盟各国国内政治也是内在安全变量。为加强合作,双方应夯实海洋安全合作的物质基础,强化制度支撑并铸就互信格局,提出以安全合作促进蓝色经济合作的操作布局。但是,他没有充分探讨

---

① BI S H. Cooperation between China and ASEAN under the building of ASEAN Economic Community[J]. Journal of Contemporary East Asia Studies，2021，10(1)：83 - 107.

② 陈翔."安全—发展联结"下中国与东盟蓝色经济合作的安全基础[J]. 国际经济评论，2023 (2)：154 - 176.

东盟国家领导层变迁对蓝色经济合作的影响。文章虽然提到了东盟国家领导层变迁可能影响中国与东盟国家间的蓝色经济合作,但他并没有深入分析这一现象产生的具体情况和影响机制。此外,他也未能详细讨论东盟国家政府面对国内观众成本这一问题,以及它对中国与东盟之间海洋安全互动和蓝色经济合作的重要影响。

贺鉴和王筱寒选取威胁认知、共同利益和合作机制三个重要变量作为分析中国—东盟蓝色经济伙伴关系构建的框架,指出中国—东盟蓝色经济伙伴关系是在大变局下完善全球海洋治理的中国方案,是中国和东盟共同参与的倡议。该关系的构建具有重大的安全意义,其开放性和创新性显著,是中国倡导引领与东盟参与塑造的合作伙伴关系。在理念、机制、方法层面,中国—东盟蓝色经济伙伴关系拥有丰富内涵。威胁认知、共同利益和合作机制是影响该关系构建的重要变量。RCEP 生效将弱化彼此威胁认知,扩大共同利益,持续释放政策红利,为中国—东盟蓝色经济伙伴关系的构建带来时代机遇。在此背景下,中国和东盟应通过多种途径推动蓝色经济伙伴关系的构建,最终实现蓝色伙伴关系和海洋命运共同体的构建。[①]但另一方面,他们仅从威胁认知、共同利益和合作机制角度进行了探讨,未考虑其他可能影响双方关系的因素,如政治互信、经济联系等。在介绍中国—东盟蓝色经济合作时,未详细分析该领域内的具体合作项目、合作成果以及双方在蓝色经济领域的优劣势等。此外,他们对中国—东盟蓝色经济伙伴关系构建的建议缺乏针对性和创新性,提出的建议多为基础性措施,未针对中国与东盟在蓝色经济领域的特殊情况进行深入分析并提出更具创新性的解决方案。

刘卿从合作机制建设的角度,深入探讨了海南自贸港在中国—东盟蓝色经济伙伴关系构建中的重要作用。他强调,海南作为中国海洋面积最大的省份,具有得天独厚的区位优势和政策优势,应当在中国—东盟蓝色经济伙伴关系的构建中发挥主导作用。为了充分发挥海南的领头羊作用,刘卿提出海南应充分利用现有的区域合作平台,如博鳌亚洲论坛等,以推动中国—东盟蓝色经济伙伴关系的构建。同时,海南应积极对接中国—东盟全面战略伙伴关系行动计划,加快融入"一带一路"合作机制和自由贸易区等。此外,海南还应与

---

① 贺鉴,王筱寒.RCEP 生效后中国—东盟蓝色经济伙伴关系的建构[J].湘潭大学学报(哲学社会科学版),2023,47(3):157 - 163.

相关国际组织紧密联系,深入与国内外非政府组织合作,以共同促进海洋生态系统的保护和海洋及其资源的可持续利用。在人才引进方面,海南应通过制定优惠政策吸引高端技术人才和产业工人,同时加强本地人才的培养,为海南自贸港的发展注入强劲动力。① 然而,刘卿在讨论中并未对蓝色经济进行深入的解释和讨论,只是泛泛地提到了"海洋可持续发展"和"海洋生态系统保护"等概念。此外,他并未详细探讨海南在推进构建中国—东盟蓝色伙伴关系中的具体策略和实施方法以及可能遇到的问题和挑战。

郑英琴等人探讨了发展蓝色经济的战略意义和国际合作路径。发展蓝色经济的战略意义在于它是重振经济的新动能,也是经济转型的新业态,具有重要的战略价值。文章概括了当前蓝色经济国际合作的主要途径,如建立蓝色经济伙伴关系,进行融资合作、技术合作等,认为中国可通过共建海洋命运共同体等途径,在推动蓝色经济可持续发展与国际合作方面发挥更大作用。② 不过文章在蓝色经济的概念界定、战略分析和国际合作途径方面还不够全面深入。例如,在概述蓝色经济的定义时,仅简单引用了世界银行的说法,没有引入其他学术机构和专家学者对这个概念的不同认识;在分析蓝色经济的战略意义时,过多关注经济层面的利益,没有从更宏观的国家安全战略部署和综合国力提升的高度进行思考;在总结各国和地区合作途径时,没有给出典型国家或地区的具体合作案例,分析不够生动透彻。

三、国际期刊中的中国—东盟"蓝色伙伴关系"研究

现阶段,国外学者对于中国—东盟蓝色伙伴关系的专题研究较为稀少,这可能与"蓝色伙伴关系"这一概念在 2017 年 6 月才被明确提出有关。尽管如此,国际期刊上仍然能够找到许多由国内学者用英文撰写的相关研究成果。这些成果对于讲好中国故事、传播好中国声音、让"蓝色伙伴关系"的理念"走出去",起到了不可忽视的作用。下文简要介绍国际期刊所载国内外学者的研究。

柬埔寨学者瓦纳里斯认为蓝色经济伙伴关系可以成为中国与东盟合作的

---

① 刘卿.海南自贸港在构建中国—东盟蓝色经济伙伴关系合作机制中的作用[J].南海学刊,2023,9(1):39－43.
② 郑英琴,陈丹红,任玲.蓝色经济的战略意涵与国际合作路径探析[J].太平洋学报,2023,31(5):66－78.

支柱。他指出,在当前全球经济面临衰退的背景下,蓝色经济可以成为区域经济增长的新源泉,并建议中国与东盟加强在蓝色经济领域的务实合作,比如海洋渔业、海洋运输等。他还强调,战略互信是实现蓝色经济合作的关键,呼吁中国与东盟加强蓝色经济合作,以此推动区域和平与发展。[①]

菲律宾学者罗梅尔·班劳伊阐述了智库在推动中国与东盟国家之间通过非政府的第二轨道外交开展对话,特别是开展关于南海争端的对话对构建蓝色伙伴关系的重要作用。他指出,第二轨道外交为各方提供了一个非正式但有价值的平台,通过智库组织的非政府倡议,探讨解决南海争端的创新途径,为南海争端提供了新的解决视角和思路,有助于增进相互理解和信任,推进中国与东盟国家在南海开展务实合作。中国—东盟南海研究中心的建立就是第二轨道外交机制下的一个成功例子,它汇聚了中国和东盟国家的智库力量,可以推动构建蓝色伙伴关系。[②]

翟崑系统地阐述了中国与东盟区域合作的发展进程、合作模式以及对构建包容性的东亚地区秩序产生的积极作用。他指出,冷战结束后,中国与东南亚国家迅速发展双边和区域合作关系。在这一过程中,中国形成了以东盟为基准的区域合作框架,包括提升区域意识、完善区域战略、拓展区域责任和推进区域治理。中国和东盟以东盟为基准,形成了双边、次区域、区域层面的多层次合作模式。在克服概念与实践之间的差异方面,中国逐步适应东盟的变与不变,平衡双边与多边合作,支持东盟一体化进程。在推动东亚地区秩序优化方面,中国—东盟蓝色伙伴关系的构建促进了各方对东盟中心地位的认同,丰富了东亚合作内涵并完善了"东盟＋"合作架构,共同推动建设开放包容的区域秩序。[③]

李锋探讨了欧盟蓝色经济的发展经验以及东盟和中国在蓝色经济领域的合作前景。[④] 他指出,欧盟自 2005 年开始重视蓝色经济,制定长期规划,建立

① VANNARITH C. Sea change[EB/OL]. (2022 - 06 - 02)[2024 - 07 - 01]. https://www.chinadaily. com. cn/a/202206/02/WS62985299a310fd2b29e60828. html.

② ROMMEL C. BANLAOI. Cooperation Through Tract Ⅱ Mechanisms［M］//ZOU KEYUAN. Routledge Handbook of the South China Sea. New York：Routledge.，2021：392 - 410.

③ ZHAI KUN. China-ASEAN Cooperation and the Optimization of Regional Order[J]. China International Studies，2022，93：116 - 140.

④ LI FENG. Blue Economy to Boom Economy：EU's Experience and ASEAN-China's Path[J]. Open Journal of Political Science，2023，13：240 - 254.

统计指标体系,用数据支撑决策,吸引多元化资金支持蓝色经济,不同成员国投入不同。与欧盟相比,中国和东盟拥有丰富的海洋资源,存在良好的经济合作机制,经贸关系密切,产业合作基础雄厚,优势更加明显。东盟和中国应该学习欧盟的经验,制定长期规划、加强统计分析、发展新兴产业、吸引多元化资金等,同时,根据本地区条件,携手推进蓝色经济走廊建设,技术合作中心、蓝色金融和产业园区建设。

　　李聆群探讨了蓝色伙伴关系中海洋安全的可持续发展路径[①],认为目前中国倾向于国家主导的方式,没有充分吸收各利益相关方,这成为蓝色伙伴关系可持续发展的限制。对此,她提出应更多采用国际组织和企业主导的方式,吸纳社区参与,以提高蓝色伙伴关系的效果,实现政治稳定、经济可持续发展、环境健康和社会发展的平衡,建立海洋命运共同体。同时,她还呼吁国际社会协作应对复杂的海洋挑战,为人类可持续发展铺平道路。

　　丁铎和钟卉阐述了中国与东盟国家推进蓝色经济伙伴关系的内在动力、现实困境与应对策略,指出双方应坚持多边主义,建立开放包容的区域合作框架,通过多样化的具体的合作项目增进共同利益。在海洋环境保护、生物多样性保护、教育科研等领域加强合作,充分发挥政府、产业、学界各方优势,并探讨建立"南海沿海国合作论坛",以增进互信,实现互利共赢。[②] 在另一项研究中,丁铎分析了中国与东盟加强蓝色经济合作的内在需求,包括促进疫情后经济复苏、深化海洋产业合作、维护区域和平稳定等。但是合作也面临地缘政治因素的制约。为实现合作,他建议中国与东盟应坚持多边主义,通过项目合作增强共同利益,可于三个方面着力:一是正式建立双方蓝色伙伴关系;二是深化海洋产业、互联互通、防灾减灾、生态保护、科技创新等领域合作;三是发挥政府、产业、学界各方优势,加强政策沟通。文章还就环保、生物多样性保护、教育科研等具体领域提出了合作建议,如设立奖学金培养专业人才等。最后,他建议双方可以讨论建立"南海沿海国家合作机制",并将其逐步升级为具有

---

　　① LI LINGQUN. Building Up a Sustainable Path to Maritime Security：An Analytical Framework and Its Policy Applications[J]. Sustainability，2023，15(8)：6757.

　　② DING DUO,ZHONG HUI. The focus and path of promoting the blue partnership between China and ASEAN[EB/OL]. (2022 - 11 - 16)[2024 - 07 - 01]. https://www. chinadaily. com. cn/a/202211/16/WS6374b37ea31049175432a1b8. html.

法律约束力的合作委员会。①

吴磊就推动建立和深化中国—东盟蓝色经济伙伴关系提出了许多建议，包括加强海洋渔业、海洋运输、海洋新能源等潜力巨大的领域的合作；合作开发蓝碳资源，共同应对气候变化；推动东盟国家与中国海南等省份在椰子等热带作物种植、贸易、加工等方面开展合作；加强数字经济领域的创新合作，重点是数字基础设施、产业数字化、智慧城市等领域。②

陈平平回顾了中国和东盟在海洋领域合作所取得的主要成就，包括建立了多层次的海洋合作机制，海洋经济合作蓬勃发展，在非传统安全领域合作频繁，在海洋安全与防务方面取得突破，以及有效管控海洋争端，同时指出了"蓝色伙伴关系"面临的一些挑战，如东盟国家对中国海洋政策的疑虑、外部势力的干预、海洋资源过度开发等，建议中国与东盟国家要妥善处理海洋争端，建立高质量伙伴关系，推动蓝色经济合作，建立新安全观以促进南海和平稳定，以及加强区域海洋治理合作。③

四、现有研究的不足

虽然学术界对中国和东盟的蓝色伙伴关系进行了一些有价值的研究，但总体来说还是相对匮乏，尤其是缺少国外学者的研究成果。尽管学术界对中国与东盟的合作问题非常重视，关于中国与东盟各领域合作的研究性文章、专著和课题也层出不穷，但专门探讨中国与东盟蓝色伙伴关系的成果却相对较少。结合文献资料，笔者尚未发现大型的研究团队或重要学术机构在此方面有较多的研究成果和深度探索。在研究内容上，学术界对安全、经济领域的关注明显多于生态等领域，相对较少关注中国与东盟在海洋环境保护、渔业可持续发展等方面的合作成果。此外，从研究视角来看，大多数研究集中在中观和

① DING DUO. The focus and path of promoting the blue partnership between China and ASEAN. [EB/OL]. (2023 - 03 - 03)[2024 - 07 - 01]. http://www. maritimeissues. com/economy/the-focus-and-path-of-promoting-the-blue-partnership-between-china-and-asean. html.

② WU LEI. Promoting China-ASEAN relations by deepening industrial cooperation[EB/OL]. (2021 - 12 - 28)[2024 - 07 - 01]. https://global. chinadaily. com. cn/a/202112/28/WS61cab732a310 cdd39bc7de 87. html.

③ CHEN PINGPING. Smooth sailing for China and ASEAN despite interference of extraterritorial actors[EB/OL]. (2021 - 11 - 22)[2024 - 07 - 01]. https://www. globaltimes. cn/page/ 202111/1239597. shtml.

微观层面,缺乏对整体关系的宏观把控。

　　因此,为了更好地推动中国与东盟蓝色伙伴关系的建立和发展,我们应加强该领域研究的广度和深度,并从宏观角度进行全面把控,从多个层面探索中国与东盟蓝色伙伴关系在不同领域的合作潜力。此外,我们还需要加强国际学界之间的学术交流与合作,促进共同研究和理论建设的深入发展,以推动学术界对中国与东盟蓝色伙伴关系的研究取得更大突破。

第
四
章

中国—东盟"蓝色伙伴关系"的边界探索

　　随着全球化与本土化或区域化分野的不断深入,新型国际关系如各种伙伴关系应运而生。其中,蓝色伙伴关系作为一种新兴的伙伴关系形态,引起了世界各国的广泛关注。这种伙伴关系以海洋为纽带,通过共同开发、合作共赢的方式,促进沿岸国家间的交流与合作。然而,蓝色伙伴关系是建立在世界既有海洋治理具有缺陷、无法面对新的海洋冲突的基础上的,因此,在蓝色伙伴关系的建立及建设过程中,各类边界问题一直是困扰各国的重要问题,也是蓝色伙伴关系想要得到顺利推进必须解决的障碍。如此,探索并确定这种新型伙伴关系的各类产生以及隐藏冲突的边界,成为急待解决的问题。

第一节　中国—东盟"蓝色伙伴关系"与海洋政治边界

　　从战略意义上看,海洋政治特指一个主权国家或地区围绕着特定的海洋利益,通过合作或者运用海洋权力来维护和实现本国或本地区海洋利益,处理和协调与特定海洋利益相关的社会活动。而公正、合理的海洋政治关系,是全球海洋合作的政治基础。蓝色伙伴关系边界问题的产生源于利益攸关方对海洋权益的不同诉求。

一、海权是海洋权益的核心与根本

海洋权益的覆盖面很广,就国家而言,主要涵盖政治权益、经济权益、生态权益、安全权益、科技权益、文化权益等。海洋权益主要由海洋主权产生,即主权国家在主张的海域内占有、控制、支配、开发与利用相关海域、岛礁、滩涂、航道、海底资源等的权力。海权问题是海洋权益的根本性、基础性问题。尽管海洋是流动的,但海洋的海底环境及资源具有固定性。海域划分不仅是关系着国家主权的政治问题,更关系着各利益攸关方围绕海域划界产生的其他权益问题。因此,利益攸关方常常围绕海洋权益发生战争与冲突,也就引发了海上安全的边界问题。这些问题都跟相关法律的制定有极大关系,或者说利益攸关方的目标都是要以法律的形式或者修改法律来确定自己认定的各类边界,使其具有国际法律效应。

二、蓝色伙伴关系面临的最敏感问题即海洋政治边界问题

蓝色伙伴关系强调的是在海洋领域的共建共享共赢,强调的是基于相互平等的关系,以自愿的原则进行围绕海洋的全方位合作。然而,从长远的历史脉络及现实来看,人类社会围绕着海洋进行资源权益争夺一直是主基调。

(一)海洋政治的博弈基调

自17世纪以来,海洋政治主要体现为沿海国对海洋主张权力与贸易国主张海洋航行自由之间的博弈与对立。这样的对立在17世纪形成不同的学术观点及政治主张,主要以格劳秀斯的《海洋自由论》(1609)与塞尔登的《闭海论》(1635)为代表。这一对立博弈的主基调一直延续至今。

(二)《联合国海洋法公约》引发的海权问题

确定海洋主权等多方权益的《联合国海洋法公约》解决了一部分海洋划界问题,却也引发了新一轮海洋主权纷争。公约将领海基线确定权赋予领海国,同时引入专属经济区的概念,这使沿海国的海洋管辖权力与范围扩大。沿海国根据此公约可以单方面划定领海基线,单方面划定管辖的海域边界,这就造成领海基线测算不同引发相邻沿海国海权纠纷以及海权不同程度重叠的所属国之间爆发主权矛盾甚至冲突。目前全世界共有400多条潜在海洋边界,仅有160条达成划界协议。值得注意的是,世界上只有美国和法国没有与他国

存在领海冲突问题,因为两国均可环绕其海外领土划定单方面边界,而这些领土均与最近的邻国相距超过 400 海里。①

根据公约,全球约 30％ 的海洋被划入沿海国管辖海域。在管制与自由博弈中,公约倾向扩大沿海国权力,这就使得全球出现了新的海上政治边界,而某些域外大国利用利益攸关方的冲突扩大区域矛盾与冲突,为国际社会带来更多政治与军事威胁。

(三) 中国与东盟国家之间的海洋政治边界问题

海洋划界无疑是一个非常敏感而复杂的世界性难题。我国与邻国之间存在的海洋划界问题,也是世界海洋划界问题的一部分。

1. 理解海洋划界要充分评估消极影响。海洋划界具有正面意义,但要先充分评估其消极影响,一旦人们无法预测其负面影响,则划界的后续管制、管辖将出现更多重大问题。海洋划界的消极影响可以从现代国家划界以及既有的海洋划界案例中得到启发。首先,现代国家在划界时常常与历史割裂。当历史权属与现代世界秩序需求不符时,历史常被割裂、放弃。这与人类社会文化与文明的发展规律相悖,造成定界后国家间产生后续文明冲突。在中国东海、南海划界议题上,历史权属被轻视、忽视,既有的国际法和国际规则与历史权属间具有较大争议,这是根本性分歧。其次,全球气候变暖导致海平面上升,而海平面上升对《联合国海洋法公约》中约定的基线制度和海域制度产生重大影响,从而引起海洋划界争端。② 最后,各国、各地区对于划界标准有着不同立场以及基于自身利益产生的观点分裂。

2. 理性看待海洋划界权威《世界海洋政治边界》一书关于南海、东海划界问题的阐述。政治地理学家普雷斯科特和斯科菲尔德的《世界海洋政治边界》是"目前关于领海基线的划定和世界海洋划界问题的内容最全面、资料最详实的专著""内容几乎涵盖了世界上所有沿海国之间的海洋划界问题,可谓是世界海洋划界的'百科全书'"。③ 这本专著对南海、东海等海洋划界问题亦有详

---

① 维克托·普雷斯科特,克莱夫·斯科菲尔德. 世界海洋政治边界[M]. 吴继陆,张海文译. 北京:海洋出版社,2014:绪论页 2.

② 王阳. 在稳定与公平之间:海平面上升对海洋边界的影响及其应对[J]. 中国海商法研究,2022,33(4):15-26.

③ 维克托·普雷斯科特,克莱夫·斯科菲尔德. 世界海洋政治[M]. 吴继陆,张海文译. 北京:海洋出版社,2014:译者序页Ⅳ.

细分析,但忽略了国际法律以及我国对这些海洋区域归属权的历史脉络与延续之间的矛盾等复杂因素,因此,这部分内容既是对我国的一种提醒和参考,也造成我国处理与相关国家进行领海划界的话语阻碍,需要我国测绘专家、政治地理学家、历史学家与法律专家等对其进行更深入的研究,结合我国实际情况与海洋权益主张,解决学理问题。

3. 中国有条件加入《联合国海洋法公约》即预估了其中不完善之处的消极影响,表明本国主张和立场,预留了协商空间。我国积极参与了《联合国海洋法公约》的磋商过程,并且是最早批准加入公约的国家之一。但我国在批准加入该公约时附加了声明,这是对《联合国海洋法公约》的一种补充,表明中国是有条件加入。1996 年 5 月 15 日,中华人民共和国第八届全国人民代表大会常务委员会第十九次会议决定,批准《联合国海洋法公约》,同时做出了 4 点重要声明:① 按照《联合国海洋法公约》的规定,中华人民共和国享有 200 海里专属经济区和大陆架的主权权利和管辖权;② 中华人民共和国将与海岸相向或相邻的国家,通过协商,在国际法基础上,按照公平原则划定各自海洋管辖权界限;③ 重申对 1992 年 2 月 25 日颁布的《中华人民共和国领海及毗连区法》第二条所列各群岛及岛屿的主权;④ 重申《联合国海洋法公约》有关领海内无害通过的规定,同时指出,这不妨碍沿海国按其法律规章要求外国军舰通过领海必须事先得到该国许可或通知该国的权利。

我国批准加入《联合国海洋法公约》之时,已经注意到有可能产生纠纷,因此做出了 4 点声明,这些都为我国在其后处理中国—东盟的海权争端打下了坚实的法律基础。

4. 中国加入《公约》的 4 点声明是基于在此之前中国南海已经出现复杂的被侵占情况及与相关国的争端。

南海因位于中国南部而得名,是中国三大边缘海之一。其北接中国广东、海南、广西、福建和台湾等省区,南至加里曼丹岛和苏门答腊等群岛,西至中南半岛,东至菲律宾群岛。南海东北部经台湾海峡和东海与太平洋相通,南部经马六甲海峡、爪哇海及安达曼海与印度洋相通,东部经巴士海峡通苏禄海,几乎被大陆、半岛和岛屿所包围。整个海域为一东北—西南走向的半封闭菱形海域,总面积约为 350 万平方公里。南海诸岛位于中国海南岛东面和南面海域,包括数百个由珊瑚礁构成的岛、礁、滩、沙和暗沙,依位置不同分为 4 群:东沙群岛、西沙群岛、中沙群岛和南沙群岛。①

目前已经有大量的研究证明南海是中国的领土,包括南海被发现、被管辖的历史以及古今中外的地图、版图。② 然而,由于该区域蕴含丰富的海底资源以及领土主权利益,近现代以来,中国南海地区就面临着周边国家侵吞岛礁等的争端。晚清时期,日本曾侵夺中国广东东沙岛,上海《东方杂志》在 1909 年第六卷的第四、第五期相继刊发了《广东东沙岛问题纪实》及《广东东沙岛问题纪实续编》等,对此事进行了详细记录并阐述了中国自古以来对南海诸岛的主权。后来该刊又对西沙群岛进行了详细记录并对晚清政府的西沙群岛开发计划进行了介绍。20 世纪 30 年代,法国欲占有中国西沙、南沙群岛,这引起当时中国学者注意,大量学者通过援引历史证据、法律,举办相关会议,签订协议等坚决反对法国非法占有中国西沙、南沙群岛的行为。③ 自 1962 年起,南越陆续占领了南子岛、敦谦沙洲、鸿庥岛、景宏岛、南威岛、安波沙洲,1975 年,越南先是以"解放"为名,占据了曾经被南越当局侵占的南沙群岛 6 个岛礁,后又陆续抢占了染青沙洲、万安滩等 18 个岛礁。1988 年 3 月 14 日,越南还在赤瓜礁附近与中方爆发了海上冲突。其后陆续进行岛礁侵占。④ 20 世纪七八十年代以来,南海周边国家越南、菲律宾、马来西亚、文莱等因为南海油气资源的发现以及《大陆架公约》《联合国海洋法公约》等的谈判中 200 海里专属经济区条款而疯狂侵占中国岛礁。迄今,越南侵占中国岛屿和礁石 30 个;菲律宾侵占 6 个;马来西亚侵占 3 个,巡视监控 4 个;文莱占领 1 个;印尼虽未占领岛礁,但对邻近海域有主权要求。⑤ 中国与这些侵占国之间进行"南海行为准则"协商,在此期间,双方在海上常有小规模的对峙与紧张局势。

① 杜德斌,范斐,马亚华.南海主权争端的战略态势及中国的应对方略[J].世界地理研究,2012,21(2):1-17.

② 杜德斌,范斐,马亚华.南海主权争端的战略态势及中国的应对方略[J].世界地理研究,2012,21(2):1-17.

③ 参见《外交评论》第二卷第九期(1933)徐公肃的《法国占领九小岛事件》、《外交评论》第二卷第十期(1933)刊登的陆东亚《西沙群岛应有之认识》、《外交评论》第三卷第四期(1934)刊登的胡焕庸翻译的《法人谋夺西沙群岛》、《新广东》第八卷第八期(1933)刊登的子涛《法占南海九岛案之法理谭》等文。

④ 傅莹,吴士存.南海局势及南沙群岛争议:历史回顾与现实思考[EB/OL].(2016-05-12)[2024-09-05].http://www.xinhuanet.com/world/2016-05/12/c_128977813.htm.

⑤ 葛全胜,何凡能.中国南海诸岛主权归属的历史与现状[J].中国科学报,2016-07-13(1).傅莹,吴士存.南海局势及南沙群岛争议:历史回顾与现实思考[EB/OL].(2016-05-12)[2024-09-05].http://www.xinhuanet.com/world/2016-05/12/c_128977813.htm.

三、域外大国介入南海争端,南海以海洋主权为基调的争端发生了质的改变

1. 美国重返亚太。21 世纪初,美国奥巴马政府推行"亚太再平衡战略"。2010 年 7 月,时任美国国务卿希拉里·克林顿在越南河内召开的东盟地区论坛部长级会议上声称,要通过多边而不是双边途径来解决南海纠纷。这是美国首次公开干预南海问题。其后,为确保美国在全球的战略地位以及势力范围,其亚太战略不断加强对南海的关注与介入,以此制衡中国。[①] 学界通常将美国的南海政策划分为 3 个阶段,即 2010—2014 年采用"舆论+外交"双重施压,2015—2016 年采用军事行动作为辅助和强化手段,2017 年至今则奉行全面竞争战略。在此期间,比较重要的转折点在于所谓"南海仲裁案"的"结案"以及随之而来的由美国推动的认知战及军事化升级。南海问题出现了新一轮"国际化"趋势,美国等域外国家不断加强在南海的军事存在,以更加灵活、多元的方式"协调"在南海的安全合作,试图在"法理"与"安全"层面对中国施加更大的压力。它们加强在南海军事存在的行径,将提高海上军事对峙与冲突发生的概率,刺激南海国家已经趋缓的权利主张形势恶化,为南海相对稳定的局势增加新的变数。[②] 而如今,相较于特朗普政府,拜登政府上台之后推行的是全面对华战略竞争的 2.0 版,在南海问题上表现为大幅度升级以往的"国际化"做法,企图更加精准地对中国实施全方位围堵和孤立,并与中国争夺地区安全秩序的主导权。[③]

2. 从特朗普时期开始,中美进入全面竞争阶段,拜登则进一步升级了中美之间的竞争。其中,南海问题成为特朗普和拜登两届政府治下的重要抓手。几年来的实践表明,特朗普、拜登政府已经不再局限于介入中国与南海其他声索国之间的领土主权和海洋权益之争,而是有了大幅度调整和改变,由介入争端上升到了联合军演等。美国加强南海战略部署的行动日渐明显,并呈现军

---

① U. S. -China Strategic Competition in South and East China Seas: Background and Issues for Congress. https://sgp. fas. org/crs/row/R42784. pdf.

② 齐皓. 印太战略视角下南海问题国际化的特点与前景[J]. 南洋问题研究,2020(3):67 - 81. 成汉平. 从特朗普到拜登:南海问题"泛国际化"及其影响[J]. 亚太安全与海洋研究,2022(2):36 - 49,4 - 5.

③ 成汉平. 从特朗普到拜登:南海问题"泛国际化"及其影响[J]. 亚太安全与海洋研究,2022(2):36 - 49,4 - 5.

事化、"法理化"、舆情化、"国际化"倾向。成汉平认为,在当前大国激烈竞争的新时代,南海问题"国际化"不应再从领土主权和海洋权益之争这一狭义的角度来理解,而更应从广义的角度予以阐述分析,故将美国特朗普、拜登政府在南海问题上的举动以"泛国际化"来定性。与以往相比,从特朗普到拜登,美国在南海问题上所推动的"国际化"正在不断转型,意在全方位对中国实施海上围堵与遏制,以争夺地区安全秩序主导权。这已经成为拜登政府"南海新政"中的一个重要组成部分。①

3. 美国重返亚太以来,积极拉拢其他域外国家介入南海。目前,英国、法国、澳大利亚、加拿大、印度、日本、韩国等跟随美国积极介入南海问题。这些国家中,有的是长期殖民过东南亚地区的,如英国、法国、日本。这些国家与美国组成各种小圈子,利用越南、菲律宾等国与中国的南海权益争端进行干涉。2021年以来,包括美、日、印、澳"四方安全对话"(QUAD)和"美英澳三边安全伙伴关系"(AUKUS)在内的小多边"安全架构"都是围绕着如何在该地区更有效地对中国进行遏制和围堵而运行,这些由美国主导的"安全""小集团"不断在南海推动海上军事化,不断推动南海问题"国际化"。

作为曾经的老牌殖民帝国,法国在海洋权益方面有自己的战略。其对南海的介入较早,法国从2016年开始转向亚太,2021年7月正式发布"印太战略",标志着其印太战略发展成熟。尽管法国声称必须在以对话和和平为基础的国际秩序框架内进行合作,然而,其根据《2019—2025年军事规划法案》,启动了特殊军事建设,以使其国防系统适应不断变化的安全挑战。法国先后多次参加印太地区的联合军演并派遣护卫舰到南海海域巡航,甚至在2021年派出核潜艇,事实上成为新一轮南海问题"国际化"的重要推手之一。②

由于历史原因以及油气贸易发展,俄罗斯与南海一些国家的关系也很密切。虽然俄罗斯目前没有太大的意愿和能力介入南海,但有时也会制造软实力声势,以凸显其对南海的关切。例如2023年6月27日,俄罗斯科学院与俄罗斯和平国际基金会邀请越南、印度、菲律宾、马来西亚、印尼等国在莫斯科召

---

① 齐皓.印太战略视角下南海问题国际化的特点与前景[J].南洋问题研究,2020(3):67-81.成汉平.从特朗普到拜登:南海问题"泛国际化"及其影响[J].亚太安全与海洋研究,2022(2):36-49,4-5.

② 王传剑,郭葛."印太转向"下法国的南海政策:解析与评估[J].南洋问题研究,2023(3):111-128.

开了一场"国际法基础上致力于南海和平发展"的研讨会。这场研讨会讨论南海问题,邀请与中国有声索关系的东盟国家以及介入南海问题的印度,却没有邀请南海主权拥有者中国。这个研讨会隐约在形成话语权小圈子。

中国的海洋战略中最具核心价值,同时矛盾最复杂的就是南海,如果处理不好南海问题,中国的发展战略便会在家门口遭遇外部约束,从而使得全球化战略显得脆弱。蓝色伙伴关系就是处理南海问题的一种方式。在海洋政治边界的划分中,对于在国际公约框架下分别具有海权的重叠区域,需要通过协商确定海洋划界,而蓝色伙伴关系具有重要的缓冲、协商作用。

第二节 中国—东盟"蓝色伙伴关系"与地理边界

2023 年 8 月 24 日,中国自然资源部发布了"2023 年版中国标准地图"。这是中国地理测绘的重大精确化进步,也是中国在南海争端日趋复杂时坚定表明本国立场的举措,规范并提高了主权意识。

一、南海争端中各国对领海等的地理划界

中国公布的新版标准地图遭到了马来西亚、菲律宾、印尼、越南等国的不赞成甚至反对。这源于东南亚的一些国家如越南、菲律宾、马来西亚、文莱及印尼与中国在南海一直以来存在的海权声索争议。[①]

《联合国海洋法公约》实施后,根据其约定的领海、毗连区、专属经济区和大陆架宽度的测算等条款,一些国家罔顾中国对南海区域历史延续的权利,单方面将其海域划界至中国海域。

> 《联合国海洋法公约》第二条规定了领海及其上空、海床和底土的法律地位:1. 沿海国的主权及于其陆地领土及其内水以外邻接的一带海域,在群岛国的情形下则及于群岛水域以外邻接的一带海域,称为领海。2. 此项主权及于领海的上空及其海床和底土。3. 对于领海的主权的行使受本公约及其他国际法规则的限制。

---

① 高战朝,桂静.我国周边海洋国家专属经济区和大陆架的管理状况[J].海洋信息,2003(2):22-23.

第三条约定了领海的宽度:每一国家有权确定其领海的宽度,直至从按照本公约确定的基线量起不超过十二海里的界限为止。

第五十七条规定专属经济区的宽度:专属经济区从测算领海宽度的基线量起,不应超过二百海里。

第七十六条则对大陆架进行定义:沿海国的大陆架包括其领海以依其陆地领土的全部自然延伸,扩展到大陆边外缘的海底区域的海床和底土,如果从测算领海宽度的基线量起到大陆边的外缘的距离不到二百海里,则扩展到二百海里的距离。①

东南亚国家越南、菲律宾、马来西亚、印尼以及文莱均单方面按照上述条款自行进行海域划界。

然而,这些国家的划界行为一方面罔顾了中国在南海的历史延续主权,另一方面也违背了《联合国海洋法公约》第十五条:"如果两国海岸彼此相向或相邻,两国中任何一国在彼此没有相反协议的情形下,均无权将其领海伸延至一条其每一点都同测算两国中每一国领海宽度的基线上最近各点距离相等的中间线以外。但如因历史性所有权或其他特殊情况而有必要按照与上述规定不同的方法划定两国领海的界限,则不适用上述规定。"②同时违背了第七十四条:"海岸相向或相邻的国家间专属经济区的界限,应在国际法院规约第三十八条所指国际法的基础上以协议划定,以便得到公平解决。"关于海岸相向或相邻国家间大陆架界限的划定也有另外的规定,即第八十三条:"海岸相向或相邻国家间大陆架的界限,应在国际法院规约第三十八条所指国际法的基础上以协议划定,以便得到公平解决。"③

(一)越南的南海划界依据及争议处

1977年5月12日越南发布《越南社会主义共和国关于领海、毗连区、专属经济区和大陆架的声明》,宣布领海宽度为12海里,毗连区12海里,专属经济区200海里,大陆架为包括从越南领土向领海外自然延伸到大陆架边缘的外缘之海面下区域的海床和底土,或从利用作为计算越南领海宽度的基线起

① 傅崐成.海洋法相关公约及中英文索引[M].厦门:厦门大学出版社,2005.
② 傅崐成.海洋法相关公约及中英文索引[M].厦门:厦门大学出版社,2005:6.
③ 傅崐成.海洋法相关公约及中英文索引[M].厦门:厦门大学出版社,2005:28,31.

算 200 海里的距离,而大陆边缘之最外缘尚未及于该距离者。越南所划定的专属经济区范围以及大陆架范围都侵入了中国传统海疆线内①。同时,从 20 世纪 70 年代到 80 年代,越南修改了领海基线——从 1977 年起其连接海岸和沿岸岛屿上最外缘各点的低潮线采用直线基线。越南的这一做法也同样违背了《联合国海洋法公约》第五条至第十一条、第十三条至第十四条规定的确定沿海国领海基线的相关规则。

越南的专属经济区的划分虽然与《公约》第五十五条、第五十六条有关内容基本相符,但对其他国家在其专属经济区的权利和权益没有进行说明。

(二)菲律宾的海洋划界及谬误

菲律宾在 20 世纪 50 年代就有很强的海洋意识。1955 年 3 月 7 日,菲律宾在筹备第一次联合国海洋法会议时提交了自己的立场文件;1961 年 6 月 17 日,菲律宾发布《关于确定菲律宾领海基线的法案》,按照自己的主张划定海域界限,并予以立法。其主张与法案主要基于美(国)、西(班牙)1898 年的巴黎条约、1900 年的华盛顿附约以及 1930 年美英关于菲律宾与文莱两国边界条约中提到的邻近海区。② 但菲律宾对这几个条约的错误解读遭到美国的否定。1958 年,美国认为美西、美英等条约中的经纬线仅指割让群岛范围,不表示海域。1961 年,美国驻马尼拉大使馆申明:"菲律宾的目的是把被美国和所有其他国家看成公海的大片海域变成菲律宾的领土,因此美国大使馆认为,有必要指出,国际法对群岛国并没有作出特别承认,也没有理由通过对连接最外缘群岛划基线的方法,把群岛的岛屿之间的大片公海海域变成国家领土,并把基线内的整个海域声称为内水。"1987 年 1 月,美国驻马尼拉大使馆再次反对菲律宾关于海域划界的法案。③

除了在领海基线以及海域划界问题上罔顾美国的多次否认、反对而坚持立法将大片公海以及中国南海区域划为自己的领海外,菲律宾在专属经济区的划分上同样强行自我划定。1978 年 6 月 11 日,菲律宾公布第 1596 号总统

---

　　① 郭渊.地缘政治与南海争端[M].北京:中国社会科学出版社,2011:269-270.吴世存.南海问题文献汇编[M].海口:海南出版社,2001:210.高战朝,桂静.我国周边海洋国家专属经济区和大陆架的管理状况[J].海洋信息,2003(2):22-23。

　　② 高伟浓.东南亚地区的海洋法实践之(二)[J].东南亚研究,1996(3):35.

　　③ ROACH J A, SMITH R W. Straight Baselines: The Need for a Universally Applied Norm[J]. Ocean Development & International Law, 2000,31(1-2):47-80.

令,自行确认其所谓的 200 海里专属经济区。其专属经济区不仅侵入了中国的疆域,而且在此法令中,将其所谓的专属经济区内南沙群岛的 33 个岛礁、沙洲、沙滩,总面积达 64 976 平方海里的区域自行宣布为菲律宾领土。① 菲律宾侵占中国南沙群岛主权的做法也违反了《奥本海国际法》②,同时还违反了《联合国海洋法公约》第十五条、第七十四条等。

菲律宾是南海主权声索国中与中国产生较为激烈冲突的国家之一,总统马斯克上台后与美国形成同盟,与美国、澳大利亚、加拿大等不断组织在南海地区的军演。2023 年 10 月以来,菲律宾出动炮舰、渔船、海警船等在黄岩岛、仁爱礁等处对我国进行军事挑衅,2023 年 11 月 21 日—23 日,美国与菲律宾在南海上空进行了联合飞行演习。这些挑衅行为在南海地区引发了一定程度的军事、外交冲突,给南海地区带来强烈不安。

（三）马来西亚的海洋划界及争议处

马来西亚与中国在南海地区的争议主要源于马来西亚自行划分专属经济区与大陆架,并侵入中国既有疆域。马来西亚在海洋权益的主张中不仅与中国有争议,同时与印尼、新加坡、文莱等邻海国都有争议,但这些东盟国家之间基本通过协商解决。马来西亚对我国南沙群岛的侵占始于 1979 年的军事侵占以及登岛宣示主权,更在 1980 年 4 月 25 日发表《关于专属经济区的宣言》,1984 年颁布《专属经济区法》,通过国内立法,企图单方面将南沙部分岛礁和富含石油、天然气资源的曾母暗沙盆地划入其版图。③ 马来西亚通过绘制地图等行为确定其领海与大陆架疆域,从绘制地图到实际侵占,侵害中国南海权益,造成争端。但是,近年来中国与马来西亚贸易往来密切,两国外交关系友好,马来西亚与在南海推行激烈军事刺激行动的美国等国家保持距离,在与中国产生南海权益争端的国家中态度相对温和。但是,马来西亚外交部拒绝接受中国 2023 年发布的新版地图。同时,马方也不承认中国在南海的主权。这也表明美国在南海的影响力越发深广。

（四）印尼和文莱的海洋划界及争议处

印尼是千岛之国,是世界上最大的群岛国,也是世界上较早实行群岛制度

---

① 张祖兴.菲律宾领土和海洋主张的演变[J].东南亚研究,2017(6)：42-45.

② 郭渊.地缘政治与南海争端[M].北京:中国社会科学出版社,2011:282.

③ 吴世存.南海问题文献汇编[M].海南出版社,2001:292,297.

的国家,最早在联合国提出群岛国制度并被《联合国海洋法公约》采纳。印尼在1960年2月18日发布《群岛国家宣言》及《印度尼西亚海域法》第4号法令,单方面划定了领海。1980年3月21日发表了《关于印度尼西亚专属经济区的宣言》,其专属经济区范围侵入了中国传统疆域,威胁到中国南沙群岛东北部的主权,最突出的问题是关于纳土纳海域与中国海上划界的问题。[①]

印尼的海域划界存在多方争端,如与澳大利亚、马来西亚、泰国、印度、巴布亚新几内亚等,基本采取多边或双边的协商沟通的方式解决争端。在与中国的争端中,目前也以推动协商为主。

在这些国家中,文莱与中国在南海的争议影响最小。文莱于1984年独立,其海域权益划界基本沿袭英国的"海洋遗产",其距离中国南沙群岛的南通礁只有80海里,因此与中国存在海域划界问题,文莱宣称对路易莎礁(即中国所称南通礁)拥有主权。[②]

以上这些国家都与我国在南海存在海域主权的争端,这些国家选择性利用《公约》中关于领海划界、大陆架划分以及专属经济区划分的条款自行宣示海域主权,并以国内法的形式加以确定,同时用绘制发行版图、登岛、军事占领等手段侵占了中国南海的众多岛礁,违背了《公约》第十五条、第七十四条以及第八十三条。

这些国家在20世纪70年代纷纷侵占中国南沙群岛的重要原因如下:第一,从第二次世界大战后开始的联合国海洋法会议激发了世界海洋意识,而这些国家大都是岛国,海洋意识与战略比中国这种主要意识在陆地的国家要强;第二,南海地区丰富的油气资源让这些陆地资源较少的岛国对海洋产生了强烈占有欲,尤其是在1979年联合国亚洲经济委员会进行的海洋地质勘察发现中国南沙群岛一带埋藏着丰富的油气资源(储藏量大约在200亿吨)后;第三,20世纪70年代的中国边疆的守卫较为薄弱,缺乏相应战略以及战术。

随着世界局势的变化,党的十八大以来,中国的海洋意识得到增强,开始对海洋进行全面战略布局。同时,美国"重返亚太"的战略也不断促使中国进一步思考南海问题的解决方案。东盟这些国家与中国在地理边界上充斥的双边、多边争端是中国—东盟蓝色伙伴关系建设的重大阻碍,而通过协商沟通与

---

① 郭渊.地缘政治与南海争端[M].北京:中国社会科学出版社,2011:295.
② 吴世存.南沙争端的起源与发展[M].北京:中国经济出版社,2010:150,151.

合作逐步化解争端正是中国—东盟蓝色伙伴关系建构的重要目标之一。

中国—东盟之间不断推出新的方案、渠道和平台进行合作,例如推进高质量共建"一带一路"、海洋命运共同体建设、蓝色经济伙伴关系建设等,这些合作都遵循和平发展、对话协商的原则,为和平顺利解决南海问题提供了多种方案。

第三节　中国—东盟"蓝色伙伴关系"与法律边界

越南、菲律宾、马来西亚、印尼及文莱五国在南海海域的地理边界的划分有一个共性,即均通过国内立法自行宣布拥有对中国南海部分海域的主权;1982年后,又选择性利用《联合国海洋法公约》的条款,将国内法与国际规则结合起来,无视中国在南海的主权。这种各行其是在海权重叠区域会引发双边以及多边的主权争端。这种主权争端一般以沟通、协商、军事行动、法律裁决作为解决方法。而《联合国海洋法公约》中关于领海划分、专属经济区划界以及大陆架划界等条款本身尚具有的局限性、不完善性、模糊性,这也是南海问题产生的根本原因之一。

一、《联合国海洋法公约》的静止性,边界条款的模糊性、局限性

(一) 条约的静止性与世界的变动性之间的矛盾

《联合国海洋法公约》的谈判是世界上利益存在冲突的国家与地区间博弈、妥协的结果。而自1994年公约生效至今,世界发生了翻天覆地的变化,条约的静止性与国际关系的急速变动性之间难以得到较好协调。尤其是世界格局、各国实力、环境的变化以及技术革命的发展,无不与三十多年前生效的、本就还存在诸多漏洞的公约之间充满了矛盾。

(二) 公约中边界条款的模糊性、局限性

公约中关于一些术语的定义并未明确,条款也较模糊,部分方面甚至缺失。比如,领海与大陆架、专属经济区等划界的规定条款中有未尽事项以及不明确之处,这使相邻国在划界上可能产生重叠;而海洋与外太空的关系、海洋的军事问题、自由航行与国家安全之间的问题等在该公约里都未涉及。所谓的南海争端以及美国在该区域派遣军舰、航母、战斗机等进行挑衅性航飞都是

基于这些漏洞而出现。①

因此，公约中的模糊性条款需要予以澄清、漏洞需要进行修补，国际海洋法规才能更加成体系化、完整化。

二、南海仲裁案体现的法律边界问题

中国是南海沿海国之一，与菲律宾海岸相向。中国中沙群岛和南沙群岛同菲律宾群岛之间的距离不足 200 海里。中菲两国在南海存在领土和海洋管辖权争议。中菲两国就通过谈判协商解决在南海的有关争议早已达成共识。

2013 年 1 月 22 日，菲律宾援引《联合国海洋法公约》第 287 条和附件七的规定，单方面将中菲在南海有关领土和海洋划界的争议包装为若干单独的《公约》解释或适用问题提起所谓的"仲裁"。2013 年 2 月 19 日，中国政府明确拒绝菲律宾的仲裁请求。应菲律宾单方面请求建立的仲裁庭不顾对中菲南海有关争议明显没有管辖权的事实，执意推进仲裁，于 2015 年 10 月 29 日就管辖权和可受理性问题作出裁决，并于 2016 年 7 月 12 日就实体问题以及剩余管辖权和可受理性问题作出裁决。中国自始坚持不接受、不参与仲裁，始终反对推进仲裁程序。在仲裁庭作出两份裁决后，中国政府均当即郑重声明，裁决是无效的，没有拘束力，中国不接受、不承认。②

所谓的"南海仲裁案"作为当今世界海洋权益争端的鲜明案例，最能体现现有国际海洋法律法规的边界问题，揭示了外交、政治以及霸权主义介入本不完善的海洋法律事务会使问题愈趋复杂化。

1. 领土争议不在《公约》的调整事项的范围内。中国预见到《公约》的不完善性、模糊性可能产生主权争议问题，在 1994 年签署《公约》时是有条件地签署，确保既有主权不受侵犯。2006 年 8 月 25 日，中国又就《联合国海洋法公约》第 298 条的规定向联合国秘书长提交声明。该声明称，关于《联合国海洋法公约》第 298 条第 1 款（a）、（b）和（c）项所述的任何争端（即涉及海域划界、历史性海湾或所有权、军事和执法活动以及安理会执行《联合国宪章》所赋予的职务等争端），中华人民共和国政府不接受《联合国海洋法公约》第十五部

① 冯寿波,周敏.《联合国海洋法公约》专属经济区条款评析[J]. 福建江夏学院学报,2022,12(6):42-55.

② 《南海仲裁案裁决之批判》(内容摘要)[EB/OL]. (2018-05-14)[2024-08-09]. https://www.gov.cn/xinwen/2018-05/14/content_5290982.htm.

分第二节规定的任何程序。① 此声明将关于海洋划界、历史性海湾和历史性所有权等有关的争端排除在《公约》强制性争端解决程序的适用范围之外。菲律宾单方面提出的十五项诉求是对领土主权和海洋划界争端的巧妙包装,仲裁庭确立自身的管辖权是犯了根本性错误,也是一种裁决中造法的非法行为。

2. 多项国际法律并存、并行时,关键日期确认的缺失导致逻辑顺序混乱。关键日期对于证据的可采性及判定领土主权归属具有重要的意义。国际司法和仲裁实践表明,领土主权与海域划界争端的性质不同,因而要采取二元论,并以"条约>保持占有>有效控制>其他法理"为内在逻辑主线。南海争端属于领土主权和海域划界混合型争端典型。对于南沙群岛主权归属争端,应以《波茨坦公告》发布之日,即 1945 年 7 月 26 日为关键日期,海域划界争端应以《联合国海洋法公约》通过之日,即 1982 年 12 月 10 日为关键日期。根据关键日期确定规则,南海周边相关国家在关键日期之后对南沙群岛部分岛礁及九段线内海域采取的实际控制行为不具有可采性。② 从关键日期的角度看,菲律宾于 2013 年单方面提交关涉中国主权的位于南海的 8 个南沙岛礁归属的"仲裁"完全违反了其与中国在 2002 年签署的《南海各方行为宣言》的相关条约规定,即通过和平磋商、谈判等方式为和平与永久解决有关国家间的分歧和争议创造有利条件。

3. 裁决非法抹除历史先占权。在所谓的"南海仲裁案"裁决中,仲裁裁决认为,《公约》"没有为历史性权利主张留下任何空间",这一结论令人高度质疑。历史性权利可以而且理应继续与《公约》并存(且独立于《公约》)。《国际法院规约》第 38 条所指国际法包括一般国际法原则,对他国领土主权和历史性权利的尊重是其重要内容。中国对南海的主权及对群岛附近水域的历史性权利是得到了国际社会广泛承认的,有着充足的历史和法理依据。③

4. 仲裁庭的裁决无任何法律效力。2016 年 7 月 19 日,驻伊基克总领事陈平在智利北部主流媒体《隆希诺日报》上发表题为《非法无效的仲裁》的评论性文章,该文着重指出,该仲裁庭既非联合国下属机构,也与国际法院和国际

① 中国根据《联合国海洋法公约》第 298 条提交排除性声明[EB/OL]. (2006 - 09 - 07)[2023 - 11 - 23]. https://www.mfa.gov.cn/web/gjhdq_676201/gjhdqzz_681964/lhg_681966/zywj_681978/200609/t20060907_9381670.shtml.

② 张卫彬. 南海争端关键日期的确定[J]. 法商研究,2018,35(6):123 - 133.

③ 郭渊. 地缘政治与南海争端[M]. 北京:中国社会科学出版社,2011:305.

海洋法法院无丝毫关联,后两者在仲裁裁决作出后立即声明撇清关系,正好说明仲裁庭的裁决并非"海牙的判决"。[①]

因此,当 2016 年 7 月 12 日菲律宾所谓的"南海仲裁案"仲裁庭作出所谓"裁决",企图否定中国在南海的领土主权和海洋权益后,中方随即发表了《中华人民共和国外交部关于应菲律宾共和国请求建立的南海仲裁案仲裁庭所作裁决的声明》《中华人民共和国政府关于在南海的领土主权和海洋权益的声明》和《中国坚持通过谈判解决中国与菲律宾在南海的有关争议》白皮书,表明了我国对仲裁庭所谓"裁决"不接受、不承认的严正立场,并重申了中国在南海的领土主权和海洋权益。

2016 年 7 月 14 日,时任国务委员杨洁篪就所谓的"南海仲裁案"仲裁庭作出的所谓"裁决"接受中央媒体采访,全面阐述中方有关立场主张。主要有:

1. "南海仲裁案"由始至终就是一场披着法律外衣的政治闹剧。"仲裁案"违反国际法治精神,危及地区和平稳定,损害国际社会利益,是域外国家插手南海问题的典型反面案例,某些域外国家妄图借"仲裁案"否定中国的南海主权权益,已经成为影响南海和平稳定的主要风险源。

2. "南海仲裁案"仲裁庭作出所谓"裁决",完全是非法的、无效的。仲裁庭不顾中方表达的严正立场,任意扩大管辖权,完全无视南海的历史和现实,曲解《公约》有关规定,其越权、扩权作出的非法裁决自然非法无效。仲裁庭代表不了国际法更代表不了国际公平和正义。

3. 主权问题是中国的底线。中国在南海的领土主权和海洋权益是在两千多年的历史实践中形成的,有着充分的历史和法理依据。仲裁裁决抹杀不了历史事实,否定不了中国在南海的权益主张。中国在南海的主权和海洋权益受到国际法和《公约》的双重保护。

4. 中国不接受、不承认裁决,同时,中国将继续坚定走和平发展道路,坚持通过谈判协商解决在南海的有关争议,坚持发展与周边国家的睦邻友好和互利合作,共同维护南海地区的和平稳定。

5. 南海问题不是中国和东盟之间的问题,南海问题是南海沿岸国之间的

---

① 驻伊基克总领事陈平在当地主流媒体撰文评南海仲裁案[EB/OL]. (2016 - 07 - 19)[2023 - 11 - 03]. https://www. fmprc. gov. cn/zwbd_673032/gzhd_673042/201607/t20160720_7373107. shtml.

问题,理应由当事方通过和平方式谈判解决。中国解决南海问题的思路是坚持走和平发展道路,坚持"与邻为善、以邻为伴"的周边外交政策,坚持通过谈判磋商和平解决争议。中国愿同有关国家积极商谈争议解决前的临时安排,包括在南海相关海域进行共同开发,实现互利共赢,共同维护南海的和平稳定。东盟一向承诺在南海问题上持中立立场,不介入具体争议,因此不应该在仲裁有关问题上选边站队。中国和东盟国家始终就南海问题保持着坦诚友好的沟通,愿意全面、有效落实《南海各方行为宣言》,继续通过对话协商保持南海的和平稳定,同时稳妥推进"南海行为准则"磋商进程,争取在协商一致基础上早日达成"准则"。①

三、中国—东盟"蓝色伙伴关系"与《南海各方行为宣言》、"南海行为准则"

(一) 为促进睦邻友好、南海和平而发布的《南海各方行为宣言》

中国—东盟各国一直以和平磋商与谈判作为解决南海存在的双边或多边的主权争端的主要原则与方法。2002 年 11 月 4 日,中国与东盟各成员国在柬埔寨王国金边签署并联合发布了《南海各方行为宣言》,重申各方巩固和发展各国人民和政府之间业已存在的友谊与合作的决心,以促进面向 21 世纪睦邻互信伙伴关系;认识到为增进本地区的和平、稳定、经济发展与繁荣,东盟和中国有必要打造南海地区和平、友好与和谐的环境;承诺促进 1997 年东盟成员国与中华人民共和国国家元首或政府首脑会晤联合声明所确立的原则和目标;希望为和平与永久解决有关国家间的分歧和争议创造有利条件。

宣言具体条款如下:

一、各方重申以《联合国宪章》宗旨和原则、1982 年《联合国海洋法公约》、《东南亚友好合作条约》、和平共处五项原则以及其它公认的国际法原则作为处理国家间关系的基本准则。

二、各方承诺根据上述原则,在平等和相互尊重的基础上,探讨建立信任的途径。

---

① 整理自杨洁篪就"南海仲裁案"仲裁庭作出所谓裁决接受中央媒体采访(全文)[EB/OL]. (2016 - 07 - 15)[2023 - 11 - 23]. https://www.mfa.gov.cn/wcb/zyxw/201607/t20160715_338607.shtml.

三、各方重申尊重并承诺,包括 1982 年《联合国海洋法公约》在内的公认的国际法原则所规定的在南海的航行及飞越自由。

四、有关各方承诺根据公认的国际法原则,包括 1982 年《联合国海洋法公约》,由直接有关的主权国家通过友好磋商和谈判,以和平方式解决它们的领土和管辖权争议,而不诉诸武力或以武力相威胁。

五、各方承诺保持自我克制,不采取使争议复杂化、扩大化和影响和平与稳定的行动,包括不在现无人居住的岛、礁、滩、沙或其它自然构造上采取居住的行动,并以建设性的方式处理它们的分歧。

在和平解决它们的领土和管辖权争议之前,有关各方承诺本着合作与谅解的精神,努力寻求各种途径建立相互信任,包括:

(一)在各方国防及军队官员之间开展适当的对话和交换意见;

(二)保证对处于危险境地的所有公民予以公正和人道的待遇;

(三)在自愿基础上向其它有关各方通报即将举行的联合军事演习;

(四)在自愿基础上相互通报有关情况。

六、在全面和永久解决争议之前,有关各方可探讨或开展合作,可包括以下领域:

(一)海洋环保;

(二)海洋科学研究;

(三)海上航行和交通安全;

(四)搜寻与救助;

(五)打击跨国犯罪,包括但不限于打击毒品走私、海盗和海上武装抢劫以及军火走私。

在具体实施之前,有关各方应就双边及多边合作的模式、范围和地点取得一致意见。

七、有关各方愿通过各方同意的模式,就有关问题继续进行磋商和对话,包括对遵守本宣言问题举行定期磋商,以增进睦邻友好关系和提高透明度,创造和谐、相互理解与合作,推动以和平方式解决彼此间争议。

八、各方承诺尊重本宣言的条款并采取与宣言相一致的行动。

九、各方鼓励其他国家尊重本宣言所包含的原则。

十、有关各方重申制定南海行为准则将进一步促进本地区和平与稳定,并同意在各方协商一致的基础上,朝最终达成该目标而努力。①

（二）因域外国家介入等原因,"南海行为准则"的磋商艰难进行

2013年,中国—东盟启动制订"南海行为准则"的磋商。制订"南海行为准则"是为了便于中国—东盟管控海上权益争端、规范各声索国在南海主权诉求行为,是《南海各方行为宣言》的落地化、实质化。作为世界上持续时间最长的外交互动之一,"南海行为准则"磋商由于个别声索国通过抓捕渔民等动作进行干扰、域外国家介入等原因时断时续,在2023年取得较大进展,于10月进入三读。这也表示,在域外势力干涉南海越来越深入复杂、世界局部战争爆发、南海区域军演频仍、局势越来越紧张的形势下,域内国家对于维护地区和平有着现实而迫切的需要。而准则能取得共识,可以为加速推进中国—东盟蓝色伙伴关系扫除因主权争议带来的重重发展障碍。

（三）中国—东盟"蓝色伙伴关系"构建应加速推进

2022年俄乌冲突爆发,2023年巴以冲突激发新一轮中东战争,全球化进程举步维艰,全球经济复苏面临世界性难题。种种困境凸显了区域化的重要性。在亚洲地区,南海地区的紧张局势得到有效管控将有利于区域安全,有助于区域经济持续发展。中国—东盟蓝色伙伴关系以海洋命运共同体为总体框架,以发展海洋经济、促进海洋生态保护、全面促进海洋和平发展为主要宗旨与目标,在世界局势动荡激变的当今,符合南海地区人民渴求和平、渴望稳定发展的诉求。同时,"南海行为准则"的磋商进程得到有效推动,将能保障中国—东盟蓝色伙伴关系加速构建,从而将中国—东盟区域建设成驱动世界蓬勃发展的重要力量,将亚洲建设成稳定世界和平发展的压舱石。

---

① 南海各方行为宣言［EB/OL］.（2002－11－04）［2024－08－09］.https://www.mfa.gov.cn/nanhai/chn/zcfg/200303/t20030304_8523439.htm.

第五章

东盟国家对构建"蓝色伙伴关系"的态度与立场

中国—东盟蓝色伙伴关系,作为中国—东盟全面战略伙伴关系的重要组成部分,既是对联合国所倡导的可持续发展伙伴关系的具体实践,也是对中国与东盟国家构建海洋命运共同体的主要行动、推进高质量共建"一带一路"倡议海上合作构想落地的生动实践,其在蓝色经济、海洋保护、海洋治理等领域的深化协作、密切合作,给中国和东盟国家及人民带来诸多发展成果,受到广泛好评和高度欢迎。东盟国家普遍认为,构筑密切的蓝色伙伴关系,对于应对海洋可持续发展面临的挑战、创造海洋发展机遇具有积极意义,因此总体上持积极态度、欢迎立场。

第一节　积极响应参与蓝色经济,多边合作走深走实

2022 年 6 月,由中国自然资源部主办,由中国海洋发展基金会、世界经济论坛海洋行动之友等合作举办的联合国海洋大会发布《蓝色伙伴关系原则》,明确通过共商、共建全球蓝色伙伴关系,协同推进《联合国海洋法公约》、联合国《生物多样性公约》、《巴黎协定》和其他涉海国际文书的实施进程,并推动其承诺和目标的实现,共同保护海洋,科学利用海洋,增进海洋福祉,共促蓝色繁荣,共享蓝色成果,共建蓝色家园。《蓝色伙伴关系原则》提出促进蓝色经济增

长,共同支持以科技创新和环境友好的方式促进海洋产业发展,以清洁生产、绿色技术、循环经济和最佳实践为基础,促进现有海洋产业升级;倡导在绿色金融体系和"可持续蓝色经济金融原则"框架下,推动形成蓝色经济发展的新产业、新业态,创建新型金融平台、产品、标准和服务体系;探索滨海健康社区模式,打造亲海空间,实现沿海区域与内陆区域的协调可持续发展,挖掘蓝色经济未来发展潜力,促进全球蓝色经济高质量可持续发展;加强科技引领,持续支持海洋基础科学研究,加强对海洋的综合认知与理解,提高人类对海洋的认知水平,加强知识对可持续发展的引领作用;加强能力建设,通过人员培训交流、技术援助和制定海洋发展规划等对小岛屿国家、中低收入国家予以支持,鼓励因地制宜发展当地蓝色产业,提升其通过可持续利用海洋资源获得效益的能力,提高小岛屿国家、中低收入国家可持续发展的能力,核心要义是促进蓝色经济发展。

蓝色经济作为蓝色伙伴关系的主体驱动、重要内容,以海洋经济为主题,以保护和可持续利用海洋及海洋资源、促进可持续发展为主要目标[1],以海陆资源互补、海陆产业关联、海陆统筹布局为特色,是海洋科技、海洋经济与海洋文化发展到一定阶段而出现的社会经济现象,是可持续发展的"蓝色引擎"。中国—东盟"蓝色经济伙伴关系"是中国—东盟"蓝色伙伴关系"的重要部分,是中国—东盟全面战略合作伙伴关系的有机组成,对于推动中国与东盟以海洋合作为牵引的经济发展意义重大,具有开放性、包容性、共享性、可持续性,是互利共赢、共促发展的战略举措,东盟国家积极响应,与中国同频共振。

一、积极欢迎中国蓝色经济发展战略构想

中国高度重视发展蓝色经济。不论是党的十八大报告、十九大报告、二十大报告,还是近年来的政府工作报告,都强调要大力发展海洋经济、蓝色经济,提出建设海洋强国、高质量共建"21世纪海上丝绸之路"、陆海统筹、构建海洋命运共同体等一系列经略海洋的新思想新战略[2],《"一带一路"建设海上合作设想》明确建设三条蓝色经济通道[3],其中之一便是以东盟国家为主要途经

---

① 吴磊,詹红兵.全球海洋治理视阈下的中国海洋能源国际合作探析[J].太平洋学报,2018,26(11):56.

② 徐萍.新时代中国海洋维权理念与实践[J].国际问题研究,2020(6):1.

③ 王道征.印日"亚非增长走廊"构建与前景[J].印度洋经济体研究,2017(5):123.

点,即"以中国沿海经济带为支撑,连接中国—中南半岛经济走廊,经南海向西进入印度洋,衔接中巴、孟中印缅经济走廊"①。中国发展蓝色经济的战略构想与路径,与东盟的发展蓝图、发展构想不谋而合,成为中国—东盟经济发展的重要支撑和组成部分。因此,中国发展蓝色经济的战略合作构想受到东盟的欢迎和期盼。比如,东盟发布的《东盟政治—安全共同体蓝图》《东盟印太展望》《东盟社会文化共同体蓝图2025》《东盟经济共同体蓝图2025》《东盟全面复苏框架》及其实施方案等倡议规划文件,都主张加强区域层面的海洋合作,深度参与区域海洋合作进程,明确养护、开发和可持续管理海洋,倡导通过海上互联互通、开发与利用海洋资源来实现包容性增长与发展。基于此,中国、东盟双方在海洋发展上均有共同理念和追求,为不断加强海洋经济合作提供了基础。对此,在中国—东盟建立对话关系30周年纪念峰会上,东盟各国领导人表示,东盟与中国建立对话关系30年来,双方已经发展成为最全面、最具实质内涵、最为互利共赢的战略伙伴,有力促进了东盟共同体建设,为双方人民带来了实实在在的好处,愿同中方加快对接"一带一路"倡议和《东盟互联互通总体规划2025》,进一步释放合作潜能,深化各领域务实合作。东盟国家领导人多次在中国—东盟领导人会议上表示,东盟—中国关系是东盟伙伴关系中最具活力的一组关系②,充分肯定双方合作取得的新进展,感谢中国支持东盟在区域合作中处于中心地位,愿积极参与共建"一带一路",拓展包括蓝色经济在内的互联互通、科技创新、电子商务、智慧城市等领域的合作,扩大双向投资。

总体来看,东盟国家与中国在海洋经济领域具有较好的合作基础,东盟国家秉持搁置争议、共同开发的理念,对同中国发展蓝色经济伙伴关系较为积极。

柬埔寨明确表示感谢中国支持东盟领导人关于蓝色经济的宣言,愿意与中国建立合作关系以支持蓝色经济伙伴关系,支持并鼓励中国与东盟成员国就中国提出的与东盟建立蓝色伙伴关系的倡议进行进一步磋商和谈判。③

缅甸欢迎建立中国—东盟蓝色经济伙伴关系,多次积极派代表团参加中

---

① 王道征.印日"亚非增长走廊"构建与前景[J].印度洋经济体研究,2017(5):123.

② 《东南亚纵横》编辑部.东南亚地区形势2019—2020年回顾与展望——专家访谈录[J].东南亚纵横.2020(1):5.

③ 陈小方.中国—东盟蓝色经济合作正逢时[N].经济日报,2024-01-05(4).

国举办的蓝色经济国际论坛,这对东盟与中国合作具有重要的象征意义,能促进双方更好交流,了解蓝色经济政策和做法。①

印尼对中国与东盟建立蓝色经济伙伴关系表示欢迎,建议就相关事务继续开展研究,推动东盟相关部门跟进中国关于蓝色经济的概念文件,同意中国与东盟开展相关研讨会,就合作问题交换意见,将海上互联互通、发展海洋经济作为重点,对资金、技术的合作需求巨大,将中国作为其推进"全球海洋支点"战略的强大助力,多次强调建设"海上高速公路",建立贯通东西的全国海运网络。②

新加坡支持中国和东盟探索蓝色经济各领域的合作,赞同东盟成员国和中方继续讨论相关议题,认为在达成共识后可以就相关联合声明进行谈判。③

越南支持中国与东盟建立蓝色经济伙伴关系,与中国联合发布《关于进一步加强和深化中越全面战略合作伙伴关系的联合声明》,明确提出促进海上合作。④ 越南越共十三大决议明确提出,发展海洋经济是越南至2030年发展成为具有现代工业和中等高收入发展中国家的重要任务和措施之一。

菲律宾支持中国蓝色经济伙伴关系倡议,与中国联合发布《中华人民共和国和菲律宾共和国联合声明》,指出加强海洋经济等涉海务实合作,尽早重启海上油气开发磋商,造福两国及两国人民。⑤

马来西亚支持中国—东盟建立蓝色经济伙伴关系,积极对接中国"一带一路"倡议,对中国实施南海"安静外交",努力构建周边和平环境,为发展海洋经济创造良好空间。⑥

泰国积极支持蓝色伙伴经济关系,认为中国是东盟的重要对话伙伴国,双方具备全面合作机制和在广泛的领域具备合作潜能,且中国对维护地区和平

① 第二届中国—东盟蓝色经济伙伴关系研讨会举行[EB/OL]. (2021 - 09 - 30)[2024 - 08 - 24]. http://asean. china-mission. gov. cn/dshd/202109/t20210928_9577798. htm.

② "蓝色经济与可持续发展"——共建蓝色经济合作伙伴关系国际研讨会举行[EB/OL]. (2021 - 10 - 30)[2024 - 08 - 24]. http://www. chinareform. org. cn/2021/1031/35463. shtml.

③ 中国—东盟"蓝色经济伙伴关系"对话会召开[EB/OL]. (2019 - 11 - 08)[2024 - 08 - 24]. https://www. mnr. gov. cn/dt/hy/201911/t20191108_2479474. html.

④ 关于进一步加强和深化中越全面战略合作伙伴关系的联合声明[EB/OL]. (2022 - 11 - 01)[2024 - 08 - 24]. http://www. news. cn/world/2022 - 11/01/c_1129093244. htm.

⑤ 中华人民共和国和菲律宾共和国联合声明[EB/OL]. (2023 - 01 - 05)[2023 - 11 - 01]. https://www. mfa. gov. cn/web/ziliao_674904/1179_674909/202301/t20230105_11001029. shtml.

⑥ 邹新梅. 马来西亚海洋经济发展:国家策略与制度建构[J]. 东南亚研究,2020(3):79.

稳定和促进地区经济增长影响力较大。泰中"一带一路"合作研究中心副主任唐隆功·吴森提兰谷表示:"共建'一带一路'之所以在东盟受到广泛欢迎,最重要的原因就是和东盟互联互通总体规划实现了充分对接。"①泰国《曼谷邮报》评论称,中国提倡合作共赢、共同弘扬亚洲价值,坚持相互尊重、坚持协商一致、照顾各方舒适度的亚洲方式,符合东盟运作理念,也有利于东盟一体化建设和东盟—中国命运共同体形成。

文莱对中国与东盟建立蓝色经济伙伴关系的态度整体追随东盟官方立场,认为东盟有必要在任何涉及蓝色经济的倡议中牵头,打造认识和发展蓝色经济的平台。

二、大力支持中国蓝色经济发展的路径规划

东盟地区自古以来就是中国"海上丝绸之路"的重要枢纽,中国多次表示愿同东盟国家加强海上合作,用好中国设立的中国—东盟海上合作基金,发展好海洋合作伙伴关系,共同建设"21世纪海上丝绸之路"。②东盟作为以沿海国家为主要成员国的组织,日益重视海洋在东南亚经济社会发展中的重要作用,东盟各国普遍认识到蓝色经济对本国社会经济发展的重要性,正在把蓝色经济作为新的战略关注点,强调持续开发海洋资源与能源。因此,东盟国家积极响应、大力支持中国提出的发展蓝色经济的倡议,而东盟参与提出的一系列多边合作议程均对蓝色经济作出了远景规划。2011年,中国与东盟为促进多层次、多领域、立体化的双、多边海上合作机制的构建,设立中国—东盟海上合作基金,这成为双方海上合作历程的重要里程碑。2018年,中国与东盟发布《东盟—中国2030年战略伙伴关系愿景》,提出鼓励中国—东盟建立蓝色经济伙伴关系、促进海洋经济发展等,加强在海洋科技、海洋观测和减灾等方面的蓝色经济伙伴关系建设。2021年,中国与东盟发布《中国—东盟建立对话伙伴关系30周年纪念峰会联合声明》,强调探讨建立中国—东盟蓝色经济伙伴关系,提出要共同推动区域能源转型,探讨建立清洁能源合作中心,要加强可再生能源技术分享,加强绿色金融和绿色投资合作,为地区低碳可持续发展提供支撑,促进海洋可持续发展,东盟以实际行动展示了对中国发展蓝色经济倡

① 唐隆功·吴森提兰谷.一带一路建设将迸发更大活力[N].人民日报,2020-09-08.
② 李政一.国家治理现代化视野下的海洋强国建设研究[D].齐鲁工业大学,2021.

议的大力支持。

在此基础上,中国提出的"区域全面经济伙伴关系协议""泛北部湾经济合作""环南海经济合作圈""海南自由贸易区""中国—东盟海上合作年""中国—东盟海洋合作中心"等合作倡议,为推动中国与东盟国家间的海洋经济产业合作提供了源源不断的机制性动力。① 此外,中国与东盟常态化组织外长会议、蓝色经济伙伴关系研讨会、中国—东南亚国家海洋合作论坛等系列会议,积极探讨蓝色经济伙伴关系的内涵与外延、原则与模式、合作范畴、合作项目,为构建蓝色经济伙伴关系凝聚更多共识,着力促进蓝色经济合作不断走深走实。在系列中国—东盟外长会上,东盟表示愿意携手推进中国—东盟蓝色经济伙伴关系,在加强海洋资源可持续利用等领域拓展新的合作,为中国—东盟战略伙伴关系增添新的内涵。第 54 届东盟外长会议联合公报明确:蓝色经济正在产生效益,外部伙伴日益有兴趣在双边和区域上就蓝色经济与东盟成员国接触,欢迎召开东盟蓝色经济讲习班,确定蓝色经济下的潜在合作领域。② 2022 年 11 月中国与东盟共同宣布正式启动中国—东盟自贸区 3.0 版谈判,2023 年 2 月正式启动中国—东盟自贸区 3.0 版谈判首轮磋商,为中国与东盟的蓝色经济合作奠定了基础。东盟各国对与中国发展蓝色经济伙伴关系兴趣浓厚,均积极支持中国提出的蓝色经济伙伴关系倡议。

柬埔寨积极加强与中国的蓝色经济合作,并呼吁东盟其他国家加强与中国的蓝色经济合作,中柬两国在包括海洋经济在内的政治互信、经贸合作和人文交流等方面取得了丰硕成果,既为共建"一带一路"树立了样板,也为构建新型国际关系铸就了典范。③ 柬埔寨皇家科学院国际关系研究所所长金平说,中国和东盟携手并进,取得了丰硕的合作成果,双方都是自由贸易和多边主义的重要推动力量,对增进区域内相互理解和信任、维护和平与稳定作出重要贡献。柬埔寨皇家科学院中国研究中心主任舍瓦雷指出,中国和柬埔寨之间可以在省一级加强交流,建立海洋观测站、水产养殖发展中心、海洋环境保护组

　　① 陈盼盼:"21 世纪海上丝绸之路"背景下中国—东盟渔业合作法律机制的构建[EB/OL].(2019 - 11 - 16)[2024 - 08 - 15]. http://aoc. ouc. edu. cn/2019/1120/c9821a276531/page. htm.

　　② 第 54 届东盟外长会议联合公报(全文)[EB/OL].(2021 - 08 - 02)[2023 - 11 - 01]. https://asean. org/wp-content/uploads/2021/08/Joint-Communique-of-the-54th-ASEAN-Foreign-Ministers-Meeting-FINAL. pdf.

　　③ 顾佳赟. 新时代打造中柬命运共同体的机遇、挑战与建议[EB/OL].(2019 - 04 - 18)[2024 - 08 - 14]. http://world. people. com. cn/n1/2019/0418/c187656 - 31037653. html.

织,制定海洋经济发展白皮书,发展海洋渔业或者养殖业。

印尼寻求加强与中国的蓝色经济合作,与中方签订《中国科学技术协会与印度尼西亚共和国海洋与投资统筹部关于海洋科技领域的合作意向书》,积极尝试以引进先进的油气勘探和开发技术的方式加强深海油气开发合作,在水产品的捕捞和养殖、加工和贸易,近海和滩涂养殖技术以及海洋生物资源的开发等方面的合作不断升级。^① 印尼驻华大使馆公使狄诺指出,印尼和中国可以进一步加深合作,建立蓝色经济发展走廊,加深卫生保健、数字经济、能源、矿产资源开发、海洋等领域的合作。

马来西亚愿加强与中国的蓝色经济合作,认为中国在港口建设、港务管理、航运物流、渔业、养殖业、海洋再生能源、海床矿物开采等方面拥有经验和资源,可以进行合作与分享。马来西亚新亚洲战略研究中心主席、马来西亚交通部前部长翁诗杰表示,中方秉持共商、共建、共享的理念,在"一带一路"原有的基础上探索新的产能抓手,创新合作模式,构建全球发展命运共同体。^② 马来西亚为促进海洋经济良性发展,引入国际力量参与油气资源开发,完善国家海洋航运服务体系,拓展地区和国际航运经济合作打造利益共同体。

菲律宾希望与中国展开蓝色经济合作,两国的经济贸易合作有利于维持和平稳定的东南亚地缘政治环境。2023 年 2 月 21 日,菲律宾国会参议院正式批准 RCEP 核准书,并提交东南亚国家联盟秘书处,这将有利于菲律宾与中国的蓝色经济发展。菲律宾总统对华贸易、投资和旅游特使许智钧表示,中国—东盟的经济伙伴关系协定将为菲律宾经济复苏和发展带来合作共赢新机遇。^③

新加坡是共建"一带一路"倡议的积极响应者之一,加入了由中国牵头成立的亚洲基础设施投资银行,协助中国筹募所需资金,两国的双边贸易额也持续增长。2013 年至 2022 年,新加坡连续 10 年的最大贸易伙伴均为中国,新

① 罗晖会见印度尼西亚海洋与投资统筹部副部长一行[EB/OL].(2024 - 08 - 15)[2024 - 08 - 15].https://www.cast.org.cn/xw/KXYW/art/2024/art_26ba0afacd4b445b853688e67ae89ca2.html.

② 马来西亚交通部前部长翁诗杰:全球发展倡议是构建"人类命运共同体"理念的生动体现[EB/OL].(2022 - 11 - 10)[2024 - 08 - 15].https://cn.chinadaily.com.cn/a/202211/10/WS636cc34ba3109bd995a4f4a0.html.

③ 闫洁、杨云起.专访:RCEP 为菲律宾带来合作共赢新机遇——访菲律宾总统对华贸易、投资和旅游特使许智钧[EB/OL].(2023 - 02 - 26)[2024 - 08 - 15].http://www.news.cn/world/2023-02/26/c_1129398208.htm.

加坡也连续 8 年成为中国第一大新增投资来源国,新加坡与中国的双边蓝色经济合作主要集中在海洋科研环保、共建海洋基础设施以及增加国际产能等领域。[①]

泰国重视与中国展开蓝色经济合作。泰国政府把对华经济合作视为实现泰国经济社会发展规划的途径之一,希望凭借在地区内地理中心的位置,使泰国成为通往东盟的门户和经济交通的枢纽。为此,泰国协同推进中老泰铁路建设,提出"泰国 4.0""泰国东部经济走廊"战略,将目光投向中国东部沿海尤其是粤港澳大湾区,高度对接了中国"一带一路"倡议。[②]

缅甸重视与中国展开蓝色经济合作,积极推动"中缅经济走廊"从概念规划转入实质建设,着力推进皎漂经济特区、中缅边境经济合作区、仰光新城等互联互通骨架的建设。在雅加达论坛蓝色经济研讨会上,缅方认为蓝色经济研讨会作为一个重要平台,将为东盟和中国带来利益,以探索和释放在可持续海洋经济、保护自然栖息地方面的合作潜力。[③]

文莱积极谋求与中国开展蓝色经济合作。文莱经济发展高度依赖原油、天然气出口,其 GDP 的 56%、出口贸易额的 85% 和财政收入的 81% 来自油气产业。文莱政府为促进经济多元化,推出"2035 宏愿",将渔业称为"菜篮子"工程,作为重点发展产业之一。文莱初级资源与旅游部部长哈吉·阿里表示,中国与文莱在海产养殖等领域开展了务实合作,为文莱保障粮食安全、促进经济多元化发展提供了有力支撑。[④] 文莱苏丹哈桑纳尔表示,中国是文莱的传统友好邻邦和重要合作伙伴,愿意加快推进"广西—文莱经济走廊"建设和农渔业合作。[⑤]

三、双向促进蓝色经济发展显出成效

随着中国海洋产业体系逐步完善、海洋经济综合实力不断提升,中国蓝色

① 程炜杰:RCEP 框架下区域海洋经济合作的机遇与挑战[EB/OL]. (2022 - 01 - 04)[2023 - 11 - 01]. https://aoc. ouc. edu. cn/2021/1229/c9821a360666/page. htm.

② 《中泰贸易投资联合研究》摘要[EB/OL]. (2022 - 12 - 09)[2023 - 11 - 01]. http://th. mofcom. gov. cn/article/jmxw/202212/20221203372626. shtml.

③ 第二届中国—东盟蓝色经济伙伴关系研讨会举行[EB/OL]. (2021 - 09 - 30)[2024 - 08 - 24]. http://asean. china-mission. gov. cn/dshd/202109/t20210928_9577798. htm.

④ 潘艳勤,云昌耀. 文莱:2019 年回顾与 2020 年展望[J]. 东南亚纵横,2020(2):12.

⑤ 文莱苏丹:推进"广西—文莱经济走廊"建设[EB/OL]. (2021 - 09 - 30)[2024 - 08 - 24]. http://asean. china-mission. gov. cn/dshd/202109/t20210928_9577798. htm.

经济快速增长,东盟国家从中获取的红利份额也不断上升,应继续促进中国与东盟的海洋经济合作持续走深走实,促进双边多边互利共赢、互为支持。从中国蓝色经济发展情况看,中国蓝色经济的体量、种类、数量不断增加,质量不断提升,中国海运总量、海水养殖量和野生鱼类捕捞量均居世界第一,滨海旅游和海洋可再生能源等产业持续高速发展,为东盟国家参与合作带来了广阔前景、深厚利益、诸多商机,使东盟国家更加愿意参与,更加积极支持中国蓝色经济发展倡议、蓝色经济伙伴关系倡议。2021 年,中国海洋生产总值突破 9 万亿元大关,比上年增长 8.3%,海水养殖产量占全球一半以上;海水淡化工程规模达到每天 186 万吨,相较 2012 年增长了 140%。2021 年中国海洋发展规模与效益指数为 114.2,比上年增长 4.7%,实有海洋经济活动单位数比 2015 年翻一番,海运进出口总额是 2015 年的 1.6 倍。2021 年中国海洋经济发展指数为114.1,比上年增长 3.6%,海洋对外经济与贸易指数为 111.5,比上年增长4.6%。中国海洋原油占全球海洋原油产量的比重由 2012 年的 21.4% 提升到 2021 年的 27.6%,海上风电累计装机容量跃升至全球第 1 位,自主研发的兆瓦级潮流能发电机组连续运行时间保持世界领先。[①] 中国蓝色经济的巨大发展成就,既是中国发展蓝色经济战略举措的实际成效,也是中国与东盟国家发展蓝色经济的有力见证,也为东盟国家支持中国发展蓝色经济提供了强大助力。

　　从东盟国家蓝色经济发展的情况看,东盟国家多数为沿海国家,东盟国家政府纷纷制定海洋产业发展战略与政策,实施海洋产业的调整与升级,海洋渔业、海洋油气、海洋交通运输、海洋船舶和滨海旅游等已逐渐成为海洋经济的主要产业,[②]对国民经济的贡献率不断上升,这与中国的蓝色经济发展战略目标高度吻合,路径有效衔接。2021 年至 2023 年,东盟连续三年成为中国第一大贸易伙伴,越南、马来西亚、泰国是中国在东盟的前三大贸易伙伴。印尼是世界上最大的岛屿国家,拥有世界上第二长的海岸线,海洋产业迅速发展成为该国重要的经济产业。马来西亚的巴生港和丹戎帕拉帕斯港是世界第 11 大和第 19 大集装箱港,使马来西亚成为名副其实的海洋国家。[③] 菲律宾是全球

---

　　① 2021 年中国海洋经济统计公报[EB/OL]. (2022 - 04 - 01)[2023 - 11 - 01]. https://www.gov.cn/xinwen/2022 - 06/07/5694511/files/2d4b62a1ea944c6490c0ae53ea6e54a6. pdf.

　　② 孙洪芬. 科学发展观视阈下我国海洋经济可持续发展研究[D]. 济南:山东大学,2008.

　　③ 程晓勇."一带一路"背景下中国与东南亚国家海洋非传统安全合作[J]. 东南亚研究,2018(1):99.

较大的群岛国家,渔业资源发达,是世界上重要的渔业生产国,船舶工业迅速发展,并成为世界第四大造船国。新加坡是世界上重要的海洋战略枢纽和第二大集装箱港,临港工业发展迅速。① 泰国海洋资源丰富,是世界前十大渔业国家之一,滨海旅游是泰国旅游业的重要组成部分,并成为泰国外汇的重要来源。越南已建成 19 个沿海经济区,28 个沿海省市的城市化率约达 39.49%(高于 37.5% 的全国平均水平),2019 年海港货物吞吐量达 6.54 亿吨(不含过境货物),集装箱量达 1 935 万标准箱,以捕捞和海产品加工为主的水产出口达 86 亿美元,水产品总产量达 815 万吨。② 因此,蓝色经济成为中国—东盟可持续发展的重要支柱。2021 年,中国对东盟全行业直接投资 143.5 亿美元,投资目的国排在前三位的为新加坡、印尼、马来西亚;东盟对中国实际投资金额达 105.8 亿美元,投资来源国排在前三位的为新加坡、泰国、马来西亚。③ 中国与东盟货物贸易额达 8 782 亿美元,同比增长 28.1%。其中,中国对东盟出口额为 4 836.9 亿美元,同比增长 26.1%;从东盟进口额为 3 945.1 亿美元,同比增长 30.8%。④ 2022 年,中国与东盟经贸进出口规模达到 6.52 万亿元,增长 15%,其中出口额为 3.79 万亿元,增长 21.7%,进口额为 2.73 万亿元,增长 6.8%,进出口规模占 RCEP 重要贸易伙伴进出口规模的 50.3%,上述经济行为主要通过海洋途径和海洋产业实现。⑤

第二节　逐步重视绿色发展倡议,
但海洋保护合作成效有限

《蓝色伙伴关系原则》提出要保护海洋生态,采取一切可能的措施保护海洋生态系统,防止并扭转海洋生态退化,共同开展海洋生态系统监测,支持实

---

① 程晓勇."一带一路"背景下中国与东南亚国家海洋非传统安全合作[J].东南亚研究,2018(1):99.

② 越南实施海洋经济战略取得积极成果[EB/OL].(2021 - 05 - 17)[2023 - 11 - 01]. http://vn.mofcom.gov.cn/article/jmxw/202105/20210503061693.shtml.

③ 雷小华.中国—东盟建立对话关系 30 年:发展成就、历史经验及前景展望[J].亚太安全与海洋研究,2022(1):61.

④ 《东南亚纵横》编辑部.东南亚地区形势 2020—2021 年回顾与展望——专家访谈录[J].东南亚纵横,2021(1):5.

⑤ 朱锋,倪桂桦.拜登政府对华战略竞争的态势与困境[J].亚太安全与海洋研究,2022(1):1.

施基于自然的解决方案①,促进典型海洋生态系统的保护修复,建立和有效管理海洋自然保护地网络,恢复和维持海洋生态系统的健康、服务功能及价值。积极推动海洋领域应对气候变化的合作,加强针对海平面变化、海洋缺氧、海洋酸化、海洋升温及热浪、极地冰雪融化、海气交换与全球碳循环等的研究合作。联合开展海洋观监测、预警预报及防灾减灾的信息技术合作与共享,充分挖掘滨海栖息地等生态系统的防灾减灾功能,共同提供公共服务产品。提出要防治海洋污染,通过开展切实可行的行动,尽量减少非必要一次性塑料制品的使用,促进海洋垃圾尤其是微塑料的治理,控制并减轻倾废,防治陆地活动、船舶及其他海上设施对海洋造成的污染,降低水下噪声对海洋生物的侵害。提出维护代际公平,从海洋中创造出经济利益的同时,充分考虑后代人利用海洋资源和享有海洋空间的权利与机会,为后代保存好健康、清洁、优美的蓝色家园。

一、对海洋生态保护态度不一

海洋是一个相互连通的整体,任何污染均可能会扩散到周边海域,一些污染防治难、持续性强、扩散范围广、危害大,任何国家都无法单独解决污染防治和海洋生物资源养护等问题。② 随着经济社会发展和人类活动不断扩张,海洋生物生存环境遭到破坏,渔业资源被过度捕捞,部分海洋资源趋于枯竭,目前南海环境状况正不断恶化。③ 对此,中国倡议进一步加强政策对话和务实合作,共同落实好《中国—东盟环境合作战略及行动计划(2021—2025)》,实施好中国—东盟清洁能源能力建设计划,加大新能源投资力度,合理推动能源产业和经济结构转型升级,共同建设清洁能源科技合作平台,打造绿色工业园区,加强红树林保护等合作,助力维护全球与区域生物多样性,促进应对气候变化与生态环保知识共享。对待中国倡议,东盟国家总体能响应并参与其中,东盟与中国重点推进环境政策、环境可持续发展、城市环境管理能力建设、联合研究等领域的交流与合作。④ 东盟设立专门的沿海和环境工作组对海洋环

① 李政一.国家治理现代化视野下的海洋强国建设研究[D].齐鲁工业大学,2021.
② 王腾飞.以海洋环境保护促成南海合作[J].世界知识,2020(16):62.
③ 王腾飞.以海洋环境保护促成南海合作[J].世界知识,2020(16):62.
④ 梁莎莎,陈英豪,施川.中国—东盟环境合作新方向:共同解决海洋塑料垃圾[J].环境与可持续发展,2020(5):206.

境事务进行管理协调,建立完善的近海海域综合管理体制,着力推进生态旅游、生态保护、海岸沼泽和海岸退化治理等工作。[①] 东盟各个国家根据本国实情参与其中,但对待蓝色伙伴关系中的海洋保护合作相对保守,态度不够积极。虽然东盟各国为保护海洋环境纷纷设立海洋保护区,但由于缺乏相应的法律和机制保障,海洋保护区仅有 10%～20% 得到了有效管理。[②] 据相关研究显示,受油气资源开发以及污染泄漏等影响,南海地区 70% 的红树林消失,超过 80% 的珊瑚礁严重退化。非法捕鱼活动愈演愈烈,南海渔业资源急剧衰退,部分鱼种更是濒危。[③]

柬埔寨积极响应蓝色伙伴关系中的海洋生态保护。2022 年柬埔寨举办第 16 届世界最美海湾组织大会,并通过让与会代表种植红树林幼苗来带动海洋环境保护。据柬埔寨西哈努克省省长郭宗仁介绍,红树林有"海岸卫士""海洋绿肺"之称,在净化海水、防风消浪、固碳储碳、维护生物多样性等方面发挥着重要作用,也为鱼、虾、蟹、贝类等生物提供生长繁殖场所。但柬埔寨在蓝色伙伴关系海洋生态保护方面所作的努力比较有限,柬埔寨环境部副部长、国务秘书伊昂·索法莱斯表示,柬埔寨在解决海洋和沿海地区生态系统问题道路上步履维艰。

马来西亚积极参与蓝色伙伴关系中的海洋生态保护,马来西亚重视海洋生态保护,拥有世界上最丰富的海洋生态系统。为保护海洋生态,马来西亚向联合国教科文组织申请将"停泊岛"称为"世界海洋公园",该岛以周边围绕美丽的海底世界著称,成为全球唯一一个真正在海底的海洋公园。同时,赋予海岛度假区环保任务,如沙巴加雅岛上的生态度假村为保护珊瑚、海龟等海洋生物的多样性采取系列保护措施,引领沙巴周围水域保护工作。

菲律宾注重蓝色伙伴关系中的海洋生态保护,重视珊瑚礁保护,启动了大量珊瑚礁调查与保护工作,其中包括与中国合作的南海珊瑚礁保护。中国太平洋学会理事会、联合国教科文组织、联合国环境规划署、联合国开发计划署前官员蒋逸航表示:菲律宾的珊瑚系统属于珊瑚三角区的一部分,在这一地区,鱼类、珊瑚和许多其他生物的数量至少比在加勒比海、塔希提岛或夏威夷

---

① 杨振姣,闫海楠,王斌.中国海洋生态环境治理现代化的国际经验与启示[J].太平洋学报,2017(4):81.

② 王腾飞.以海洋环境保护促成南海合作[J].世界知识,2020(16):62.

③ 王腾飞.以海洋环境保护促成南海合作[J].世界知识,2020(16):62.

岛发现的数量多 3 倍至 5 倍。[①]

　　新加坡对蓝色伙伴关系中的海洋生态保护高度重视,积极参与。新加坡作为推进经济发展和维护海洋生态系统平衡的国家之一,是保护海洋生态少有的先行者,其早在 2016 年即制定海洋科学研究与发展计划,资助减弱海洋酸化、恢复珊瑚礁环境、设计海堤以增强生物多样性等研究。新加坡与中国在海洋生态方面具有多领域合作,比如中新天津生态城是中国、新加坡两国政府的重大合作项目[②],是世界上第一个国家间合作开发的生态城市。两国在海洋生态修复与监测、海洋环境调查观测等领域深入合作,携手守护海洋生态。

　　泰国积极参与蓝色伙伴关系中的海洋生态保护,制定渔业管理总体规划,提出要扩大当地渔业保护区面积,促进水生动物繁殖,限制和禁止使用破坏性捕鱼方式[③],有效促进了海洋生态环境保护,还与中国建立中泰气候与海洋生态联合实验室,两国开展布氏鲸保护合作。泰国海洋与海岸资源局渔业研究专家帕查拉朋表示,泰中两国建立合作关系非常重要,保护布氏鲸不是单纯只保护这一物种,也是保护其他海洋资源,布氏鲸生活的海洋生态环境和海岸环境是相辅相成的。

　　缅甸重视参与蓝色伙伴关系中的海洋生态保护,但受缅甸国内形势影响,中国与缅甸在海洋生态保护方面的合作有限。2022 年,缅甸自然资源和环境保护部环境保护司副司长山乌在中国—东盟应对气候变化与生态环境对话和中国—东盟环境合作论坛上表示,希望未来各方充分利用中国—东盟环境保护合作机制这一重要对话平台,共同推动区域生态环境合作。

　　印尼对蓝色伙伴关系中的海洋生态保护合作态度较为消极。印尼是世界上红树林面积最大的国家,但印尼大肆砍伐树木以获取木材、木炭等,导致过去 30 年损失了 40％的红树林;印尼的珊瑚面积占全球珊瑚总面积的 1/8,但经历多次大范围的珊瑚白化事件,部分地区的珊瑚已枯竭。目前,印尼政府已采取措施保护海洋生态,但成效较为有限,4/5 的红树林以及一半的海草床、珊瑚礁都位于保护区之外,红树林、海草床、珊瑚礁作为维持/平衡海洋生态系

　　① 菲律宾珊瑚礁系统保护与可持续发展[EB/OL]. (2022 - 08 - 29)[2024 - 08 - 15]. https://caijing. chinadaily. com. cn/a/202208/29/WS630c6051a3101c3ee7ae60dc. html.
　　② 宜居宜业宜游. 中新天津生态城[N]. 人民日报,2022 - 11 - 25(8).
　　③ 杨振姣,闫海楠,王斌. 中国海洋生态环境治理现代化的国际经验与启示[J]. 太平洋学报,2017(4):81.

统的重要载体,是海洋生物、鱼类的栖息地,其被破坏制约了海洋生态保护能够取得的成效。

文莱对蓝色伙伴关系中的海洋生态保护较为消极,目前在海洋生态环境保护中的行动举措不多。① 文莱广西总商会会长郑作亮说,文莱有非常优质的海洋生态,广西有丰富的海产品养殖技术,广西可以和文莱一起探讨合作发展海洋产业。

二、海洋污染防治力度有限

海洋污染防治是蓝色伙伴关系的重要内容之一,也是当前东盟国家面临的重要问题。全球塑料污染排放规模不断扩大,截至2020年,全球总共大约有5.25万亿个塑料碎片,大约有26.9万吨的塑料污染物漂浮在海洋中,其中东盟国家的排放量位居前列。联合国副秘书长阿尔米达·阿里沙赫巴纳称,东盟是世界上海洋塑料污染最严重的地区。因此,东盟国家对中国蓝色伙伴关系中的海洋污染防治合作总体支持,决心与中国携手加强海洋污染防治合作,特别是塑料垃圾污染的治理②,积极落实第四届联合国环境大会关于海洋塑料的声明。2018年11月,在东亚峰会发布《关于共同治理海洋塑料垃圾的声明》。同月,在第21次东盟与中日韩(10+3)领导人会议上提出《海洋垃圾行动倡议》,建立包括政府、私营部门、国际组织、研究机构、金融机构和社区等利益攸关方参与的合作平台③,开展沿海城市海洋塑料(微塑料)污染、影响、监测方法及防治,陆源污染管控与近岸生物多样性保护案例等方面的联合研究,组织中国—东盟国家沿海城市实施社区减塑以及捡拾等海洋清洁行动,有效提升海洋塑料减排的效益。第34届东盟峰会通过的"曼谷宣言"承诺在国家和地区层面减少海洋垃圾,这是东盟首次以宣言的形式,集体表达对海洋垃圾问题的关切,表明他们决定采取更全面的海洋治理方案,提高公众的环保意识。2021年,东盟启动《2021—2025年应对海洋塑料垃圾的行动计划》,通过

---

① 郑苗壮,刘岩,裴婉飞.论我国海洋生态环境治理体系现代化[J].环境与可持续发展,2017(1):37.

② 李道季,朱礼鑫,常思远.中国—东盟合作防治海洋塑料垃圾污染的策略建议[J].环境保护,2020(23):62.

③ 中国人民政治协商会议第十三届全国委员会提案委员会关于政协十三届四次会议提案审查情况的报告[EB/OL].(2021-03-10)[2024-08-15].https://www.gov.cn/xinwen/2021-03/10/content_5592103.htm.

符合国家议程的地区行动,做出更强有力的新承诺,致力于应对东盟所面临的最严峻的环境挑战之一,这一计划成为东盟解决海洋塑料垃圾问题的重要里程碑。但同时,该宣言主要是概括性想法,东盟不同国家均将以自己的方式实现海洋污染防治目标。柬埔寨、印尼、马来西亚、新加坡、泰国和越南均参加了联合国环境规划署与东亚海协作体(COBSEA)海洋垃圾区域行动计划,印尼还参与签署 G20"海洋蓝色愿景",目标是 2050 年前将新增海洋塑料垃圾量降为零。[①] 但东盟国家进口的塑料垃圾和电子垃圾占全世界的四分之一,已成为西方国家塑料垃圾的主要倾销地,在海洋污染防治力度方面仍然较为有限。

越南在海洋污染防治上态度积极,在解决塑料污染问题方面一直处于领先地位。其参加了联合国环境规划署与东亚海协作体海洋垃圾区域行动计划[②],确定到 2025 年将海洋塑料垃圾减少 50％,到 2030 年减少 75％,到 2026 年禁止国内生产和进口塑料袋,到 2031 年禁止生产和进口一次性塑料制品,停止颁发新的废品进口许可证,严厉打击非法运输"洋垃圾"行动。越南自然资源与环境部海洋与岛屿总局副局长范秋姮女士表示,越南政府充分意识到解决生态系统退化问题,特别是海洋塑料污染的重要性,重申落实有关海洋塑料垃圾、蓝色经济、海洋和沿海地区规划、海洋保护区等倡议,推进海洋和海岸生态系统保护工作。

新加坡对海洋污染防治态度积极。新加坡永续发展与环境部 2022 年 6 月发文指出,全球海洋垃圾污染问题日趋严重,推出了首个针对海洋垃圾的全国行动战略,采取措施防止源自陆地的垃圾流入大海,防止船舶和岸外设施把垃圾丢在海里,采用循环经济方式从源头防止制造垃圾,运用科学和技术进行研究与开发,通过参与国际合作解决跨境海洋垃圾问题,推广和加强宣导活动并支持利益相关方参与,动员全国民众、公共和私人机构采取全面的集体行动,整治海洋污染问题。

柬埔寨逐步提高对海洋污染防治重要性的认识。针对西哈努克海港查获83 个进口的垃圾集装箱事件,首相洪森表示,柬埔寨不是任何废物的倾倒场,绝不允许进口任何种类的塑料废物或其他可回收物。柬埔寨国家海岸带管理

---

① 东盟启动《应对海洋塑料垃圾的行动计划》[EB/OL]. (2021 - 05 - 30)[2024 - 08 - 15]http://asean. mofcom. gov. cn/article/jmxw/202105/20210503066168. shtml.

② 李道季,朱礼鑫,常思远. 中国—东盟合作防治海洋塑料垃圾污染的策略建议[J]. 环境保护,2020(23):62.

和开发委员会副秘书长金农说,现在面临的问题就是海洋微塑料污染,柬埔寨已经意识到海洋微塑料问题是十分严重的威胁,而且越来越严重,但柬埔寨每年仍有大量塑料袋被倒进海洋。

印尼逐步重视海洋污染防治。印尼承诺大幅度减少海洋塑料垃圾,决心在 2025 年将本国海洋塑料垃圾减少到 75%[①],环保团体 ECOTON 建造了塑料垃圾博物馆以提示人们塑料垃圾漂流和污染海洋带来的危害。美国学者估算印尼城市固体废物产生总量约为 3 850 万吨,年平均未管理塑料垃圾量为 322 万吨,被列为海洋塑料垃圾的亚洲主要贡献者之一。[②] 印尼海洋事务统筹部部长顾问塔库·拉米尤·阿迪称,印尼主要有 6 种鱼类,目前都已经受到了塑料污染。

马来西亚重视海洋污染防治,参加了联合国环境规划署与东亚海协作体海洋垃圾区域行动计划,停止颁发新的塑料垃圾进口许可证。[③] 马来西亚理科大学教授陈思憓说,希望各国政府间通力合作,开启长期监测机制,建立跨学科、跨国界研究,共同制定政策并完成监管。但马来西亚进行的海洋污染防治行动比较有限,目前马来西亚年平均未得到妥善处理的塑料垃圾量为 322 万吨。

泰国对海洋污染防治态度积极。有数据显示,泰国海洋垃圾总量高达 2 700 万吨,过去 10 年平均每年产生 200 万吨海洋塑料垃圾,其中能够被有效回收的约占 50%,泰国向海洋排放的垃圾量位居世界前列。[④] 据泰国海洋与海岸资源研究与发展中心主任娜鲁莫·康卡尼楠介绍,很多垃圾对地区、群岛国家造成海洋碎片污染,泰国也面临海洋漂浮垃圾的威胁,每年成百上千的海洋生物由于碎片而搁浅、丧生。对此,泰国积极组织海洋污染防治工作,泰国公开表态,拒绝当发达国家的"垃圾回收站",着手制定更为严厉的垃圾进口管制措施。泰国组织召开第 34 届东盟峰会,一致通过关于治理海洋垃圾的《曼谷宣言》,誓将共同行动以减少区域内的海洋垃圾。在泰国政府主办的东盟海

---

① SUTIKNO(苏壮).印尼海洋塑料垃圾污染法律问题研究[D].东北林业大学,2021.

② 梁莎莎,陈英豪,施川.中国—东盟环境合作新方向:共同解决海洋塑料垃圾[J].环境与可持续发展,2020(5):206.

③ 李道季,朱礼鑫,常思远.中国—东盟合作防治海洋塑料垃圾污染的策略建议[J].环境保护,2020(23):62.

④ 梁莎莎,陈英豪,施川.中国—东盟环境合作新方向:共同解决海洋塑料垃圾[J].环境与可持续发展,2020(5):206.

洋垃圾治理部长级特别会议扩大会议上,泰国表示愿继续同东盟携手合作,加强海洋垃圾防治领域的政策对话、信息共享、技术交流、项目合作、能力建设和联合研究,积极推进区域国际合作,为全球海洋生态环境治理作出贡献。[①]

缅甸对海洋污染防治态度积极。缅甸国际合作部原部长哥哥莱在"中国—印度洋地区发展合作论坛"上指出,缅甸愿在海洋环境保护、海洋垃圾清理和塑料污染防治等领域开展蓝色经济合作,十分渴望成为环印度洋区域合作联盟的成员国。但缅甸在海洋污染防治合作上的行动较为有限,官方层面组织海洋污染防治的举措较少,目前缅甸海岸一带平均每平方公里海水就含有28 000个微塑料。

文莱对海洋污染防治态度积极。在中国—东盟环境合作论坛上,文莱发展部环境、公园及休闲司环境官员法克鲁奈谈道,文莱就解决海洋垃圾及管控方面的问题制定了四个主要目标:一是政策的制定和支持;二是科研创新和能力建设;三是公众的参与;四是社会其他各界的参与。文莱制定了控制塑料袋使用的规定,在2019年,大部分参与的商户已经完全摒弃了一次性使用的塑料袋。同时,开展清理河道的行动,对河道流域飘浮的垃圾进行定期处理,也对水面上建筑和房屋底下大量的垃圾进行有效的清理,并呼吁更多的公众参与到整治行动中来。[②]

菲律宾对海洋污染防治态度消极。菲律宾国会曾有五项关于禁止一次性塑料的法案,但均未通过。[③]菲律宾虽然已建立1 500余个海洋保护区,覆盖面积达10 720余平方公里,但其关心的问题是现存海洋保护区是否能实现海洋多样性保护及渔业产能扩大的目标。[④]因此,菲律宾在海洋污染防治方面仍存在较大不足,据全球反垃圾焚烧联盟公布的数据,菲律宾日均制造的一次性塑料垃圾高达1.63亿件,每天制造约6 230吨塑料,每年排放的塑料污染超过35.6万吨,其中81%存在着处置不当问题,其每年排放的塑料污染居世界首位。[①]

三、对应对气候变化想法各异

气候变化在全球范围内造成了规模空前的影响,天气模式改变导致粮食生产面临威胁,海平面上升造成发生灾难性洪灾的风险也在增加,越来越受到各国重视[②],特别是东盟的人口和经济活动集中在沿海地区,受洪水、干旱和海平面上升等气候变化影响最为严重。气候变化已经成为东盟实现区域长期稳定的重大威胁。应对气候变化是蓝色伙伴关系的重要内容之一,是当前东盟国家面临的重要环保问题。中国高度重视应对气候变化,发布《中国应对气候变化的政策与行动》白皮书,实施一系列应对气候变化的战略、措施和行动,参与全球气候治理,不断提高削减碳排放强度的幅度,不断强化自主贡献目标,截至 2022 年 7 月,中国已累计安排超过 12 亿元人民币用于开展包括东盟在内的气候变化南南合作,以最大努力提高应对气候变化的力度。2020 年 9月 22 日,中国国家主席习近平在第七十五届联合国大会一般性辩论上郑重宣示,中国将提高国家自主贡献力度,采取更加有力的政策和措施,努力争取使二氧化碳排放于 2030 年前达到峰值,于 2060 年前实现碳中和。对此,东盟国家积极响应中国倡议,与中国共同建立成熟的政策对话机制,在高层政策对话、生物多样性和生态保护、环保产业与技术、联合研究等方面开展了各种合作活动[③],积极参与中国主导建设的能源合作平台、"一带一路"能源部长会议、国际能源变革论坛、中国—东盟灾害管理部长级会议等活动,在与中国的气候合作中体现务实作风。特别是在中国—东盟应对气候变化与生态环境对话和 2022 中国—东盟环境合作论坛中,东盟国家展商与中国共签约 10 个绿色环保产业项目,19 家环保企业和科研机构签署战略合作协议,碳中和与国土空间优化重点实验室北部湾中心成立,助力地区环保领域的国际治理合作。根据《东盟能源合作行动计划(APAEC)》(2021—2025),东盟国家将在 2025

---

① 梁莎莎,陈英豪,施川. 中国—东盟环境合作新方向:共同解决海洋塑料垃圾[J]. 环境与可持续发展,2020(5):206.

② 国际清洁空气蓝天日[EB/OL]. [2024 - 08 - 15]. https://www.un.org/zh/observances/clean-air-day.

③ 薛桂芳."一带一路"视阈下中国—东盟南海海洋环境保护合作机制的构建[J]. 政法论丛,2019(6):74.

年实现能源强度在 2005 年水平基础上降低 32％的整体减排目标,并使可再生能源在东盟一次能源供应总量中达到 23％,在发电装机总容量中达到 35％。但东盟各个国家因各国国情不一,对中国蓝色伙伴关系气候合作所持态度不同,在气候合作方面开展的行动、取得的效果也有所不同。[1]

東埔寨对蓝色伙伴关系气候合作态度积极。東埔寨低碳示范区已成为中国在发展中国家开展的低碳示范区项目之一,目前已获得中国 200 套光伏发电系统、2 800 个太阳能路灯、10 套环境监测设备和 200 辆电动摩托车援助,与中国共同编制低碳示范区建设方案,以提高应对气候变化能力,得到東方社会各层的高度评价。[2]東埔寨环境部环境知识和信息总司司长乔·帕里斯表示:"西港使用绿色能源后,不仅供电稳定,而且低碳环保,西港民众真切感受到了低碳示范区建设带来的好处""中国援助的绿色光源帮助東埔寨迈出了应对气候变化的重要一步"。[3]

印尼对蓝色伙伴关系气候合作态度积极。印尼向联合国提交了应对气候变化的最新国家自主贡献目标,设定了到 2060 年实现净零排放的目标。印尼海事与投资事务统筹部部长卢胡特·本萨尔·潘贾坦表示,印尼能在 2060 年甚至更早的时间实现净零排放这一目标,他对此感到十分乐观,并表示为了实现从煤炭向可再生能源的转型,印尼政府需要投资 1.165 万亿美元。[4]联合国格拉斯哥气候变化大会主席阿洛克·夏尔马称印尼为"气候超级大国",对印尼政府在减少排放方面取得的进展和雄心表示高度赞赏。

马来西亚对蓝色伙伴关系气候合作态度积极。马来西亚环境及水务部副部长奥斯曼参加中国—东盟应对气候变化与生态环境对话和 2022 中国—东盟环境合作论坛时表示,中国—东盟环保合作和中国—东盟可持续发展合作取得丰富成果,希望以本次活动为契机,调动各方力量和资源,加强双方在应

① 龚信. 中国和东盟应对气候变化合作前景广阔[N]. 光明日报,2022-11-01(16).
② 中東应对气候变化南南合作低碳示范区第二批物资援助项目合作谅解备忘录在東签署[EB/OL].(2022-11-12)[2024-08-15]. https://www.mee.gov.cn/ywgz/ydqhbh/qhbhlf/202211/t20221112_1004585.shtml.
③ 应对气候变化南南合作有实效[EB/OL].(2022-01-17)[2024-08-15]. https://www.mee.gov.cn/ywgz/ydqhbh/qhbhlf/202201/t20220107_966426.shtml.
④ Indonesia joins UN-led Energy Compacts, commits US $122 billion to SDG7 and net zero[EB/OL].(2024-02-01)[2024-08-15]. https://indonesia.un.org/en/259291-indonesia-joins-un-led-energy-compacts-commits-us-122-billion-sdg7-and-net-zero.

对气候变化和生态环境领域的政策对话、能力建设以及技术合作,推动中国—东盟环境保护合作走深走实。在第 26 届联合国气候变化缔约方大会上,马来西亚提出将地球温度上升限制在 1.5℃的目标,作出了 2050 年净零排放的承诺,其在碳排放方面的承诺领先于东南亚其他国家。①

越南对蓝色伙伴关系气候合作态度积极,与中国的海洋气候合作具有广阔的空间。越南是最早将减少温室气体排放任务纳入法律体系的国家之一,是号召国内全体人民减少温室气体排放的发展中国家之一。在第 26 届联合国气候变化缔约方大会上,越南政府总理范明政率领越南高级代表团出席,展现越南与国际社会携手应对气候变化的决心。越南颁布了 2021—2030 年阶段适应气候变化的国家计划并展望 2050 年,其目标是通过增强社区、各经济成分和生态系统的抵抗力和适应能力,推动将适应气候变化整合到各种战略、规划体系之中等,来减轻在气候变化冲击下的易受伤害性和风险,其更新了《国家自主贡献方案》,决定到 2030 年把温室气体排放总量降至 9%,提升对应对气候变化的贡献率,受到《联合国气候变化框架公约》秘书处的高度评价。②

新加坡对蓝色伙伴关系气候合作态度积极。新加坡虽然是各方面体量都不大的小国,但新加坡在低碳、绿色发展方面是走在世界前列的。新加坡政府于 2021 年公布了 2030 年绿色发展蓝图,为城市绿化、可持续生活和绿色经济各方面梳理和制定明确目标。新加坡与中国积极加强绿色低碳合作,新加坡与中国政府部门签署推动绿色发展领域投资合作的谅解备忘录,推进绿色发展增效。与中国组织在能源转型、清洁能源技术、工业绿色低碳发展等领域的交流合作,深化气候领域双、多边合作机制。③

泰国对蓝色伙伴关系气候合作态度积极。泰国提出 2030 年前将温室气体年排放量减少 20%～25%,到 2065 年实现碳中和。泰国自然资源和环境部部长瓦拉乌特表示:"泰国政府认为,气候变化是最令人担忧的问题之一。

① 中国—东盟应对气候变化与生态环境对话和 2022 中国—东盟环境合作论坛在南宁开幕 [EB/OL].(2022 - 09 - 15)[2024 - 08 - 15].https://www.mee.gov.cn/xxgk/hjyw/202209/t20220915_994080.shtml.

② 越南国会通过关于越南《2021—2030 年国家总体规划和 2050 年愿景》的决议[EB/OL].(2023 - 01 - 11)[2023 - 11 - 01].http://hochiminh.mofcom.gov.cn/article/jmxw/202301/20230103378622.shtml.

③ 王勤.新加坡的城市可持续发展路径研究[J].人民论坛,2022(10):105 - 107.

有研究结果表明,目前世界各国在减缓气候变化方面的努力尚不足以稳定全球气候状况。泰国作为《巴黎协定》的缔约方之一,决心加紧努力以实现《巴黎协定》制定的目标。"他说,泰国是东南亚国家中最早制定降低温室气体排放"路线图"的国家之一,泰国有信心在截止日期前实现此次制定的碳中和目标。泰国与中国具有诸多气候合作项目,比如中泰气候变化国际合作项目(NSFC-TRF)已取得较好成效。①

文莱对蓝色伙伴关系气候合作态度积极。文莱着眼打造低碳生活,发布应对气候变化十大策略,从减少工业排放、增加森林覆盖、利用可再生能源、加强电源管理、实施碳定价、减少废物量、普及电动汽车、提高适应气候变化能力、监控并报告碳排放量、强化认知教育等方面做好应对气候变化的工作。2021年,文莱担任东盟轮值主席国,该年正值中文建交和中国与东盟建立对话关系30周年,双方以"双30周年"为契机展开全领域合作,文莱对中国提出的倡议给予积极支持。②

老挝对蓝色伙伴关系气候合作态度积极。与中国合作建设低碳示范区,深入推进中老气候合作。2020年7月,中国生态环境部与老挝自然资源与环境部正式启动低碳示范区建设工作,中老双方共同编制完成低碳示范区规划方案;2022年4月,中老应对气候变化"南南合作"万象赛色塔低碳示范区揭牌暨新能源车项目交付仪式以视频方式举行,中国向老挝援助12辆新能源客车、8辆新能源卡车、8辆新能源环境执法车。赛色塔低碳示范区的正式揭牌,标志着示范区建设进入了新阶段,为中老应对气候变化合作揭开了新篇章。③

菲律宾对蓝色伙伴关系气候合作态度消极。菲律宾是遭受洪水、台风等极端天气影响的重灾区。菲律宾民调机构社会气象站公布的一项调查报告显示,过去3年,超过九成的菲律宾人感受到气候变化带来的影响。此外,气候变化叠加厄尔尼诺现象,导致菲律宾遭遇严重供水危机。根据菲律宾国家水

---

① 杨帆.泰国将在格拉斯哥气候变化大会上宣布碳中和目标承诺[EB/OL].(2021-11-01) [2024-08-15]. https://s.cyol.com/articles/2021-11/01/content_kvWbzGh4.html? gid = 7ro6ezly.

② 文莱打造低碳生活、应对气候变化十大策略[EB/OL].(2021-10-07)[2023-11-01]. http://bn.mofcom.gov.cn/article/jmxw/202110/20211003205080.shtml.

③ 中国—文莱"双30年"迎来广阔发展前景[EB/OL].(2021-03-08)[2023-11-01]. http:// world.people.com.cn/n1/2021/0308/c1002-32045807.html.

资源委员会的数据,多达1 100万菲律宾人无法获得清洁用水。①

缅甸对蓝色伙伴关系气候合作态度消极。虽然缅甸前期通过《缅甸可持续发展规划》,把应对气候变化的行动直接纳入其规划范畴,但由于近年来缅甸政局突变、社会不安定,缅甸对蓝色伙伴关系气候合作总体上缺乏实际行动。近年来缅甸发生的洪灾、旋风、旱灾次数有所增长,造成大量人员死伤、基础设施被破坏、财产损失、经济受到冲击等严重后果,气候变化已经成为缅甸发展公认的重要威胁。②

第三节　极力谋求扩大利益,海洋治理合作存在分歧

《蓝色伙伴关系原则》对海洋治理合作发出重要倡议,贡献解决方案,努力把合作引导到有助于实现各国际涉海公约、条约及其他文书所确立的可持续发展目标的方向,提升海洋合作的效率和解决问题的针对性;提出坚持开放包容,秉持求同存异原则,尊重伙伴间发展阶段不同、治理模式差异、利益诉求多元、传统特色各异的多样性存在,促进形成更加开放包容、更具灵活性的新型海洋合作关系;提出融合多方参与,欢迎国家、政府间国际组织、非政府组织、地方政府、科研机构、企业积极参加蓝色伙伴关系,促进海洋问题解决方案的普适、民主与科学;提出开展共同行动,与各国和利益攸关方通力合作,加强伙伴间的沟通与协调,增进共识,提升社会对海洋的关注,通过分享海洋知识、最佳实践、经验教训,开展形式多样的合作行动;提出推进公正治理,坚持遵循以《联合国海洋法公约》为核心的国际性、区域性国家法律和其他相关制度框架,坚持共商、共建、共享,使保护和可持续利用海洋和海洋资源的制度安排及活动项目反映大多数国家的意志和利益,推进海洋治理机制更加公正合理;提出共享发展成果,在尊重知识产权的基础上公布行动信息及其对社会、环境和经济的影响,公开本原则推动实施的进展情况,保障蓝色伙伴关系的公开、透明,使蓝色发展成果更多地惠及全球人民。中国在上述原则的倡议中积极发挥建设性作用,总体得到东盟国家的积极支持,但也存在东盟国家谋求扩大自身利

---

① 中国—文莱"双30年"迎来广阔发展前景[EB/OL].(2021-03-08)[2023-11-01].http://world.people.com.cn/n1/2021/0308/c1002-32045807.html.
② 菲律宾众议院通过气候法案[N].法治日报,2023-12-04(6).

益、合作中存在诸多分歧等问题。

一、总体上为维护南海和平稳定加强对话沟通

中国提出全球发展倡议、全球安全倡议和全球文明倡议,坚定维护以联合国为核心的国际体系,坚定维护以国际法为基础的国际秩序,坚定维护以《联合国宪章》宗旨和原则为基础的国际关系基本准则,坚持同直接有关当事国在尊重历史事实的基础上,根据国际法谈判协商、和平解决南海有关争议,[①]推动尽早建立符合地区实际、具有地区特色的南海沿岸国合作机制,朝着把南海建成和平之海、友谊之海、合作之海的目标持续努力。对此,东盟国家能够认识到维护南海和平稳定符合中国与东盟国家的共同利益,也是中国与东盟国家的共同责任。为维护南海和平稳定,中国和东盟十国于 2002 年在柬埔寨金边签署《南海各方行为宣言》,确立了"由直接有关的主权国家通过友好磋商和谈判,以和平方式解决领土和管辖权争议"的原则,这是中国与东盟国家就南海问题签署的首份政治文件,确立了中国与东盟处理南海问题的基本原则和共同规范,为中国与东盟国家求同存异、排除干扰、相向而行提供了"保障绳"。面对新形势,中国和东盟国家依据《南海各方行为宣言》共同推进"南海行为准则"磋商,探索制定由地区国家主导的海上规则和制度安排,进一步拓展海上合作领域,在海洋环保、科研、搜救、生物资源养护等方面提出更多可积极作为的"正面清单",为南海和平稳定提供更强有力的制度保障。近年来,中国和东盟国家开创性地提出并推进"双轨思路",由直接当事国在尊重历史事实和国际法的基础上,通过谈判解决具体争议,由中国和东盟国家共同维护地区稳定,探寻地区国家在南海问题上的"最大公约数",实践证明这是妥善处理南海问题的有效路径,中国与东盟走出了一条睦邻友好、合作共赢的光明大道,引领经济一体化,促进共同发展繁荣,正成为日益紧密的命运共同体,为推动人类进步事业作出了重要贡献。

在中国—东盟建立对话关系 30 周年纪念峰会上,东盟各国领导人表示,东盟国家愿同中方共同维护多边主义、多边贸易体制以及公认的国际法原则,

---

①　杨洁篪. 坚定维护和践行多边主义 坚持推动构建人类命运共同体[EB/OL]. (2021 - 02 - 21)[2024 - 08 - 16]. https://www. mfa. gov. cn/web/ziliao_674904/zyjh_674906/202102/t20210221_9870757. shtml.

携手促进区域经济一体化,共同应对全球性挑战,实现绿色可持续发展。东盟愿同中方共同努力,加强推进全方位合作,迎接东盟和中国关系更加美好的30年,为地区和平、稳定和繁荣作出更大贡献。老挝、柬埔寨、缅甸、菲律宾、泰国、印尼等东南亚国家的10多个政党向中共中央对外联络部表示,支持由南海争议直接当事方通过对话协商解决彼此分歧,共同维护南海地区的和平稳定,反对外部势力干涉本地区事务。①

柬埔寨大力支持蓝色伙伴关系海洋治理合作,是首个与中国签署构建命运共同体行动计划的国家②,在涉及中国核心利益的问题上仗义执言,坚定站在中国一边,坚持维护公平正义,表示愿在双、多边层面就落实全球发展倡议加强合作,共同落实联合国《2030年可持续发展议程》,支持中方提出的全球安全倡议,愿同中方一道努力开展全球安全治理,实现共同、综合、合作、可持续安全。

印尼积极支持蓝色伙伴关系海洋治理合作,表示愿同中方共同通过对话和外交途径维护和平与稳定。印尼愿意与中国一道践行真正的多边主义,统筹安全和发展两大课题,为推进全球治理提供东方智慧、贡献亚洲力量。近年来,中国和印尼深度对接发展战略,携手应对风险挑战③,政治、经济、人文、海上"四轮驱动"的合作新格局持续深化,持续推进雅万高铁建设,加快"区域综合经济走廊"和"两国双园"合作④,续签了"一带一路"与"全球海洋支点"构想合作谅解备忘录⑤,树立了发展中国家命运与共、联合自强、团结合作的典范。

越南赞成蓝色伙伴关系海洋治理合作但存在分歧。越南法文日报《越南邮报》报道称,中国—东盟建立全面战略伙伴关系,有利于和平、安全、稳定、繁荣和可持续发展。中国和越南发表联合声明,将继续推动全面有效落实《南海各方行为宣言》,在协商一致的基础上,早日达成有效、富有实质内容、符合国际法的"南海行为准则";管控好海上分歧,不采取使局势复杂化、争议扩大化

---

① 尹一航,李泽冕,牟金凤. 2020年东南亚十大热点问题[EB/OL]. (2021-01-03)[2024-08-16]. http://taiheinstitute. org/Content/2021/01-03/1856595530. html.

② 翟崑. 克服知行矛盾:中国—东盟合作与地区秩序优化[J]. 太平洋学报,2022(2):1.

③ 中巴经济走廊网络研讨会在印尼举行——探讨三方合作实现共同发展[EB/OL]. (2021-05-04)[2024-08-16]. http://www. gov. cn/xinwen/2021-05/04/content_5604614. htm.

④ 推动中印尼全面战略伙伴关系再上新台阶[EB/OL]. (2018-05-08)[2024-08-16]. http://politics. people. cn/n1/2018/0508/c1024-29970113. html.

⑤ 门洪华,李次园. 中国—印尼伙伴关系升级的战略分析[J]. 2021(3):93.

的行动,维护南海和平稳定,促进海上合作。①

　　新加坡支持蓝色伙伴关系海洋治理合作。新加坡前驻华大使罗家良接受新华网专访时表示,一些全球性挑战需要多国携手合作,没有任何一个国家可以自行解决这些问题。国与国的交往也存在诸如规则和标准等问题,这些都需要新加坡和中国等国家合作制定。

　　泰国支持蓝色伙伴关系海洋治理合作。泰国表示支持各方为全面有效落实《南海各方行为宣言》、在更早时间内达成富有实质内涵的"南海行为准则"所付出的努力,赞赏完成"准则"单一磋商文本草案审读,支持开展包括海洋环境保护在内的海上务实合作,将南海打造成和平、稳定、繁荣之海。

　　缅甸支持蓝色伙伴关系海洋治理合作。缅甸领导人多次在不同场合表示,缅甸人民铭记中国在双边和国际层面给予缅方的宝贵理解和支持。2020年缅甸与中国宣布共同构建中缅命运共同体,推动中缅经济走廊从概念规划转入实质性建设。② 2021年双方就构建中缅命运共同体行动计划文本达成原则共识,加快推进皎漂经济特区建设等三端支撑项目和互联互通合作,其中包括海洋治理的内容。特别是中缅启动中国"向阳红06"联合海洋科学调查,在缅甸专属经济区与缅方进行海洋与生态状况联合调查,成为中缅两国全方位深化合作的重大举措。缅甸学者莱瑞温表示,中国在海洋科学调查领域已经位居世界前列,此次联合调查可以使缅甸借助中国同行的仪器设备,更加清楚地了解本国近海海域相关情况,并与中国同行分享相关调查结果。

　　文莱支持蓝色伙伴关系海洋治理合作。文莱愿意通过"双轨渠道"处理南海问题,表示期待与中国继续深化合作,实现各自最大化繁荣,努力达到区域经济成长目标。文莱中国友好协会会长陈家福表示,中国倡议的人类命运共同体就是不去抹黑任何一个民族,互相尊重、认可,互相发展,互相繁荣,每个人都有同等的机会,建造更好的、包容的地球村。

　　菲律宾支持蓝色伙伴关系海洋治理合作但存在分歧。中国和菲律宾联合声明表示,南海争议不是双边关系的全部,同意妥善管控分歧,维护及促进地区和平稳定、南海航行和飞越自由,在《南海各方行为宣言》《联合国宪章》和

　　① 大事记[EB/OL]. http://www.thesouthchinasea.org.cn/events.html.
　　② 中国—东盟商务理事会. 中国与东盟及其成员国经济合作,双边贸易投资势头强猛[EB/OL].
(2021-02-19)[2024-08-16]. https://supplier.alibaba.com/trade/overseas/PX4220DF.htm.

1982年《联合国海洋法公约》的基础上,以和平方式处理争议。双方成立了海警海上合作联合委员会,签署了海警海上合作联合委员会的谅解备忘录,建立、完善海上执法热线沟通机制[①],开展专题研讨、信息交流、能力建设、人员培训等多种形式的务实合作,在优化南海功能性合作、增进中菲政治互信和推动区域海洋治理上发挥了积极作用。

二、东盟部分国家因南海争端对海洋治理合作态度消极

东盟国家均拥有深厚的主权观念。在影响南海地区安全合作的诸多因素中,东盟国家最为主要的关切是害怕失去对宣称的领土的主权,领土争端影响和限制了蓝色关系合作的推进。越南、菲律宾、马来西亚和文莱对中国南海诸岛全部或部分岛礁提出主权要求并非法侵占部分岛礁[②],越南、菲律宾、马来西亚、文莱和印尼与中国的专属经济区和大陆架划界问题产生争议[③],都导致双边、多边关系受到不同程度的影响,这些问题在短期内难以解决,其存在以及间歇性激化还有可能导致双方合作减弱、暂停,甚至倒退。

菲律宾于2015年公开声明对在仁爱礁"坐滩"的军舰进行内部整固,在岛礁上修筑军事设施,企图制造既成事实长期霸占,严重侵犯中国主权。近年来菲律宾多次对中国黄岩岛提出非法领土要求,派军舰闯入黄岩岛附近海域,提出所谓"黄岩岛在菲律宾200海里专属经济区内因而是菲律宾领土"的主张,鼓动并怂恿菲方船只和人员大规模侵入中国黄岩岛海域,严重侵犯中国在黄岩岛海域的主权和主权权利。[④] 菲律宾多次非法抓扣中国渔民并施以非人道待遇,严重侵犯中国渔民的人身和财产安全以及人格尊严,甚至枪击、抢劫中国渔船和渔民,公然践踏基本人权,危害中国公民安全。菲律宾单方面提起所谓的"南海仲裁案",违背中菲之间达成并多次确认的通过谈判解决南海有关争议的共识[⑤],在明知领土争议不属于《公约》调整范围、海洋划界争议已被中国2006年有关声明排除的情况下,蓄意将有关争议包装成单纯的《公约》解释

① 邓颖颖.菲律宾海洋保护区建设及其启示[J].云南社会科学,2018(2):140.

② 王大燕.南海区域渔业合作问题探讨[D].中国海洋大学,2010.

③ 张攀攀.中国—东盟自由贸易区争端解决机制研究[D].云南财经大学,2011.

④ 《中国坚持谈判解决中菲南海有关争议》白皮书(全文)[EB/OL].(2016-07-13)[2024-08-16].https://world.huanqiu.com/article/9CaKrnJWssP.

⑤ 国新办发表中菲南海争议白皮书(双语对照)[EB/OL].(2016-07-14)[2024-08-16].https://language.chinadaily.com.cn/2016-07/14/content_26088742_3.htm.

或适用问题,滥用《公约》争端解决机制,企图借此否定中国在南海的领土主权和海洋权益。① 2024 年年初,菲律宾海警船擅自闯入仁爱礁海域与中国海警船对峙,联合域外的美、日、澳三国在南海搞联合巡航,增加美军驻菲律宾的军事基地,通过媒体渠道煽动国内情绪,在外交场合争取域外势力的声援。② 2月 2 日,菲律宾国防部部长加尔韦斯在马尼拉与到访的美国国防部部长奥斯汀召开联合记者会,宣布达成协议,菲律宾将再向美军开放 4 个军事基地,使美军可以使用的菲律宾军事基地增至 9 个。菲律宾的系列行为严重破坏了与中国的蓝色伙伴关系,制约了双方的合作质效。

1962 年起,南越陆续侵占了南子岛、敦谦沙洲、鸿庥岛、景宏岛、南威岛、安波沙洲,遭到了海峡两岸的强烈反对和抗议。③ 其强行把中国西沙群岛和南沙群岛划入其版图,称为"黄沙群岛"和"长沙群岛",向中国提出南沙岛礁主权要求。④ 此后,越南先后占领中国南沙岛礁 29 座,曾多次派出多艘船只冲撞中国警戒线和船只,试图阻止中国油井海上作业。2019 年 7 月 19 日,越南外交部首度指名道姓指责中国勘探船"海洋地质八号"等船舰"侵犯"越南在南海南方的"专属经济区"和"大陆架",称该海域"完全归属越南"。⑤ 2022 年,在中国外交部例行记者会上,有记者提问越南要求中方不要通过军演侵犯其专属经济区时,中国外交部回应:中国在自己家门口开展军事演习活动合理合法、无可非议。2023 年,越方对外表示针对中方海警船 2 月 1 日在万安滩巡航事宜,越南将出动小型渔政船在中方3 000 吨级别的战舰后方实施跟踪。由此可见,双方在南海问题上始终存在争端,进而对蓝色伙伴关系的合作带来不利影响。

马来西亚是中国邻国中最后卷入南海争端的国家,其将中国南海诸岛范围线以内 8 万多平方公里的南沙群岛划为"矿区",把司令礁、破浪礁、南海礁、

① 中国坚持谈判解决中菲南海有关争议》白皮书(全文)[EB/OL]. (2016 - 07 - 13)[2024 - 08 - 16]. https://world. huanqiu. com/article/9CaKrnJWssP.

② 首次! 日美澳菲在南海联合军演 正值这一特殊时间点[EB/OL]. (2024 - 04 - 07)[2024 - 08 - 15]. www. news. cn/mil/2024 - 04/07/c_1212349909. htm.

③ 傅莹,吴士存. 南海局势及南沙群岛争议:历史回顾与现实思考[EB/OL]. (2016 - 05 - 12) [2024 - 08 - 15]. http://www. xinhuanet. com/world/2016 - 05/12/c_128977813. htm.

④ 赵安琪. 中方驳斥越方说法:西沙群岛、南沙群岛都是中国领土[EB/OL]. (2024 - 01 - 24) [2024 - 08 - 15]. https://news. youth. cn/gj/202401/t20240124_15041759. htm.

⑤ 中越南海对峙惊动越南最高层,但中国收回万安滩决心勿被低估[EB/OL]. (2019 - 07 - 26) [2024 - 08 - 16]. https://www. 163. com/dy/article/EL1CAJ5905128EJD. html.

安波沙洲、南乐暗沙、校尉暗沙一线以南的南沙岛礁划入马来西亚版图。[①] 马来西亚对岛礁和海域管控的强硬立场从未改变,2020 年年初因马来西亚在南康暗沙海域单边开发油气与中国发生对峙,马来西亚派数艘海军军舰进入事发海域监视、干扰中国海警船。马来西亚除继续推进南康暗沙、北康暗沙及弹丸礁附近海域的油气开发外,还有意启动位于"南海断续线"内富含天然气的 SK316 区块等海域的单边勘采活动,争议区油气开发矛盾将是未来中马在南海的主要争议点之一。同时,马来西亚对"南海仲裁案"始终采取模糊立场,但其实际行动已显露其利用国际仲裁机构的不公"裁决"强化对所占岛礁权利主张和实际管控的意图。面对愈演愈烈的南海地缘政治竞争,马来西亚虽有意"置身事外",但中马海上纠纷再度升级的风险却始终存在,这会影响中马海洋治理合作的成效。

文莱实行 200 海里专属经济区制度,声称对南沙群岛西南端的南通礁拥有主权[②],并分割南沙海域 3 000 平方公里,成为南海岛屿主权争端国之一。文莱主张通过和平手段解决南海争端,反对诉诸武力,同时倾向于加强与周边国家合作以维护海域安全[③],支持中国和东盟国家通过"双轨渠道"处理南海问题,对蓝色伙伴关系海洋治理无过多负面态度。

印尼与中国在南海并无岛礁主权争端,但其在纳土纳岛划出的专属经济区与中国"南海断续线"内海域重叠,否定中国"南海断续线"的合法性,形成海域划界争端。2009 年和 2010 年印尼两次向联合国大陆架界限委员会提交照会,对我国"南海断续线"及线内水域的法律地位提出疑问。[④] 雅加达把多边纠纷看作是对中国崛起和与北京"全面战略伙伴关系"的一张试纸。[⑤] 2023 年 1 月 2 日,印尼通过了所谓的"南海海域首次油气田开发计划",计划派遣当地海军护航,启动所谓的"南海首个油气田开发项目",试图窃取中国南海的油气资源,严重影响中印尼两国关系,影响蓝色伙伴关系海洋治理合作。

---

① 王大燕. 南海区域渔业合作问题探讨[D]. 中国海洋大学,2010.
② 骆永昆. 文莱的南海政策[J]. 国际资料信息,2012(9):13.
③ 骆永昆. 文莱的南海政策[J]. 国际资料信息,2012(9):13.
④ 罗婷婷,毕文璐. 南海争端背景下印尼对华政策的变化及成因[J]. 国际关系研究,2018(4):77.
⑤ 刘艳峰,邢瑞利. 印尼外交战略演进及其南海利益诉求[J]. 南洋问题研究,2016(2):56.

三、东盟部分国家因美国地缘战略竞争对海洋治理态度摇摆

美国将遏制中国崛起作为其保持超级大国地位的既定方针,将拉拢东盟国家、形成海上联盟、着力围堵中国作为其重要遏制手段。随着世界百年未有之大变局加速演进,中美战略竞争影响传统安全问题,成为中国—东盟海洋安全合作的较大阻碍。

自奥巴马政府开启美国战略重心东移的进程,东盟国家在美国对外政策中的优先级不断提高。特朗普政府提出"印太战略"框架,确立对华战略竞争的总基调。拜登政府延续对华竞争总思路,形成全政府、全领域对华遏制打压的思想[1],为坚持其对华遏制打压的目标,在亚太地区积极构筑美、日、印、澳四边机制等排他性的"小圈子",冲击东盟的中心地位,拓展与东南亚国家的双边关系,寻求与东盟建立新的部长级对话,逼迫地区国家加入其发起的地区对抗并在地缘政治中"选边站队"。2020年7月13日,时任美国国务卿迈克·蓬佩奥高调发表南海政策声明,称"中国对美济礁、仁爱礁、曾母暗沙等南沙岛礁没有任何合法的领土或海洋权利主张";美国拒绝接受中国在靠近越南的万安滩、靠近马来西亚的南康暗沙、文莱专属经济区和印尼纳土纳岛附近的水域中的任何海洋权利主张,美方将对中方在南海的行为采取措施,明确了一边倒地支持菲、越、马、文等声索国的新政策。2021年,美国副总统、国务卿、副国务卿、助理国务卿、国防部长等官员接连访问东盟国家,拜登亲自与东盟国家领导人进行视频会晤,宣布价值1.02亿美元的一揽子新合作倡议,不断拉拢东盟国家。2022年1月,美国国务院下属的海洋及国际环境与科学事务局发表了关于中国在南海权利主张的第150号"海洋界限"报告,几乎全盘否定中国在南海的海洋权利主张,甚至臆测性地对中国政府还未公布的南海中沙群岛和南沙群岛领海基线的合法性作出否定判断。[2] 2022年2月,美国印太战略视印太为"优先战区",19次提及"东盟",12次提及"东南亚",将南海局势列为"首要安全关切"之一,利用盟友与伙伴形成的综合"威慑"作为印太战略基石,与"域内盟友"、伙伴国开展高频次、多领域军事行动,玩弄地缘博弈把戏,企图破坏东盟国家与中国发展合作的态势。2022年5月,拜登为回应外界对

---

① 吴心伯. 塑造中美战略竞争的新常态[J]. 国际问题研究,2022(2):37.
② 鞠海龙,林恺铖. 拜登政府的南海政策:地区影响及其限度[J]. 国际问题研究,2022(2):102.

其在亚洲"重安全、轻经济"战略的批评,宣布启动所谓"印度—太平洋繁荣经济框架"(IPEF),这成为自 2017 年特朗普退出《跨太平洋伙伴关系协定》(TPP)以来美国最重要的亚太经济战略,企图建立"排华小圈子",逼迫东盟国家在中美之间"选边站队"。① 美国—东盟特别峰会上,双方关系升级为"全面战略伙伴关系",美国宣布对东盟国家的 1.5 亿美元新投资计划,展现其所谓对"印太国家""坚定"的"战略承诺",这反映了美国积极拉拢东盟、希冀东盟国家配合美国"印太战略"的意图。

2022 年,美、日、印、澳"四方安全对话"领导人会议提出"印太海域态势感知伙伴关系"倡议并积极推进其落地,表面上看是以共同应对人道主义危机和自然灾害、打击非法捕鱼为目的,由美国向区域国家免费或有限经费提供海域动态情报信息,提升"印太"地区各国的海域监控能力,维护伙伴国渔业权利和海事安全,实际上是以上述手段为切入点介入南海敏感事务,一方面动用民间、海警、海空军等力量协同行动,强化海上军事存在,强化对我方的侦察监视、造谣抹黑,维护其"航行和飞越自由",维护"自由开放"的"印太"水域,塑造对我国的军事遏压态势;另一方面积极介入东南亚、东盟海上事务,对越南、马来西亚、印尼、文莱、菲律宾、泰国等 6 个国家展开游说和拉拢,甚至拉拢域内国家拓宽海域合作事务范围、深化"交流合作",促进域内国家与美国双方在安全和经济利益中深度捆绑,建立各种圈子、集团、盟友,对冲我国共建"一带一路"倡议,对冲我国构建蓝色伙伴关系的倡议,使部分东盟国家对蓝色伙伴关系的态度存在摇摆。其中,东盟国家中受美国渗透影响最大、对蓝色伙伴关系态度存在较大摇摆的国家主要有印尼、越南、菲律宾、泰国 4 个国家。

印尼迎合美国"南海航行自由"行动,以增加与中国在南海斗争的筹划,这增加了落实中国蓝色伙伴关系倡议的消极因素。印尼与美国于 2021 年 8 月启动"战略对话",美方表示,双方就海事安全发表了共同意见,致力于携手在捍卫"南海航行自由"等领域加强合作。美国国务卿布林肯表示:"印尼是美国强大的民主伙伴,我们正在诸多不同领域共同努力。"印尼外交部部长蕾特诺则表示,与印尼建立牢固的伙伴关系将是美国在该地区"增加参与度的重要资产",美国也是东盟实现其"印太展望"的重要伙伴之一。为加强与印尼的关系,布林肯宣称,美国为成为印尼最大的防务伙伴而自豪,将支持印尼在南海地区对抗中国。

---

① 姜志达,王睿. 中国—东盟数字"一带一路"合作的进展及挑战[J]. 太平洋学报,2020(9):80.

越南近年来经济发展迅速,曾被美日等国属意为"供应链替代战略"的理想国家,是美国南海政策重点打造的新合作对象。近年来,为强化与越南的关系,美国总统、副总统、副国务卿、国防部部长等人访越,表达加强美越安全合作的愿望,美国企业认为越南是外国投资者重要的投资目的地。① 越南在维持中越外交关系的同时,积极迎合拜登政府的南海政策。越南在东盟系列会议、东亚峰会、不结盟运动部长级会议上频繁就南海问题表态,对一些敏感问题的态度日益坚定。越南外交部发言人多次公开表示美国和欧洲国家军舰在南海的"航行自由行动"对维护南海和平稳定作出贡献。② 受美国影响,越南对蓝色伙伴关系合作的积极性难以提高。

菲律宾是美国南海政策的忠实拥趸,借美国支持争取南海权益的企图明显。近年来,美国先后利用牛轭礁事件、"南海仲裁裁决"五周年、中国颁布《海警法》等时间节点多次向菲律宾表达否定中国的南海主张,支持"南海仲裁裁决",强调美国对菲律宾海洋安全的承诺,强调《美菲共同防御条约》适用于南海。同时,美菲恢复了《访问部队协议》(VFA),签署《增强防卫合作协议》(EDCA),为美菲两国军事活动提供确定性,便于美军长远部署及双方协调展开军演。菲律宾"狐假虎威",企图逼迫中国在开发南海油气上作出重大让步,这必然导致菲律宾对蓝色伙伴关系态度消极。

泰国是美国的盟友国家,对美国政府具有重要作用。美国一直关注维持与泰国的紧密关系,保持两国之间的配合,帮助泰国保持必要能力、维护其利益和巩固未来地区的稳定。2022年6月,美国国防部部长劳埃德·奥斯汀会见原泰国总理兼国防部部长巴育,就加强防务合作交换意见,形成诸多共识。2022年7月,泰国和美国签署了延续双边盟友和战略伙伴关系的公报以及加强供应链稳定性的谅解备忘录,泰国外交部部长敦·巴穆威奈称:"为纪念两国建交190周年,今天我们签署了关于泰美战略联盟和伙伴关系的公报,它基于我们共同的价值观和利益,延续了我们多年的盟友关系和友谊。"受美国影响,泰国对蓝色伙伴关系合作的积极性难以提高。

① 鞠海龙,林恺铖.拜登政府的南海政策:地区影响及其限度[J].国际问题研究,2022(2):102.
② 鞠海龙,林恺铖.拜登政府的南海政策:地区影响及其限度[J].国际问题研究,2022(2):102.

第六章

中国—东盟海上军事安全合作

　　加强中国与东盟的海上军事安全合作、推动海洋命运共同体建设，是中国—东盟蓝色伙伴关系和命运共同体建设题中应有之义，并且应该成为构建蓝色伙伴关系和命运共同体的重要支柱之一。在中国政府2013年提出的中国—东盟"2+7合作框架"中，安全领域被列为加强交流与合作的七大合作领域之一，彰显双方对于安全领域合作交流的高度重视。

第一节　中国—东盟海上军事安全合作现状

　　1991年，中国和东盟正式开启对话进程。30余年来，中国与东盟携手前行，战略伙伴关系内涵不断丰富，政治安全、经济贸易、社会人文三大领域合作硕果累累，成为最大规模的贸易伙伴、最富内涵的合作伙伴、最具活力的战略伙伴。30余年来，中国始终坚定支持东盟团结和东盟共同体建设，支持东盟在区域架构中的中心地位，支持东盟在地区和国际事务中发挥更大作用。中国—东盟关系一直引领东亚的区域合作，成为亚太合作的典范。

　　中国同东盟在防务领域的交往合作主要在中国—东盟国防部长非正式会晤及东盟防长扩大会框架下开展。截至2023年10月，中国—东盟已举行13次国防部长非正式会晤，中国共出席9次东盟防长扩大会。中国积极参与东盟防务高官扩大会及工作组会,东盟防长扩大会扫雷、反恐、人道主义援助救灾、军事医学、海上安全、维和、网络安全等7个专家组会议,东盟地区论坛安全政策会,防扩散与裁军会间会,国防官员对话会等活动。中国于2018年和2019年两次举办与东南亚国家的海上联演,并于2019年同泰国担任东盟防长扩大会反恐专家组共同主席国,期间首次在该机制下在华举办大规模实兵演习。中国还参加了东盟防长扩大会、东盟地区论坛框架下各领域历次演习。①

一、中国—东盟战略互信不断提升

中国—东盟于1991年开始对话进程以来,双方的对话机制建设日趋体系化。1996年,中国成为东盟全面对话伙伴。在东盟对话伙伴中,中国创造了多项第一:第一个加入《东南亚友好合作条约》,第一个同东盟建立战略伙伴关系,第一个同东盟商谈建立自贸区,第一个明确支持东盟在东亚区域合作中的中心地位。2013年10月,习近平主席在印尼国会发表重要演讲,提出"携手建设更为紧密的中国—东盟命运共同体"的倡议,强调要坚持讲信修睦、合作共赢、守望相助、心心相印、开放包容,使双方成为兴衰相伴、安危与共、同舟共济的好邻居、好朋友、好伙伴。双方互联互通不断加速,经济融合持续加深,经贸合作日益加快,人文交往更加密切,中国—东盟关系成为亚太区域合作中最为成功和最具活力的典范,成为推动构建人类命运共同体的生动例证。近年来,中国和东盟陆续通过《中国—东盟战略伙伴关系2030年愿景》《中国—东盟关于"一带一路"倡议同〈东盟互联互通总体规划2025〉对接合作的联合声明》《落实中国—东盟面向和平与繁荣的战略伙伴关系联合宣言的行动计划(2021—2025)》等成果文件,各领域务实合作深度推进。

东南亚地区自古以来就是"海上丝绸之路"的重要枢纽,中方视东盟为周边外交优先方向和高质量共建"一带一路"重点地区。共建"一带一路"倡议提出以来,与《东盟互联互通总体规划2025》加快对接,并与柬埔寨"四角战略"、菲律宾"大建特建"计划、泰国"泰国4.0"发展战略等国家具体发展战略充分结合。中老铁路、雅万高铁、中泰铁路、越南河内轻轨等大批接地气、惠民生的

---

① 中国—东盟合作事实与数据:1991—2021[EB/OL]. (2021-12-31)[2023-12-26]. https://www.mfa.gov.cn/web/wjbxw_673019/202201/t20220105_10479078.shtml.

"一带一路"重点项目稳步推进,中国—东盟多式联运联盟加快构建,为双方11国20亿人民带来了实实在在的好处。

泰国泰中"一带一路"合作研究中心副主任唐隆功·吴森提兰谷认为,政治互信、战略互信是东盟与中国合作的基石,也是双方扩大双边关系合作面、做大合作蛋糕的第一步。"共建'一带一路'之所以在东盟受到广泛欢迎,最重要的原因就是和东盟互联互通总体规划实现了充分对接。在此基础上,东盟和中国不断促进贸易往来、人员往来,一大批合作项目顺利落地,实现了互利共赢。"泰国《曼谷邮报》评论称,中国提倡合作共赢、共同弘扬亚洲价值,坚持相互尊重、协商一致、照顾各方舒适度的亚洲方式,符合东盟运作理念,也有利于东盟一体化建设和东盟—中国命运共同体形成。[①]

(一) 中国—东盟建立全面战略伙伴关系

2021年11月22日,中国—东盟建立对话关系30周年纪念峰会以视频方式召开,中国—东盟正式宣布建立中国—东盟全面战略伙伴关系。中国国家主席习近平发表题为《命运与共 共建家园》的重要讲话。讲话指出,30年来中国—东盟合作的成就得益于双方地缘相近、人文相通得天独厚的条件,更离不开双方积极顺应时代发展潮流,作出正确历史选择:一是相互尊重,坚守国际关系基本准则;二是合作共赢,走和平发展道路;三是守望相助,践行亲诚惠容理念;四是包容互鉴,共建开放的区域主义。关于未来中国与东盟关系的发展,习近平主席提出5点建议:一是共建和平家园,中国—东盟要做地区和平的建设者和守护者,坚持对话不对抗、结伴不结盟,携手应对威胁破坏和平的各种负面因素;二是共建安宁家园,中国—东盟要坚持共同、综合、合作、可持续的安全观,深化防务、反恐、海上联合搜救和演练、打击跨国犯罪、灾害管理等领域的合作,要共同维护南海稳定,把南海建成和平之海、友谊之海、合作之海;三是共建繁荣家园,中国提出的全球发展倡议契合东盟各国发展需要,可以与《东盟共同体愿景2025》协同增效,中国—东盟积极开展国际发展合作,促进均衡包容发展;四是共建美丽家园,中国愿同东盟开展应对气候变化的对话,加强政策沟通和经验分享,对接可持续发展规划,增强中国—东盟国家海洋科技联合研发中心活力,构建蓝色经济伙伴关系,促进海洋可持续发

---

① 携手建设更为紧密的中国—东盟命运共同体[EB/OL]. (2021 - 07 - 22)[2023 - 11 - 01]. https://www.gov.cn/xinwen/2021 - 07/22/content_5626490.htm.

展；五是共建友好家园，中国—东盟要倡导和平、发展、公平、正义、民主、自由的全人类共同价值，继续推进文化、旅游、智库、媒体、妇女等领域的交流。①

（二）中国—东盟共同发布《中国—东盟全面战略伙伴关系行动计划（2022—2025）》

为全面落实中国—东盟建立对话关系 30 周年纪念峰会共识，建立面向和平、安全、繁荣和可持续发展的全面战略伙伴关系，中国—东盟共同制定发布《中国—东盟全面战略伙伴关系行动计划（2022—2025）》，携手规划本地区共建五大家园的合作愿景，确立下一步合作重点和方向，不断充实全面战略伙伴关系内涵，构建更为紧密的中国—东盟命运共同体。党的二十大指出，中国将坚持亲诚惠容和与邻为善、以邻为伴的周边外交方针，深化同周边国家的友好互信和利益融合。东盟一如既往是中国周边外交的优先方向。中国—东盟的相处之道不仅关系双方的发展与安全，也对地区秩序构建和国际格局演变产生深远影响。为全面落实中国—东盟建立对话关系 30 周年纪念峰会共识，建立有意义、实质性、互利的中国—东盟全面战略伙伴关系，中国—东盟共同制定本行动计划，规划未来合作发展方向，进一步明确在双方商定的领域深化务实合作的承诺。共护和平，增进相互了解和信任；共守安宁，强化非传统安全治理；共促繁荣，深入推进区域一体化；共谋可持续发展，促进发展领域互利合作；共建友好，促进更加密切的人文往来。当前，中国阔步迈上全面建设社会主义现代化国家新征程，这必将为中国—东盟深化全面战略伙伴关系带来新机遇、注入新动力、创造新气象。②

（三）中国—东盟发表《纪念〈南海各方行为宣言〉签署 20 周年联合声明》

2022 年是《南海各方行为宣言》签署 20 周年，《宣言》是中国与东盟国家在南海问题上签署的首份政治文件。双方在第 25 次中国—东盟领导人会议期间共同发表《纪念〈南海各方行为宣言〉签署 20 周年联合声明》，这是中国同

---

① 习近平出席并主持中国—东盟建立对话关系 30 周年纪念峰会 正式宣布建立中国东盟全面战略伙伴关系[EB/OL].（2021-11-22）[2023-11-01]. https://www.gov.cn/xinwen/2021-11/22/content_5652491.htm.

② 2022 年中国—东盟合作十大新闻[EB/OL].（2022-12-30）[2023-11-01]. http://world.people.com.cn/n1/2022/1230/c1002-32597121.html. 中国—东盟全面战略伙伴关系行动计划（2022—2025）[EB/OL].（2022-11-11）[2023-11-01]. https://svideo.mfa.gov.cn/ziliao_674904/1179_674909/202211/t20221111_10972996.shtml.

东盟国家就南海问题发表的又一重要共识文件,展现双方致力于共同维护南海和平稳定的意志和决心,再一次证明中国和东盟国家完全有能力、有信心、有智慧处理好南海问题。《南海各方行为宣言》签署二十多年来,中国和东盟国家积极推动落实《宣言》的各项内容,有效维护了南海局势的总体稳定,不断深化了海上务实合作,持续促进了中国与东盟国家友好关系的发展。事实证明,只要中国与东盟国家认真执行《宣言》所确立的基本原则和共同规范,双方就可以管控分歧,共同维护南海地区的和平与稳定。《纪念〈南海各方行为宣言〉签署 20 周年联合声明》重申了《宣言》的相关精神,表达了中国同东盟国家在地区形势复杂化下,继续全面有效落实《宣言》、加快"南海行为准则"磋商、不断深化海上对话合作的决心。随着中国与东盟国家政治互信的不断加强,处理海上争端的经验日益丰富,在建立面向和平、安全、繁荣、可持续发展的全面战略伙伴关系指引下,双方一定能够把南海真正建设成和平之海、友谊之海、合作之海。①

二、中国—东盟海上军事安全合作不断深化

(一)围绕南海议题进行海上传统军事安全博弈与合作

冷战结束以来,南海议题成为横亘于中国与东盟数个成员国之间的一道藩篱,并逐渐升级成为亚太地区的焦点问题。除了中国与有关"南海主权声索国"之间的双边对话协商外,东盟作为区域组织亦与中国在此问题上进行过多番博弈与合作。在双方的共同努力下,南海区域的安全稳定在一定程度上得到有效维护。

1992 年 7 月召开的第 25 届东盟外长会议所通过的《关于南中国海问题的东盟宣言》是东盟就南海议题所通过的第一份正式文件。在宣言发表后,东盟曾力图说服中国认可并签署该宣言。尽管中国原则上同意该宣言的精神和原则,但中国认为,该宣言是东盟内部协商的结果,中国并未参与起草和讨论,

---

① 2022 年中国—东盟合作十大新闻[EB/OL].(2022 - 12 - 30)[2023 - 11 - 01]. http://world. people. com. cn/n1/2022/1230/c1002 - 32597121. html.

因此拒绝了东盟的提议。① 1992 年 7 月 22 日,中国对此宣言作出如下回应:宣言中阐述的基本原则与中国的主张是一致或相近的;中国愿意在条件成熟时与有关国家谈判,条件不成熟时暂时搁置争议;中国相信,在本地区有关各国的共同努力下,中国南海地区不仅可以保持和平与稳定,还可望开展广泛的合作,促进共同的繁荣。② 当时尽管中国没有与东盟进行正式对话磋商,也没有完全认可该宣言的全部内容,但上述回应亦可体现出中国对于维护南海海域安全持有积极合作的意愿与态度。

1995 年"美济礁事件"的爆发,促使东盟更为主动地在南海问题上向中国施压。1995 年 3 月 18 日,东盟发表联合声明,"敦促各方恪守 1992 年《关于南中国海问题的东盟宣言》的精神与原则",并"呼吁早日解决由美济礁事件引发的问题"。③ 1995 年 4 月,中国与东盟高级官员(副外长级)在杭州举行首次磋商会议,双方在正式会议议程之外就南海问题进行了非正式磋商。1996 年 6 月,中国与东盟第二次外交部高级官员磋商在印尼武吉丁宜市举行,双方就南海问题展开了磋商。1997 年 12 月,中国—东盟首脑非正式会晤在马来西亚举行,江泽民主席发表了题为《建立面向 21 世纪的睦邻互信伙伴关系》的重要讲话。会晤结束后,双方发表了《中华人民共和国与东盟国家首脑会晤联合声明》:"承诺通过和平的方式解决彼此之间的分歧或争端,不诉诸武力或以武力相威胁。……通过友好协商和谈判解决南海争议。……不让现有的分歧阻碍友好合作关系的发展。"该声明是中国与东盟达成的有关南海问题的首份文件,标志着中国与东盟在海上传统安全领域合作的新高度。

2002 年 11 月,中国与东盟签署《南海各方行为宣言》,宣言确认中国与东盟致力于加强睦邻互信伙伴关系,共同维护南海地区的和平与稳定,强调通过友好协商和谈判,以和平方式解决南海有关争议。在争议解决之前,各方承诺

---

① RODOLFO C. Severino. Southeast Asia in Search of an ASEAN Community: Insights from the former ASEAN Secretary-General[J]. Singapore: Institute of Southeast Asian Studies, 2006, p. 184. 转引自:张明亮. 超越僵局——中国在南海的选择[M]. 香港:社会科学出版社有限公司,2011:291.

② 熊昌义. 中国主张和平解决南沙争端,对东盟宣言一些基本原则表示赞赏[N]. 人民日报,1992 - 07 - 23(6).

③ RODOLFO C. Severino. Southeast Asia in Search of an ASEAN Community: Insights from the former ASEAN Secretary-General[J]. Singapore: Institute of Southeast Asian Studies, 2006, p. 185. 转引自:张明亮. 超越僵局——中国在南海的选择[M]. 香港:社会科学出版社有限公司. 2011:296.

保持克制,不采取使争议复杂化和扩大化的行动,并本着合作与谅解的精神,寻求建立相互信任的途径,包括在国防及军队官员之间开展适当的对话和交换意见,在自愿基础上向其他各方通报即将举行的联合军事演习等。《南海各方行为宣言》是中国与东盟签署的第一份专门针对南海问题的政治文件,对保持南海地区和平稳定有着极为重要的积极意义。

为落实《南海各方行为宣言》精神,制定"南海行为准则",切实维护南海地区和平稳定,中国与东盟进行了艰难的博弈与合作。2004 年 6 月,第 10 次中国—东盟高官磋商会将落实《南海各方行为宣言》列为会议重要议程,与会代表同意"为维护南海地区稳定、促进南海合作,逐步、有效地落实《南海各方行为宣言》"[①]。2006 年 10 月,中国与东盟国家领导人在"中国—东盟建立对话关系 15 周年纪念峰会"上发表联合声明:"承诺有效地落实《南海各方行为宣言》,在共识的基础上,为最终达成南海行为准则做出努力。"[②]2007 年 4 月,第 13 次中国—东盟高官磋商会暨中国—东盟落实《南海各方行为宣言》第 2 次高官会在中国安徽举行。中国与东盟的努力于 2011 年取得了实质性的进展。2011 年 7 月,在印尼巴厘岛举行的落实《南海各方行为宣言》高官会上,中国与东盟就落实《南海各方行为宣言》指针案文达成一致,为更好地维护南海地区和平稳定、推动南海务实合作铺平了道路。[③]

2013 年 9 月,中国与东盟召开了落实《南海各方行为宣言》第 6 次高官会和第 9 次联合工作组会议。此次会议是中国与东盟为制定避免在南海发生冲突、具有法律约束力的"南海行为准则"举行的首次正式磋商。此次磋商营造了一个良性开端,标志着南海问题终于进入实质性协商阶段。[④] 此次磋商确立了"循序渐进、协商一致"的磋商思路,决定授权联合工作组就"准则"进行具体磋商,并同意采取步骤成立"名人专家小组"。2014 年 10 月,在曼谷举行的落实《南海各方行为宣言》第 8 次高官会确认了处理南海问题的"双轨思路",即有关争议由直接当事国通过友好协商谈判寻求和平解决,而南海的和平与

① 罗春华.中国—东盟外长举行非正式会议[N].人民日报,2004 - 06 - 22(4).

② 中国-东盟纪念峰会联合声明(全文)[EB/OL].(2006 - 10 - 30)[2023 - 11 - 01].https://www.gov.cn/jrzg/2006 - 10/30/content_428057.htm.

③ 中国同东盟国家就落实《宣言》指针案文达成一致[EB/OL].(2011 - 08 - 01)[2023 - 11 - 01].https://www.gov.cn/gzdt/2011 - 08/01/content_1917722.htm.

④ 钟声.务实推进"南海行为准则"[N].人民日报,2013 - 09 - 16(5).

稳定则由中国与东盟国家共同维护；各方就"早期收获"内容初步达成一致,包括批准"准则"磋商的第一份共识文件,分别设立中国—东盟国家技术部门之间的"海上联合搜救热线平台"及中国—东盟国家外交部之间的"应对海上紧急事态高官热线",举行中国—东盟国家海上联合搜救沙盘推演,推广卫星系统在南海导航和搜救中的应用等。① 2015 年 7 月,在天津举行的落实《南海各方行为宣言》第 9 次高官会审议并通过了"南海行为准则"磋商第二份共识文件、名人专家小组《职责范围》等重要文件;会议授权并要求联合工作组尽早建立名人专家小组,探讨建立"航行安全与搜救""海洋科研与环保""打击海上跨国犯罪"三个技术委员会;会议决定启动新的阶段,讨论"重要和复杂问题",包括为准备"准则"框架草案梳理共同要素等。② 同年 10 月,在成都举行的落实《南海各方行为宣言》第 10 次高官会和第 15 次联合工作组会形成了"重要和复杂问题清单"和"'准则'框架草案要素清单"两份开放性清单,并授权联合工作组继续就此进行梳理研究。③ 2017 年 5 月,在贵阳举行的落实《南海各方行为宣言》第 14 次高官会和第 21 次联合工作组会审议通过了"准则"框架,各方积极评价达成"准则"框架的重要意义,强调这是整个"准则"磋商的重要阶段性成果,为下一步"准则"磋商奠定坚实基础。④ 同年 8 月,在马尼拉召开的第 50 届东盟外长会议正式通过了该框架。2019 年 8 月,中国—东盟提前完成了"准则"单一磋商文本草案的第一轮审读,标志着"准则"磋商取得了新的重要进展。2023 年 10 月,在北京举行的落实《南海各方行为宣言》第 21 次高官会和第 41 次联合工作组会宣布正式启动"南海行为准则"案文三读,同意落实好中国—东盟外长会通过的加快达成"准则"指针,争取早日达成"准则",将南海建设成和平、友谊、合作之海。⑤

① 落实《南海各方行为宣言》第八次高官会在曼谷举行[EB/OL]. (2014 - 10 - 30)[2023 - 11 - 01]. https://epaper. gmw. cn/gmrb/html/2014 - 10/30/nw. D110000gmrb_20141030_7 - 08. htm.
② 落实《南海各方行为宣言》第九次高官会在天津举行[EB/OL]. (2015 - 07 - 29)[2023 - 11 - 01]. http://www. xinhuanet. com/world/2015 - 07/29/c_1116082912. htm.
③ 落实《南海各方行为宣言》第十次高官会在成都举行[EB/OL]. (2015 - 10 - 21)[2023 - 11 - 01]. https://www. gov. cn/xinwen/2015 - 10/21/content_2950867. htm.
④ 落实《南海各方行为宣言》第 14 次高官会在贵阳举行[EB/OL]. (2017 - 05 - 19)[2023 - 11 - 01]. http://www. xinhuanet. com/politics/2017 - 05/19/c_129608336. htm.
⑤ 落实《南海各方行为宣言》第 21 次高官会在北京举行[EB/OL]. (2023 - 10 - 26)[2023 - 11 - 01]. http://fmprc. gov. cn/wjdt_674879/sjxw_674887/202310/t20231026_11169020. shtml.

(二)积极深化海上非传统军事安全领域合作

由中国和东盟成员国于2002年签署的《南海各方行为宣言》明确同意探索或开展合作活动,包括:海洋环境保护;海洋科学研究;海上航行和通信安全;搜寻与援救行动;打击跨国犯罪,包括但不限于贩运毒品、海盗、海上武装抢劫和非法贩运武器。目前中国和东盟国家在南海非传统安全领域已开展合作的范围主要包括港口区域合作、海上搜救、海洋渔业资源保护、海洋科研、油气资源共同开发等,合作主要以"双边+多边"的方式进行。①

就务实性海上安全合作而言,海上非传统安全合作是双方合作的重点领域。1996年,中国在第3次东盟地区论坛会议上提议,论坛成员国之间应在适当时机探讨综合安全领域的合作问题。在2001年举行的第8届东盟地区论坛外长会议上,中国提出支持论坛逐步开展非传统安全领域的对话与合作,并重申关于通报和派员观察多边联合军事演习的建议。2002年,中国向东盟地区论坛高官会议提交了"关于加强非传统安全领域合作的中方立场文件",表达了对于日益凸显的海盗、恐怖主义、非法移民等非传统安全问题的担忧以及愿与论坛各成员国开展非传统安全领域的协调合作的态度。② 同年,中国与东盟签署了《中国与东盟关于非传统安全领域合作联合宣言》③,启动了中国与东盟在非传统安全领域的全面合作。

2004年1月,中国与东盟在泰国曼谷签署了《中华人民共和国政府和东南亚国家联盟成员国政府非传统安全领域合作谅解备忘录》,以实施《中国与东盟关于非传统安全领域合作联合宣言》,深化双方在包括海上非传统安全在内的安全合作。在该备忘录中,贩卖妇女儿童、海盗、恐怖主义、武器走私、洗钱等非传统安全问题都被列入双方合作的范畴。④

目前,中国与东盟海上非传统安全合作较为成熟的机制主要是始自2007

---

① 谢庚全. 中国与东盟国家南海非传统安全领域多边合作机制的完善[J]. 哈尔滨师范大学社会科学学报,2023,14(04):39－43.

② 关于加强非传统安全领域合作的中方立场文件[EB/OL]. (2002－05－29)[2023－12－26]. https://www.mfa.gov.cn/web/ziliao_674904/zcwj_674915/200205/t20020529_7949774.shtml.

③ 中国与东盟关于非传统安全领域合作联合宣言[EB/OL]. (2002－11－04)[2023－11－01]. https://www.mfa.gov.cn/wjb_673085/zzjg_673183/yzs_673193/dqzz_673197/dnygjlm_673199/zywj_673211/200211/t20021112_7605586.shtml.

④ 中国与东盟国家签署非传统安全领域合作备忘录[EB/OL]. (2004－01－10)[2023－11－01]. https://www.chinanews.cn/n/2004－01－10/26/390195.html.

年的东盟与中日韩(10＋3)武装部队国际救灾研讨会及在此基础上发展而成的东盟与中日韩(10＋3)武装部队非传统安全论坛。2007 年 6 月,首次东盟与中日韩(10＋3)武装部队国际救灾研讨会在中国召开,在为期五天的研讨中,来自东盟国家、中国、日本、韩国以及东盟秘书处的代表主要围绕武装部队参与国际救灾合作的地位作用、经验做法、军地协调机制、组织指挥基本原则以及有关法律制度建设等问题展开交流。① 2008 年 6 月,中国再次举办东盟与中日韩(10＋3)武装部队国际救灾研讨会,会议围绕武装部队国际救灾协调机制建设、武装部队国际救灾标准操作程序、武装部队国际救灾法律保障等专题展开讨论。② 在此基础上,自 2009 年起,中国连续举办三届东盟与中日韩(10＋3)武装部队非传统安全论坛,为建设持久、开放、务实的合作平台奠定了坚实基础,创造了良好开端。2012 年举办的第三届论坛除了就"东盟与中日韩武装部队抗震救灾应急行动"这一主题进行探讨以外,还首次增加了各方代表共同参加的救灾桌面推演。③

2006 年,中国与东盟召开海上执法合作研讨会,就加强海上执法合作的基础、建立沟通联系机制等问题进行了广泛探讨。2008 年和 2009 年,中国连续举办两届"中国—东盟高级防务学者对话",就"军队现代化与地区互信""东亚地区安全形势与中国—东盟防务合作"的话题进行交流,促进了对非传统安全问题的共同研究,扩大了彼此共识。自 2010 年起,举办"中国与东盟防务与安全对话",邀请双方防务政策官员与防务学者就地区防务与安全等问题进行深入研讨。④

针对中国与东盟海域抢劫、走私和偷渡、毒品枪支贩运等海上违法犯罪活动时有发生的情况,中国与东盟曾于 2006 年 8 月在中国大连举行海上执法合作研讨会,商讨建立使中国和东盟各国海上执法机构有效合作的机制,联合打击海上跨国犯罪,共同维护本地区海上安全和稳定。

---

① 东盟与中日韩武装部队国际救灾研讨会 4 日开幕[EB/OL].(2007－06－04)[2023－11－01].https://www.gov.cn/jrzg/2007－06/04/content_635659.htm.

② 东盟与中日韩武装部队就国际救灾务实合作研讨[EB/OL].(2008－06－10)[2023－11－01].https://www.gov.cn/jrzg//2008－06/10/content_1012037.htm.

③ 东盟与中日韩武装部队代表探讨抗震救灾应急行动[EB/OL].(2012－06－25)[2023－11－01].https://www.chinanews.com/mil/2012/06－25/3984675.shtml.

④ 中国—东盟合作事实与数据:1991—2021[EB/OL].(2021－12－31)[2023－12－26].https://www.mfa.gov.cn/web/wjbxw_673019/202201/t20220105_10479078.shtml.

　　此外,中国与东盟在南海问题上展开博弈与合作的同时,也注重在南海海域进行非传统安全领域的合作。《南海各方行为宣言》明确指出:"在全面和永久解决争议之前,有关各方可探讨或开展合作,可包括以下领域:……(四)搜寻与救助;(五)打击跨国犯罪,包括但不限于打击毒品走私、海盗和海上武装抢劫以及军火走私。"①2003 年 10 月双方签署的《落实中国—东盟面向和平与繁荣的战略伙伴关系联合宣言的行动计划》中规定:"……本着循序渐进的原则,在诸如海洋科学研究、海洋环保、海上航行和交通安全、海上搜救、海上遇险人员的人道主义待遇、打击海上跨国犯罪等领域加强对话与合作,促进军队官员之间的合作。"②

表6-1　中国与东盟国家在南海非传统安全领域的主要多边合作机制③

合作领域	合作机制
总体非传统安全	《中国与东盟关于非传统安全领域合作联合宣言》(2002);《中国—东盟关于非传统安全领域合作谅解备忘录》(2004);中国—东盟海事磋商机制(2005);《中国—东盟海事磋商机制谅解备忘录》(2010);中国—东盟海上合作基金(2011);中国—东盟海洋合作中心(2014);《中国—东盟关于"一带一路"倡议与〈东盟互联互通总体规划 2025〉对接合作的联合声明》(2019);《中国—东盟非传统安全领域合作工作计划(2019—2023)》
海洋渔业资源保护	中国—东盟渔业文化周暨南北农业合作对接大会(2013);中国—东盟海洋科技合作论坛(2013);中国—东盟海洋合作年(2015);广东—东盟渔业合作研讨会(2016)
海上搜救	中国—东盟国家海上搜救信息平台(2017);中国—东盟国家海上联合搜救实船演练(2017);中国—东盟"航行安全与搜救技术合作委员会"(2017);中国—东盟国家海上搜救高级培训班(2023)

---

　　① 南海各方行为宣言[EB/OL].(2002-11-04)[2023-11-01]. https://www.mfa.gov.cn/nanhai/chn/zcfg/200303/t20030304_8523439.htm.

　　② 落实中国-东盟面向和平与繁荣的战略伙伴关系联合宣言的行动计划[EB/OL].(2004-12-21)[2023-11-01]. https://www.mfa.gov.cn/web/gjhdq_676201/gjhdqzz_681964/lhg_682518/zywj_682530/200412/t20041221_9386057.shtml.

　　③ 谢庚全.中国与东盟国家南海非传统安全领域多边合作机制的完善[J].哈尔滨师范大学社会科学学报,2023,14(04):39-43.

（续表）

合作领域	合作机制名称
航道安全	《中国与东盟国家关于在南海适用〈海上意外相遇规则〉的联合声明》(2016)；《中国与东盟国家应对海上紧急事态外交高官热线平台指导方针》(2016)
港口合作	《中国—东盟港口发展与合作联合声明》(2007)；《中国—东盟海运协定》(2007)；中国—东盟港口合作高官定期会议(2008)；《中国—东盟港口城市合作网络论坛宣言》(2013)
海洋环境保护	中国—东盟环境保护合作中心(2011)；《中国—东盟环境合作战略(2009—2015)》；《中国—东盟环境合作战略(2016—2020)》；《中国—东盟环境合作战略及行动框架(2021—2025)》；《未来十年南海海岸和海洋环保宣言(2017—2027)》
油气资源共同开发	中国、菲律宾、越南三国石油公司签署《在南中国海协议区三方联合海洋地震工作协议》(2005)

三、中国与东盟各国海上军事安全合作不断强化

（一）中越海上军事安全合作

2004 年 6 月 30 日,中越两国海上划界协定生效。2005 年 10 月,中越国防部部长签订了《中越海军北部湾联合巡逻协议》,协议规定巡逻时间为每年的 5 月和 12 月,巡逻海域为距离标准巡逻线一海里的"S"形海区。[①] 根据此协议,2006 年 4 月 27 日,中越两国海军舰艇编队首次在北部湾海域联合巡逻。[②] 尽管两国在南海地区争端不断,但双边海上联合巡逻一直保持正常状态。2010 年 5 月,中越海军在进行第 9 次联合巡逻时,在北部湾首次举行了海上联合搜救演练。[③] 2012 年 6 月,参加联合巡逻的两国海军举行了首次反海盗演练。2013 年 6 月,中越两军举行第 15 次海上联合巡逻,越南两艘军舰访问中国南海舰队司令部,与中方就海上巡逻活动交换经验,并举行双边文化体育交流活动等。巡逻过程中,越南军舰与中国军舰举行海上搜救联合演练

---

① 2006 年中国的国防[EB/OL].(2006 - 12 - 29)[2023 - 11 - 01]. https://www.gov.cn/zhengce/2006 - 12/29/content_2615760.htm.

② 中越海军 27 日上午在北部湾海域举行首次联合巡逻[EB/OL].(2006 - 04 - 27)[2023 - 11 - 01]. https://www.gov.cn/zwjw/2006 - 04/27/content_268029.htm.

③ 中越两国海军将举行第 9 次北部湾联合巡逻[EB/OL].(2010 - 05 - 09)[2023 - 11 - 01]. https://www.chinanews.com/gn/news/2010/05 - 09/2270690.shtml.

并分享相关经验。① 2023 年 6 月,中越两军开展第 34 次北部湾联合巡逻,双方各派出 2 艘海军舰艇,分别组成单纵队沿北部湾中越海上分界线开始交叉巡逻。联合巡逻期间,双方舰艇编队加强信息共享,互相通报巡逻海区水文气象、海空情况和编队航向航速等信息要素。②

中国和越南开展北部湾海警联合巡航。2006 年到 2023 年 4 月,联合巡航已进行了 25 次,保证了相关海域渔业生产有序进行,加强了两国海上执法部门的协作能力。2016 年 6 月,在中越双边合作指导委员会第 9 次会议期间,双方签署了《中国海警局与越南海警司令部合作备忘录》,两国海警建立了工作会晤机制。至今已经举行高级别工作会晤 6 次,联巡联演 10 余次,警官交流活动 2 届,并实现舰船互访,常态保持联络、互通信息等。2017 年 5 月,越南海警船首次应邀访问中国,加强两国海上执法部门合作与沟通,提升海上执法能力。③

近年来,两国防务合作尤其是海军合作继续得到巩固和发展,并成为两国全面战略合作伙伴关系的重要支柱之一。双方加强各级代表团互访,成功举办联合巡逻、海上联合演习年度会议和海上联合巡逻等。2021 年 6 月,中越海军司令举行视频会谈。2022 年 11 月,中越双方还就推动商签"中越海上搜救合作协议"和建立海上渔业活动突发事件联系热线等进行了探讨;同年 12 月,中国海警局代表团赴越南参加中越海警第六届高级别工作会晤和首届"越南海警和朋友们"交流活动。④

(二) 中泰海上军事安全合作

自 20 世纪 80 年代起,中泰海上军事安全合作日益密切。两国海军舰艇互访频繁,军贸合作发展稳定。此外,中泰两国还积极推动双边海军联合演习。2005 年 12 月,中泰两国海军舰艇编队在泰国湾成功举行了代号为"中泰友谊—2005"的联合搜救演习。这是中国海军首次与泰国海军举行非传统安全领域的演习。2010 年 10 月至 11 月,中泰"蓝色突击—2010"海军陆战队联

① 中越最先进护卫舰举行海上联合演习[EB/OL]. (2013 - 06 - 26)[2023 - 11 - 01]. https://www.chinanews.com.cn/mil/hd2011/2013/06 - 26/217922.shtml.
② 中越两军开展第 34 次北部湾联合巡逻[EB/OL]. (2023 - 06 - 28)[2023 - 11 - 01]. https://baijiahao.baidu.com/s? id=1769903648441053311&wfr=spider&for=pc.
③ 林丽,唐丹玲.竞合视域下的越南海洋国际合作[J].战略决策研究,2023,14(03):73.
④ 林丽,唐丹玲.竞合视域下的越南海洋国际合作[J].战略决策研究,2023,14(03):73.

合训练在泰国梭桃邑海军陆战队司令部基地进行。这既是中泰两国海军陆战队首次握手,也是中国海军陆战队第一次踏出国门,与外军开展联合军事行动,意义重大。此后,中泰两国海军于 2012 年、2014 年、2016 年、2019 年先后举行 4 次"蓝色突击"系列海军联合训练。2023 年 9 月,中泰"蓝色突击—2023"海军联合训练在泰国梭桃邑海军基地成功举行,此次联训突出联合性、实战性和务实性,在联合指挥、联合反潜、直升机互降、互进坞舱、互驻舰艇、丛林生存、城市作战、直升机滑降等课目上高度信任、深度融合,坚持从难从严、从实战出发,有效提高了双方战技术水平。自 2010 年两国海军首次开展"蓝色突击"联合训练以来,训练内容由陆战队层面向海军编队层面扩展,兵力编成由单一兵种向舰机艇队多兵种扩展。双方通过联合训练、共同交流,达到了相互学习、相互借鉴的目的,对于提高参训部队战技术水平、提升共同应对地区安全威胁的能力、进一步深化中泰两国军事合作交流起到积极作用。①

(三) 中印尼海上军事安全合作

2012 年 7 月,中国印尼海军对话机制专家组磋商在北京举行,双方就机制的目的、运作方式、对话内容达成了基本共识。② 2013 年 1 月,中印尼第五届国防部防务安全磋商会议在北京举行,双方共同宣布建立海军对话机制。③

2021 年 5 月,中国印尼海军在印尼雅加达附近海域举行海上联合演练,此次演练内容包括编队通信演练、联合搜救、编队运动等课目。中方参演舰艇为导弹护卫舰柳州舰和宿迁舰。印尼海军参演舰艇为导弹护卫舰乌斯曼·哈伦舰和导弹艇哈拉桑·杨艇。演练课目指挥由双方参演舰艇轮流担任。演练进一步提高了双方舰艇的协同配合能力,促进了双方专业交流,增进了互信与合作,共同展示了维护地区和平与稳定、推动构建海洋命运共同体的实际行动。④

---

① 中泰"蓝色突击—2023"海军联合训练圆满结束[EB/OL]. (2023 - 09 - 09)[2023 -11 - 01]. http://military. people. com. cn/n1/2023/0909/c1011 - 40074057. html.

② 中国印尼海军对话磋商 24 日至 27 日在北京举行[EB/OL]. (2012 - 07 - 26)[2023 - 11 - 01]. https://news. cntv. cn/20120726/116330. shtml.

③ 中国与印尼共同宣布:双方建立海军对话机制[EB/OL]. (2013 - 01 - 10)[2023 - 11 - 01]. https://mil. huanqiu. com/article/9CaKrnJyA2K.

④ 中国印尼海军举行海上联合演练[EB/OL]. (2021 - 05 - 08)[2023 - 11 - 01]. http://www. 81. cn/jfjbmap/content/2021 - 05/09/content_288819. htm.

2022 年 11 月,中国海军"和平方舟"号医院船赴印尼执行"和谐使命—2022"任务。任务期间,"和平方舟"医院船与印尼海军医院开展线上学术研讨会,组织医疗人员与多国专家开展疑难病症线上联合会诊,并进行了深入交流。磁控胶囊胃镜、舰船专用静脉全麻机器人、新型便携式内镜等先进医疗设备首次随"和平方舟"医院船走出国门,服务当地民众。任务期间,医院船共诊疗当地患者 13 488 人次、实施手术 37 例。"和平方舟"医院船还与印尼海军"三宝垄"号医院船进行了联合通信、灯光旗语、编队航行等课目演练。①

(四) 中新海上军事安全合作

中国与新加坡保持着较为密切的海上军事安全合作。中新两国海军在高层互访、战略对话、军舰互访、护航合作、联合训练等领域的交流合作日益深化和拓展。2013 年 7 月,新加坡海军总长黄志平少将访问了中国海军南海舰队,参观了中国新型导弹护卫舰"衡水"舰、两栖船坞登陆舰"长白山"舰。②2014 年,新加坡护卫舰"刚毅"号到访湛江,双方进行海上通信操演、编队运动等技术基础性训练。2015 年中新两国首次举行了代号为"中新合作—2015"双边海军演习。2019 年,中新两国国防部长举行会晤,确定新的军事合作。2021 年 2 月,中国与新加坡海军举行海上联合演习,中方参演兵力为导弹驱逐舰"贵阳"舰、导弹护卫舰"枣庄"舰;新方参演兵力为导弹护卫舰"刚毅"号、濒海任务舰"主权"号。演习主要包括通信演练、编队运动、联合搜救等课目。2023 年 5 月,中国海军与新加坡海军举行"中新合作—2023"海上联合演习,演习期间,我海军导弹护卫舰"玉林"舰、猎扫雷舰"赤壁"舰和新加坡海军导弹护卫舰"无畏"号、猎雷艇"榜鹅"号共同完成了近十个课目的演练。

① 中国海军"和平方舟"号医院船圆满完成"和谐使命—2022"任务回国[EB/OL]. (2022 - 11 - 29)[2023 - 11 - 01]. http://www.news.cn/politics/2022 - 11/29/c_1129171229.htm.

② 新加坡海军总长访问中国南海舰队 参观新型舰艇[EB/OL]. (2013 - 07 - 19)[2023 - 11 - 01]. https://sg.xinhuanet.com/2013 - 07/19/c_125032030.htm.

第二节　中国—东盟海上军事安全合作主要特点

一、海上军事安全合作主体从双边逐步扩展至多边

长期以来,中国与东盟海上军事安全合作主要在双边范围内展开,比如中泰"蓝色突击"海军联合训练、中越海军舰艇编队北部湾联合巡逻、中越及中印尼海上军事热线等。随着东盟地区论坛、东盟防长扩大会等地区多边安全合作机制的建立和发展,中国与东盟国家在多边框架下的海上安全合作蓬勃发展。

2018 年 10 月,中国与东盟举行为期 10 天的海上联合演习。此次联演由中国倡议,中国与东盟共同主导,同时也是中国与东盟举行的首次联合演习。2019 年 4 月,泰国、菲律宾、新加坡、越南等东盟国家派出舰艇参加中国海军成立 70 周年庆祝活动,并与中国围绕编队运动、临检拿捕、联合搜救、伤员救治等 8 个科目开展联合演习。印尼和老挝也派出观察员观摩演习。时隔半年,中国与东盟国家再次举行海上联合演习,体现双方战略互信不断增强,军事安全合作趋于务实。2019 年,中国同泰国担任东盟防长扩大会反恐专家组共同主席国期间,首次在该机制下在华举办大规模实兵演习。中国还参加了东盟防长扩大会、东盟地区论坛框架下各领域历次演习。扫雷合作是中国—东盟安全领域务实合作的重要内容。2015 年,中国向东盟扫雷行动中心捐赠20 万美元启动资金和价值 5 万美元的办公设备。2021 年,中国再次向该中心捐赠 20 万美元,用于合办扫雷区域高级别会议和技术专家组会,首期会已于2021 年 12 月成功举办。

2020 年,中国—东盟发布《落实中国—东盟面向和平与繁荣的战略伙伴关系联合宣言的行动计划(2021—2025)》(以下简称《行动计划》)。《行动计划》明确,中国和东盟将进一步深化政治安全对话和合作,包括举行年度中国—东盟领导人会议、中国—东盟外长会议、中国—东盟高官磋商和中国—东盟联合合作委员会以及其他东盟主导的平台活动;加强高层交流、接触和政策沟通,扩大各层级互访,促进治理经验分享;加强东盟主导的机制,包括东盟与中日韩、东亚峰会、东盟地区论坛和东盟防长扩大会等;坚持《东南亚友好合作条约》的宗旨和原则,促进地区和平、安全和繁荣,增进相互信任和信心;继续

就《东南亚无核武器区条约》议定书进行磋商;全面有效完整落实《南海各方行为宣言》,积极达成"南海行为准则"等。

二、海上军事安全合作形式从单一性向多元性扩展

2019 年,中国发布《新时代的中国国防》白皮书。白皮书明确指出,中国积极发展对外建设性防务和军事关系,经过多年的努力,已形成全方位宽领域多层次的军事外交新格局。[①] 作为中国周边外交的优先方向,东盟国家与中国的军事安全合作关系在这一方面体现得尤为显著,集中反映在中国—东盟防务外交多层次、多轨道和多领域的结构和格局中。与冷战时期相比,冷战后中国—东盟国家防务外交在互动层次、行为主体和实现手段等方面有着显著的连续性和变革性,双方在继承和发扬传统防务合作模式特点的基础上,又根据地区政治经济的发展、安全合作及务实行动的实际需要在这些方面有着重要突破。[②]

在海上军事安全合作领域,21 世纪以来中国与东盟国家的合作从集中于武器军售、军事援助、人员培训、国防工业等旨在直接增强自己和伙伴作战能力的内容领域发展到多领域全面推进,特别是 2003 年中国与东盟建立面向和平与繁荣的战略伙伴关系后,双方进一步拓展和加强了防务和军事领域合作。经过二十年的发展,中国与东盟国家的海上军事安全合作领域不断丰富充实,已涵盖国际公认的绝大多数形式,除了从冷战时期延续至今的与武器转移和人员训练直接相关的内容外,各个级别的防务对话和互访、双边战略协定的签订、多边安全机制建设、舰艇港口访问、联合军事演练等新领域的进展突飞猛进,并超越传统形式,成为中国—东盟国家海上军事安全合作的突出特点与深入发展的主要动力。与此同时,随着合作领域的不断拓展,中国与东盟国家开展海上军事安全合作的主要目标也从着眼于加强相互了解、增信释疑的一般性合作逐渐转向强化务实合作、提升应对多元化安全威胁的协同行动能力。例如,双边层次上,中国与泰国、马来西亚、新加坡、印尼等国加强了军种间对话、青年军官交流与国防院校间的技术战术合作;多边层次上,东盟地区论坛、

---

① 新时代的中国国防[EB/OL]. (2019 - 07 - 24)[2023 - 11 - 01]. https://www.gov.cn/zhengce/2019 - 07/24/content_5414325.htm.

② 詹子懿.冷战后中国—东盟国家防务外交研究[D].南京大学,2021:91.

东盟防长扩大会议、"中国—东盟(10＋1)"等多边安全合作与对话机制在对话、研讨与工作组会议取得的成果的基础上,相继启动了应对灾难救援、人道主义危机、恐怖主义等地区非传统安全问题的联合军事演练活动,加快了中国—东盟海上军事安全合作的多元化发展。[①]

三、海上军事安全合作目的从加强互信向务实合作转化

尽管加强战略互信仍是中国与东盟国家海上安全合作最为重要的目的之一。但是,随着中国与东盟国家军事合作的深化,双方都有意愿在务实合作领域进行探索与深化。双边海军联演联训是务实合作的重点。中泰、中印尼、中新都举行了数次联合训练和演习。2015年9月,中国与马来西亚举行了首次联合实兵演习,并于2018年扩展为中马泰三边联合演习。2018年10月举行了中国—东盟"海上联演—2018",针对《海上意外相遇规则》的使用进行联合演练,2019年4月,双方再次开展海上联合演习。2019年4月,中国与泰国举行"蓝色突击—2019"海军联合演练,本次联合演练首次从海军陆战队单一兵种提升至覆盖多兵种的联合训练,并且以打击国际恐怖组织为设定情节,组织两军实兵演练。2023年9月,中泰举行"蓝色突击—2023"海军联合训练,此次联训突出联合性、实战性和务实性,在联合指挥、联合反潜、直升机互降、互进坞舱、互驻舰艇、丛林生存、城市作战、直升机滑降等课目上高度信任、深度融合,坚持从难从严、从实战出发,有效提高了双方战技术水平。

中国—东盟国家海上联合搜救演习于2017年10月31日在广东湛江外海海域成功举行,该演练是中国—东盟国家落实《南海各方行为宣言》框架下的海上合作项目,是中国与东盟国家首次进行大规模海上搜救实船演练。演练由中国海上搜救中心主办,东盟国家搜救机构参与,广东省海上搜救中心、广东海事局承办。演练共动用各类船舶20艘、飞机3架,参演人员1 000余人。菲律宾、泰国、柬埔寨、老挝、缅甸、文莱等国派出搜救任务协调员、搜救队、评估专家、联络官参加演练指挥、协调、搜救、评估、观摩等活动。演练模拟中国籍客轮与柬埔寨籍散货船在南海某海域发生碰撞,客轮大量进水,有人员落海,散货船进水倾斜并伴有起火等重特大海上险情,中国与东盟国家搜救机构联合搜救的全过程。演练分为应急响应、协调组织、现场救助、行动评估4

---

① 詹子懿.冷战后中国—东盟国家防务外交研究[D].南京大学,2021:94.

个部分,设有海空搜救、船舶消防、水下探摸、船舶堵漏、人员转移、医疗救助等6个科目。

第三节　中国—东盟海上军事安全合作主要困境

一、战略互信不足,"海上安全困境"仍然存在

尽管中国与东盟关系发展迅速,总体势头良好,但本地区的国家大力推进军事改革,军费开支持续攀升。进攻性武器装备采办力度大幅加强,"军备竞赛"风险逐渐显现,如新加坡购买了美国 F35 战机、美国于 2020 年批准向印尼出售鱼鹰运输机,这使中国与东盟国家间在一定程度上存在"海上安全困境"成为一个不争的事实。

中国与东盟部分国家围绕南海海洋及岛礁权益产生的争端是横亘于双方关系之间最大的障碍。此前几年,南海地区局势呈现出总体缓和趋稳的态势。中国与东盟国家秉承《南海各方行为宣言》精神,积极推进"南海行为准则"磋商。然而,最近一个时期,南海形势发展出现了新的不稳定、不确定因素。如越南自 2019 年 5 月以来一直在中国万安滩海域开展单方面油气钻探作业,严重侵犯中国权益,违反相关双、多边协议,导致局势持续紧张,2020 年 4 月初甚至疯狂撞击我国执法公务船,而美军航母此前刚刚离开了越南海港。菲律宾自马科斯政府上台以来,在南海的动作愈发频繁,持续挑战中国安全底线:一方面,菲律宾在南海不断加强军事部署,提高自身的军事实力;另一方面,菲律宾也积极寻求域外势力的支持,特别是加强与美国的合作。

"南海主权声索国"菲律宾、马来西亚、印尼等东盟国家一方面谋求改善与中国持续紧张的双边关系,另一方面也加强与域外大国的军事合作,并加速现代化军事装备采购步伐。侵占我国南海岛礁最多的东盟国家越南从俄罗斯购买了 6 艘"基洛"级潜艇,这些潜艇已相继下水并被部署在南部要塞金兰湾军事基地,2017 年正式服役。越南曾经还计划采购 P-3 反潜巡逻机,用于南海海域巡逻。而越南和美国出于战略利益考量,军事关系不断加强。2018 年 3 月,美军"卡尔·文森"号航母访问越南,2020 年 3 月"罗斯福"号航母又访问越南,其背后的深层次政治意图不言而喻。2023 年 9 月,美国总统拜登访问越南,美越关系正式提升为全面战略伙伴关系,这标志着两国关系的重大

升级。

由于自身实力有限,菲律宾武器升级主要依靠域外大国的援助。近年来,菲律宾不断加强与美日的军事关系。美军于 2016 年 6 月在菲律宾克拉克空军基地部署 4 架 EA - 18G 电子攻击机,以加强海洋监视。同年,日本海上自卫队的"亲潮"级潜艇和"伊势"号大型护卫舰相继在苏比克湾停靠。2023 年 2 月,美菲两国国防部发布联合声明,称菲律宾国防部同意向美军再开放 4 个军事基地的使用权限。两国国防部的联合声明中提到,根据美菲两国于 2014 年签署的《加强国防合作协议》,美军被允许进入菲律宾的 5 个军事基地,加上此次开放的 4 个军事基地,美军在菲律宾将会拥有 9 个军事基地。此外,美国国防部还承诺,将拨款超 8 200 万美元用于菲律宾现有 5 座军事基地的基础设施投资。

尽管中国与印尼在南海的权益争端相对较少,但印尼也在不断加强南海军事部署。据报道,印尼在纳土纳群岛部署了 5 架 F - 16 战斗机、3—5 艘海军护卫舰,并扩建位于纳土纳群岛的军事基地。2021 年年底,印尼决定升级空军战斗机群,计划采购 42 架法国"阵风"多用途战斗机和 36 架美国波音 F - 15EX 战斗机。印尼空军还打算采购 15 架 C - 130J"超级大力神"战术运输机、2 架 A330 多用途加油机、30 个地面管制拦截雷达站和 3 架无人机。[①]

2022 年,东南亚国家的年度军费开支达 450 亿美元,较 2015 年增长近 30 亿美元。2015—2020 年,东盟国家耗资 580 亿美元添购新的军备,其中,海军采购占相当大的份额,而大部分的海上军备极有可能主要用于南海海域。[②]

"海上安全困境"和战略信任不足严重阻滞着中国—东盟蓝色伙伴关系发展与中国—东盟命运共同体的建设。

二、现有海上军事安全合作机制距离有效维护地区安全仍有差距

冷战结束后,两极体制的瓦解导致原先被掩盖的诸多民族、领土、宗教问题逐渐显露。东盟国家之间以及部分东盟国家与中国在南海的海洋权益争端

---

①　ABRAMS A B. Indonesia's ＄22 Billion Purchases of US, French Fighter Jets: How Russia's Su - 35 Lost Out. The Diplomat, February 12, 2022. 转引自:刘琳. 东南亚国家军事现代化:动因、制约与影响[J]. 国际问题研究,2022(6):104.

②　World Bank Group. Military expenditure[EB/OL]. (2024 - 08 - 28)[2024 - 08 - 28]. https://data. worldbank. org. cn/indicator/MS. MIL. XPND. GD. ZS? name_desc＝false&view＝chart.

导致传统安全风险依然存在。同时,海盗、恐怖主义、领土分离主义、跨境犯罪等非传统安全威胁凸显。东南亚地区是国际恐怖主义与极端主义蔓延的重要区域,自21世纪初以来,大多数东盟国家都面临着暴力恐怖活动的严重威胁。近年来,受国际恐怖主义与极端主义新态势影响,东南亚地区恐怖主义与极端主义有进一步上升的风险。恐怖主义重灾区印尼和菲律宾的形势依然严峻,而且不断出现新特点。2019年1月27日,菲律宾西南部棉兰老岛苏禄省一座天主教堂发生连环爆炸,造成至少27人死亡、77人受伤。此外,泰国、缅甸等国近年来发生的暴恐事件,反映了以ISIS为主的域外恐怖势力在东南亚的扩张和渗透,东南亚域内外恐怖势力的交织、合流、共振和新的恐怖活动的滋生,是东南亚恐怖主义新态势的核心特征。

然而,中国与东盟之间现有的海上军事安全合作机制仍是以建立信任的措施为主,真正的务实合作机制较为缺乏。与美国等西方国家在本地区构建的海上军事安全合作体系相比,中国与东盟的海上军事安全合作,无论是合作领域,还是合作深度,都有较大提升空间。

三、美日印等域外国家干扰我国与东盟国家开展合作

美国将中国的崛起视为对其全球领导地位的最大挑战,对于共建"一带一路"倡议的不断深入推进,美国的战略焦虑愈发明显。特朗普执政以来,高调推进"印太战略",试图以美日印澳四国安全同盟机制为核心,遏制中国在东南亚、南亚以及印度洋区域影响力的拓展,乃至中断中华民族伟大复兴进程。在此背景下,居于印度洋到太平洋广阔地带的核心区域的东南亚地区的地缘战略地位得到进一步凸显。美国前国务卿蓬佩奥曾表示:"东盟位于印太的中心,在美国推动的印太图景中发挥着核心角色。"东南亚地区作为"印太"区域的核心组成单元,不可避免地成了美国"印太战略"布局中着力拉拢的对象。美国一方面积极拓展与东盟国家在联合演习、军售军贸等方面的合作,提升双、多边防务关系;另一方面,美国还利用各重大多边国际场合,煽动东盟国家与中国对抗,如美国利用越美建交25周年做足文章,推出一系列促进双边防务合作的举措。这无疑反映出美国政府仍然在以固有的冷战思维处理国际事务。

日本、印度等地区大国为配合美国对华的遏制战略,也大力加强与东盟国家的政治、安全关系,以对冲中国共建"一带一路"倡议在本地区不断扩大的影

响力。日本以"提供海上能力建设援助"和"南海问题"作为切入点,加强与菲律宾、越南等东南亚"南海主权声索国"之间的海上防务合作,以提升日本在地区安全事务中的影响力。印度近年来加大"东向行动"力度,深化与新加坡、越南、印尼等东盟国家在安全领域的互动,旨在将军事力量延伸至南海海域,对中国形成战略威慑,削减中国在印度洋地区的影响力,并为中印边境的印军减轻压力。

美日印等域外国家的行为,对于中国与东盟国家海上军事安全合作的开展具有明显的制约作用。

第四节　对中国—东盟海上军事安全合作的主要思考

一、加强海上军事安全合作,增强战略互信,缓解"海上安全困境"

由于各国在海上安全问题上的敏感和疑虑,"海上安全困境"在国际社会中很难完全根除。中国和东盟国家间的"海上安全困境"需要双方加强彼此交往与合作,尤其是加强海上军事安全领域的交流与合作,增信释疑,扩大共识,减少误判,改善和推进中国与东盟之间的关系,从根本上缓解"海上安全困境",深化睦邻友好合作。

一是加强中越、中菲海上军事安全合作关系,加强高层战略磋商,管控现有分歧,增进战略互信。由于南海争端,中国与越南、菲律宾等国政治关系一度恶化,军事关系作为两国关系的"晴雨表",也呈现出隔阂萧条景象。近年来,中越关系改善趋势明显,中菲关系起伏不定。2015年,习近平主席访问越南,提出中越是具有战略意义的命运共同体,并在与越南高层领导人多次会晤中进行强调,将"命运共同体"理念上升到新的层次。2023年12月,习近平主席再次访问越南,双方一致同意构建具有战略意义的中越命运共同体,同意推动中越关系进入政治互信更高、安全合作更实、务实合作更深、民意基础更牢、多边协调配合更紧、分歧管控解决更好的新阶段。2016年10月,菲律宾总统杜特尔特访华,标志着中菲关系的全面恢复和继续发展。2018年11月,习近平主席首访菲律宾,中菲建立全面战略合作关系。2019年,中菲就一系列海上合作达成了协议和共识。但2022年6月马科斯就任菲律宾总统以后,菲对外战略发生重大转向,逐步形成"倚美制华,南海挑事,从中渔利"的战略指导,中菲关系急转直下,军事合作关系发展困难重重。因此,作为双边关系中的重要组成部分,加强中越和中菲海上军事安全合作迫在眉睫。这既是中国—东盟命运共同体概念具体化的重要体现,也是中国—东盟蓝色伙伴关系建设的内在要求。应以习近平主席 2017 年会见前越共总书记阮富仲时提出的"拓展两军交往,深化安全合作"为指导原则①,积极谋划,主动作为,全方位加强中越海上军事安全关系。在加强中菲海上军事安全合作方面,应管控现有分歧,着眼联合反恐、减灾救灾等领域,多予少取,积极开拓,以增强战略互信,减少战略误判,共同推进中国—东盟命运共同体建设。

二是加强中国与东盟间"一轨半"或"双轨"双边海上安全对话,增进相互理解与信任。目前,中国与东盟国家间影响较大的"一轨半"或"双轨"对话主要是多边层面,如"香格里拉对话"、北京香山论坛等,双边层面的对话交流尚不充分。2018 年 7 月,中国国际战略研究基金会、南京大学南海研究协同创新中心与泰国国家研究院泰中战略研究中心共同举办了"印太战略:中国的态度与泰国的视角"中泰战略智库论坛,可以视为一个良好开端。2019 年 10月,中国军事科学院主办了首届中国—东盟防务智库交流活动,来自东盟国家的 50 多位防务官员与智库学者参加了交流,海上安全是中国—东盟智库界交流的重要议题。此外,自 2008 年以来,双方依托中国—东盟博览会、中国—东盟商务与投资峰会等平台,创建了中国—东盟智库战略对话论坛,截至 2023年年底已举办 15 届。2023 年 9 月 21 日,以"智慧共筑,命运与共——携手迈向'一带一路'新征程"为主题的第 15 届中国—东盟智库战略对话论坛在广西南宁举行。来自中国、柬埔寨、老挝、马来西亚、缅甸、菲律宾、新加坡、泰国、越南等国家的 300 余名专家学者、企业家参加本届论坛,围绕论坛主题和各项议题,分享智慧,发掘合作机遇,凝聚共识。目前,该论坛已发展成为中国与东盟双边高端智库对话交流的重要平台,成为双方汇聚共识、共商合作、共筑发展的有效渠道。未来可考虑建立中国—东盟防务智库论坛联盟,由中国知名防务智库和东盟各国防务战略智库共同组建,开展双、多边战略安全对话,这不仅可为双方决策层提供战略咨询,而且可以促进中国与东盟国家之间的战略互信。

---

① 习近平同越共中央总书记阮富仲举行会谈[EB/OL]. (2017 - 01 - 12)[2023 - 11 - 01]. https://www.gov.cn/xinwen/2017 - 01/12/content_5159351.htm.

三是基于多边合作共赢的原则,加强公共海上军事安全产品供给,展示大国担当。随着中国国力的不断增强,向地区公共安全产品体系提供更多具有中国元素、展现中国智慧的功能服务与范式设计,是中国作为负责任大国的自然逻辑。例如,本着"主权在我,搁置争议、共同开发"的原则,在南海区域打击海盗和跨国犯罪、防灾减灾、实施人道主义救援等,设立专项基金,用于中国与东盟间联演联训、情报分享、学术交流等形式的军事交流与合作等,最大限度展现中国愿意与东盟携手合作、共建蓝色伙伴关系的诚意。

二、加强防务合作,共同维护地区海上安全

"以人为本"是命运共同体的核心理念之一,实现"人的安全"是命运共同体最为重要的目标,也是构建蓝色伙伴关系的重要目标。[①] 因此,在中国—东盟蓝色伙伴关系构建进程中,一个极为重要的步骤便是通过维护本地区海上安全,进而全面实现"人的安全",为经济共同体、繁荣共同体、文化共同体等提供坚实保障。海上军事安全合作作为安全共同体构建的重要手段,发挥着不可替代的作用。

一是加强南海海域危机管控,降低海空相遇风险,确保南海风平浪静。在前几年南海争端最为激烈之时,越南、菲律宾不惜与中国剑拔弩张,南海海域擦枪走火的风险急剧增加。近年来,南海地区合作机遇与挑战并存,南海局势总体向好发展,中国与东盟积极探讨危机管控措施,以避免误判而酿成重大事故。中国与东盟国家2016年通过了《应对海上紧急事态外交高官热线平台指导方针》和《关于在南海适用〈海上意外相遇规则〉的联合声明》等文件,并于2018年10月举行了中国—东盟"海上联演—2018",针对《海上意外相遇规则》的使用进行联合演练。这次联演是我军首次与东盟开展海上联演,彰显了中国与东盟国家致力于维护地区和平稳定的信心与决心。

二是加强中国与东盟海上实兵联演联训,共同震慑"三股势力"。构建中国—东盟命运共同体远景目标的提出,对双方军事安全合作向更高层次迈进提出了高要求。尤其是在非传统安全威胁应对方面,中国与东盟应该在现有合作的基础上,着力深化务实型合作。2015年,中国率先与东盟重要国家马来西亚开展"和平友谊"实兵联合演练,这可以视作中国—东盟深化务实型军

---

① 何英.大国外交:"人类命运共同体"解读[M].上海:上海大学出版社,2019:116.

事安全合作的标志性事件,并在此基础上于 2018 年扩展至中马泰三国联合演习。2023 年,该演习进一步升级为中马泰柬老越六国联合演习。可以此为契机,逐步将该演习升级打造成为可与美国主导的"金色眼镜蛇"多国联演比肩、在本地区具有重大影响力的多边军事演习。具体来说,就是要在演习科目设置中兼顾传统和非传统安全科目,以震慑恐怖主义等地区"三股势力",维护地区安全。要摒弃美国等西方国家通过军事结盟的形式、以"冷战思维"主导地区安全事务的做法,在演习中注入中国元素,体现中国的总体国家安全观。

三是加强中国与东盟在马六甲海峡等关键水域的军事合作,共同维护战略通道安全。马六甲海峡被视为东亚国家的"海上生命线",中国每年约 75% 的进口原油由此通过,其战略地位可见一斑。同时,东南亚海域的众多海峡均为国际海上交通要道,海盗和海上恐怖主义不仅是中国和东盟国家的重大安全关切,也对本地区其他国家乃至全球海上安全构成巨大威胁。未来可考虑从联合实兵演习发展至在马六甲海峡等国际海上交通要道联合打击海盗和海上恐怖主义,针对跨国犯罪行为开展联合执法,进一步深化务实军事合作。

除海盗、海上恐怖主义外,中国和东盟国家还共同面临着毒品走私、人口贩卖、自然灾害等众多威胁。这些威胁盘根错节,对主权国家及人类整体生存发展都构成威胁,具有跨国性、连锁性、多元性、突发性等特征,仅凭一国力量根本无法应对。中国和东盟国家唯有携手合作,在情报共享、联演联训、联合巡逻、减灾救灾等方面加强防务合作,才能有效确保共同安全,推进蓝色伙伴关系建设。

三、加强海上军事安全合作,重塑东盟国家民众对中国的认知,增进双方民心相通

展示与提升国家和军队的国际影响力是军事安全合作的重要功能之一。因此,在重塑东盟国家对华认知、促进民心相通方面,防务合作也可发挥重要作用。

一是灵活运用软性军事资源,加强对东盟国家人道主义救援减灾、人道主义医疗救助等方面的军事公共外交。东南亚地区处于海啸、地震等自然灾害多发地,地震频仍、台风侵袭、洪水泛滥令该地区民众苦不堪言。中国军队在抢险救灾等方面积累了较为丰富的经验,应充分发挥这一优势,为改善东盟民众对华认知作出贡献。今后,应在物资援助的基础上,进一步加强经验分享和技能传授。例如,可以派遣救援减灾军事专家对当地军民开展培训,或者在中国举办东南亚国家防灾减灾培训班,让东南亚民众切实感受到中国的日益强大必将会为本地区带来福祉。另外,还可以针对部分东盟国家医疗水平不高的情况,派出军事医疗人员进行医疗援助。一个鲜活的案例便是"和平方舟"号医院船在东南亚地区开展公共医疗外交。2013 年,中国海军"和平方舟"号医院船在柬埔寨提供医疗服务,三天时间内为数千名当地民众进行诊疗。值得一提的是,医疗船还派出医疗小分队送医上门,深入柬埔寨农村、偏远海岛以及孤儿院等社会福利机构开展服务和进行健康宣教,受到当地民众高度赞誉。2022 年 11 月,"和平方舟"号医院船赴印尼执行"和谐使命—2022"任务,共诊疗当地患者 13 488 人次,实施手术 37 例,受到当地民众的热烈欢迎和高度赞誉。

二是充分运用多种手段,加强对东盟军事外宣工作。军事外宣作为防务合作的重要形态之一,其目的是影响外国政府、军队及民众的态度,进而营造有利的国际舆论,最终推进本国外交和国防政策目标的实现。目前,中国对东南亚地区军事外宣较之以往已经取得了很大进步,但仍存在较大提升空间。大部分东南亚国家民众不懂中文,且英文水平普遍不高,容易受到别有用心的外媒蛊惑。可考虑将《新时代的中国国防》白皮书翻译为东南亚语言版本,并建立东南亚多语言军事外宣网站,宣传我国外交政策,展示现代化建设成果,进一步树立我军维护世界与地区和平的正面形象。尤其是新媒体时代已经来临的今天,更应大力加强新技术手段运用,如社交媒体网站、即时通信平台等,有针对性地开展军事外宣。可充分借鉴美国、日本等国的做法,利用影视作品等宣传方式,增加东南亚民众对我军"威武之师、文明之师、正义之师、和平之师"形象的认同。此外,还可考虑遴选精通当地语言、了解当地文化的我军外宣专家,在当地有影响力的友华网站、报刊等开设专栏,以当地语言撰写军事外宣文章,甚至可以亲赴当地知名大学或智库以当地语言发表演讲,"讲述中国军队故事",实现军事外宣的"本土化"。

此外,随着我军与东盟国家军队联演联训的增多,走出国境展示形象的机会也越来越多。在境外执行任务的同时,应采取有效措施,大力发扬我军优良传统,与东盟国家民众建立起良好关系,充分展现我军友好形象。

第
七
章

中国—东盟"蓝色伙伴关系"建设面临的挑战与困境

　　构建中国—东盟蓝色伙伴关系是构建中国—东盟海洋命运共同体的实践方案,而构建中国—东盟海洋命运共同体则是构建中国—东盟命运共同体的一个重要组成部分。蓝色伙伴关系的概念提出之前,中国与东盟有关国家之间的海上务实合作就早已开始,且取得了不少进展。但双方在海洋资源开发、海洋生态环境保护和海上军事安全合作等方面仍面临不少挑战,需审慎分析、仔细应对。

第一节　中国—东盟海洋合作的基本情况

　　中国与东盟国家自古以来是陆海相连的好邻居,是休戚与共的命运共同体。除老挝外,东盟国家多为海洋国家,海岸线长,海洋资源丰富。随着经济全球化和区域经济一体化的发展,海洋的联通作用愈发显著,以海洋为载体和纽带的市场、技术、信息等合作日益紧密,加强海上合作成为推动世界各国经济紧密联系、促进地区和平稳定、增进人民福祉的必然趋势。在此情形下,随着中国与东盟战略伙伴关系的推进,加强海洋领域的合作成为大势所趋。早在蓝色伙伴关系提出之前,中国与东盟已经开展了若干海洋领域的合作。

　　2011年,中国制定了《南海及其周边海洋国际合作框架计划(2011—

2015)》。自该计划实施以来,中国与东盟国家建立起双边联委会、管委会和研讨会等多层面机制化合作平台、机构,与印尼、泰国、马来西亚、柬埔寨、越南等国在海洋生物多样性保护、季风暴发监测、海岸带管理、防灾减灾、人才交流等低敏感海洋领域开展了一系列合作项目,达成了广泛的合作共识。中国—印尼海上合作基金和中国—东盟海上合作基金先后支持了中印尼海洋与气候联合研究中心及观测站建设、东南亚海洋环境预报及减灾系统、东南亚海洋濒危物种研究、北部湾海洋与海岛环境管理等项目,有力推动了中国与周边国家在海洋领域的合作。

2013 年 9 月,李克强总理在出席第十届中国—东盟博览会和中国—东盟商务与投资峰会时对外表示,中方倡议建立"中国—东盟海洋伙伴关系",继续深化开展双边海上合作,充分利用好 30 亿元中国—东盟海上合作基金。①

2013 年,习近平总书记先后提出建设"丝绸之路经济带"和"21 世纪海上丝绸之路"的倡议,被合称为"一带一路"倡议。"一带一路"倡议的逐步实施,对中国—东盟蓝色伙伴关系构建起到了进一步的推动作用,因为海上合作是"一带一路"倡议的重要组成部分,也是"21 世纪海上丝绸之路"建设的核心内容。而东盟所有国家都是共建"一带一路"的国家,也是"21 世纪海上丝绸之路"的重要枢纽。加强海上合作,共同应对挑战,是中国与东盟国家的共同关切和期盼。

2015 年,中国政府发布《推动共建丝绸之路经济带和 21 世纪海上丝绸之路的愿景与行动》,提出了加强海上合作、建设 21 世纪海上丝绸之路的框架思路。几年来,中国与东盟等沿线国家加强战略对接,积极搭建海洋合作平台,落地实施了一批重大项目,海上合作成果丰硕。马来西亚马六甲临海工业园区建设加紧推进,缅甸皎漂港"港口＋园区＋城市"综合一体化开发取得进展,中国与印尼海水淡化合作项目正在推动落实,中马钦州—关丹"两国双园"、柬埔寨西哈努克港经济特区等境外园区建设成效显著。

2017 年 6 月,国家发改委、国家海洋局联合发布了《"一带一路"建设海上合作设想》。这是自"一带一路"倡议提出以来,中国政府首次围绕"一带一路"建设发出的海上合作倡议。《设想》首次系统提出了中国政府推进"一带一路"

---

① 李克强出席第十一届中国—东盟博览会开幕式并演讲[EB/OL]. (2013 - 09 - 03)[2024 - 08 - 19]. www. gov. cn/guowuyuan/2013 - 09/03/content_2591237. htm.

建设海上合作的思路和蓝图。简言之,即围绕一个愿景、遵循一条主线、共建三个通道、共走五条道路:围绕构建包容、共赢、和平、创新、可持续发展的蓝色伙伴关系这个愿景,以发展蓝色经济为主线,共同建设中国—印度洋—非洲—地中海、中国—南太平洋—大洋洲、中国—北冰洋—欧洲等三大蓝色经济通道,全方位推动与沿线国在各领域的务实合作,携手共走绿色发展之路、共创依海繁荣之路、共筑安全保障之路、共建智慧创新之路、共谋合作治理之路,实现人海和谐,共同发展。为实现这个美好蓝图,《设想》进一步提出了围绕海洋生态保护、蓝色经济发展、海洋安全维护、海洋科技创新、国际海洋治理等重点领域开展合作的具体设想和行动计划。《设想》是中国政府与沿线国开展海上合作的顶层设计和路线图,明确了蓝色伙伴关系的内涵,提出了中国与沿线国开展海上合作的原则、重点领域、合作机制等,为中国发展与包括东盟各国在内的共建"一带一路"的国家的蓝色伙伴关系提供了具体指导和依据,为国内各沿海省市以及涉海企业深度参与"一带一路"建设海上合作提供了政策指引。

在"一带一路"倡议和《"一带一路"建设海上合作设想》的共同推动下,海洋议题越来越多地被纳入中国与东盟领导人互访与对话机制中。在习近平总书记的引领与见证下,中国与越南、柬埔寨、印尼、马来西亚等国签署了政府间海洋领域合作协议,建立了广泛的海洋合作伙伴关系。在亚太经合组织、东亚合作领导人系列会议、中国—东盟合作框架等机制下建立了蓝色经济论坛、中国—东盟海洋合作中心、东亚海洋合作平台等对话与合作平台。中国与东盟在海洋资源联合开发、海洋生态环境保护合作、海上军事安全合作等领域合作成果颇丰。其中,海上军事安全合作现状在前一章已有详细论述,本节仅针对前两个方面展开论述。

一、中国与东盟国家联合开发海洋资源的现状

中国和东盟国家联合开发海上资源并非仅是双向合作,还涉及多元利益方合作。其中既有东盟国家相互之间的合作,也有域外其他国家对于海上联合开发的介入。通过中国与东盟几个主要国家的海上资源的开发合作可窥见一斑。

(一)越南

2007年,越南在其《到2020年海洋经济战略》中提出建设海洋强国、海洋

富国的总体目标。[①] 2012 年 6 月越南通过《海洋法》,进一步把对海洋的重视从国家战略层面落实到法律层面。对南海油气资源的开采加工和发展渔业是越南推进其海洋经济的两大主要手段[②]。其中,加紧科研勘探和开发海上油气田是越南海洋战略的重头戏和重要举措。从历史进程来看,1969 年美国在南海地区进行探测并称此处有储积大量油气的可能性后,越南、菲律宾就开始了武力侵占南沙岛礁的行动。越南统一后,与苏联合资建立越苏石油公司,开发了"白虎""大熊"等海上油田,并且大力引入其他国家的油气集团,联手合作,从而渐渐使越南从一个石油进口国成为石油出口国。越南国家油气集团成立于 2006 年,是越南油气开采的垄断企业,国外企业在越南的油气开采主要通过与越南国家油气集团联营进行。截至 2019 年年底,越南油气集团已经与美国、日本、俄罗斯、英国、马来西亚、新加坡、加拿大、澳大利亚等国签订了近百个石油开发或勘探合同,其中有大约 60 余个合同已经生效,各方共同投资超过 140 亿美元。[③] 由于经济快速发展,越南对能源的需求逐年增长,使得越南面临的一大挑战即是平衡能源需求以维持当前的经济增长率。越南一方面加大在"南海断续线"内油气开发的力度,另一方面积极参与国外油气田勘探开发。此举既能弥补其资金、技术和设备的不足,又能助其通过大国介入使其开采更加保险,从而将南海问题国际化。[④]

受南海主权争议影响,中国与越南联合开发海洋资源虽有困难,但在双方共同努力下,仍然取得了不错的成绩。在海洋油气业方面,在《北部湾划界协定》中关于合作开发跨界的单一地质构造的石油、天然气或者其他矿藏的原则的基础上,中越双方成立了管理委员会。目前,双方正在对北部湾分界线海区的油田进行勘探。在海洋渔业方面,2000 年 12 月 25 日中越签署《渔业合作协定》和《北部湾划界协定》,双方同意在北部湾封口线以北、北纬 20 度以南、距《北部湾划界协定》所确定的分界线各自 30.5 海里的两国各自专属经济区设立共同渔区。[⑤] 2023 年 7 月,中国与越南开展了北部湾湾口外海域工作组

① 曾勇.论 2012 年以来越南的南海政策[J].太平洋学报,2021(2):73.
② 曾勇.论 2012 年以来越南的南海政策[J].太平洋学报,2021(2):73.
③ 崔浩然.新形势下越南南海政策的调整及中国的应对策略[J].当代世界社会主义问题,2018(4):161.
④ 曾勇.论 2012 年以来越南的南海政策[J].太平洋学报,2021(2):73.
⑤ 王林.从越南的海洋经济发展分析其南海主权争议战略[J].亚太安全与海洋研究,2016(5):58.

和海上共同开发磋商工作组磋商,双方一致同意要落实好两党两国领导人达成的重要共识和中越《关于指导解决海上问题基本原则协议》,加快同步推进北部湾湾口外海域划界和南海油气共同开发,相互尊重,彼此关切,相向而行,争取尽早取得实质进展。双方还一致同意加快商签新的北部湾渔业合作协定,推进无争议海域的油气合作,为两党两国关系发展作出更大贡献。①

(二) 菲律宾

菲律宾属群岛国家,共有大小岛屿 7 000 多个,海岸线长达 18 533 公里。菲律宾坐落在珊瑚礁三角区,是海洋生物多样的全球热点区域。独特的地理位置和生态环境决定了该群岛水域拥有丰富的渔业资源。渔业对菲律宾的国民经济而言非常重要,它不仅为普通民众提供了就业岗位,使其获得了收入,并满足了海岸附近民众的食品需求,同时还为国家提供了大量的外汇。菲律宾从 2017 年 1 月重启与中国海洋合作项目,由中方为菲 17 名渔业代表提供培训,到当年 4 月恢复暂停了 11 年的渔业联合委员会,并在 2018 年、2019 年连续召开第二、三次联合委员会会议,双方在海洋养殖技术交流、鱼苗援助、深水网箱养殖等领域的合作,取得了有目共睹的成果。相对来说,菲律宾对与中国进行海洋合作持开放态度。②

在介入南海主权纷争的东南亚国家中,菲律宾面临的能源供应问题最严重,虽然已作出了一些诸如开发国内能源的努力,但其石油总需求量的绝大部分仍需依靠进口。1973 年 11 月,马科斯总统签署了菲律宾国家石油公司(PNOC)的法令,授权该公司负责石油开发、采购、提炼、供应等。菲律宾国家石油公司的设立对菲律宾在石油开发、提炼、运输等方面摆脱跨国石油公司的控制起了很大的作用,但是外国石油公司的数量在菲律宾的石油业占比很高。1971 年,菲律宾与美国等国的公司在吕宋岛、巴拉望岛进行了海上石油勘探;1972 年,菲律宾又与美、加、瑞典等国的公司合作开采了南海礼乐滩地区。1983 年,菲律宾向世界银行贷款用于石油勘探,并且不断吸引外资进行油气开发。1989 年以后,菲与美、澳等国石油公司合作,在巴拉望盆地深水区卡马

---

① 中越举行北部湾湾口外海域工作组和海上共同开发磋商工作组磋商[EB/OL]. (2023 - 07 - 06)[2024 - 08 - 19]. http://www.fmprc.gov.cn/web/wjb_673085/zzjg_673183/bjhysws_674671/xgxw_674673/202307/t20230706_11109306.shtml.

② 第二次中菲渔业联委会在菲律宾马尼拉召开[EB/OL]. (2017 - 04 - 28)[2024 - 08 - 28]. https://caijing.chinadaily.com.cn/finance/2017 - 04/28/content_29135369.htm.

格等地进行勘探,发现了可采储量至少 170 亿立方米的特大型天然气凝液,并且从此之后开始了南海岛礁军事建设,以保护石油的勘探行动。[①] 但直到如今,菲律宾石油供应缺口仍然很大,国内的生产需求主要依赖原油和石油产品的进口。

在和中国的合作上,中菲两国通过双边南海问题磋商机制及高层的频繁互访,分阶段逐步推进南海油气共同开发。两国已同意设立特别小组,负责探讨争议海域油气共同开发的框架,2019 年 8 月 29 日,中菲正式成立油气合作政府间联合指导委员会和企业间工作组,为两国开展南海油气共同开发合作提供了专门的政府和企业双轨协调机制。2019 年 10 月,中菲在北京举行政府间联合指导委员会首次会议,这标志着两国的油气开发合作已进入实质磋商阶段。

(三) 马来西亚

渔业是马来西亚的重要行业,在国民经济中发挥着重要作用。除了为国民生产总值作出贡献外,它还是农村人口的就业、外汇和营养供应的来源。马来西亚的渔业部隶属于马来西亚农业部,负责发展、管理和规范渔业。渔业部的目标是增加全国鱼类产量,在可持续的基础上管理渔业资源,发展有活力的渔业,加强以鱼为基础的产业的发展,并使渔业的收入最大化。马来西亚于1996 年加入了《联合国海洋法公约》,但尚未签署 1995 年的联合国关于鱼类种群的协定。同时,马来西亚是亚太渔业信息组织(INFOFISH)成员,也是亚洲及太平洋水产养殖中心网络(NACA)和东南亚渔业发展中心(SEAFDEC)的成员。

在能源资源方面,马来西亚是亚洲主要经济体中唯一的石油净出口国,也是世界上第二大液化天然气出口国,石油和天然气的产值约占马来西亚 GDP的五分之一,政府约有 22% 的收入来源于石油相关产业,直到现在马来西亚的经济和金融市场一直严重依赖能源市场。也正因为如此,马来西亚一直不遗余力地推进海上开发,尤其是对争议海域的开发。

---

① IAN JAMES STOREY. Creeping Assertiveness: China, the Philippines and the South China Sea Dispute[J]. Contemporery Southeast Asia, 1999,21(1): 110.

马来西亚的原油和天然气探明储量分别占全球探明总储量的 0.21% 和 0.6%①,储产比分别为 14.2 和 17.1。马来西亚在南海持有的原油储量大约为 50 亿桶,为南海沿海国之首。② 中马双方的能源合作始于 1999 年 5 月两国领导人签署的《关于未来双边合作框架的联合声明》。在 2004 年的《联合公报》中,两国提出要进一步加强能源合作。随后双方的能源合作不断落到实处,中国每年从马来西亚进口大量的石油和液化天然气。马来西亚的天然气开采主要在沙捞越附近的民都鲁油气田中进行。该地区位处中国 U 型断续线之内,是两国主张重叠的海域。在双方均未放弃海域主权主张的情况下,能够达成这样一项协议实属不易。③ 此外,马方欢迎中方提出的"一带一路"合作倡议,双方同意在该框架下加强发展战略对接,推进务实合作。2016 年 11 月,中国石油与马来西亚签订了管道项目合同《沙巴天然气管道项目施工与试运合同》和《多介质管道项目施工及试运合同》。2018 年 11 月,中海油集团与马石油签署了中期液化天然气资源采购协议,约定自 2019 年起开始供气,为期 5—10 年。④

二、中国与东盟海洋生态环境保护合作现状

人类社会持续增加的海洋活动在带来经济增长的同时,也引发了海洋环境和海洋生态系统的恶化。中国政府高度重视海洋生态文明建设,着力持续加强海洋环境污染防治,保护海洋生物多样性,实现海洋资源的有序开发利用。2018 年 11 月 14 日,中国和东盟成员国领导人在新加坡发表了《中国—东盟战略伙伴关系 2030 年愿景》,其中第 32 项提及"鼓励中国—东盟蓝色经济伙伴关系,促进海洋生态系统保护和海洋及其资源可持续利用,开展海洋科技、海洋观测及减少破坏合作,促进海洋经济发展等"。中国共产党第二十次全国代表大会上的报告再次提出,要"发展海洋经济,保护海洋生态环境,加快

---

① 苏轶娜. 能源配置全球化尤其合作大格局——聚焦"一带一路"沿线国家资源与环境与合作前景[EB/OL]. (2018 - 01 - 13)[2024 - 08 - 28]. http://www.canre.org.cn/info/1365/84104.htm.

② 邹新梅. 马来西亚海洋经济发展:国家策略与制度建构[J]. 东南亚研究,2020(3):86.

③ 邹新梅. 马来西亚海洋经济发展:国家策略与制度建构[J]. 东南亚研究,2020(3):89.

④ 中海油与马石油签署中期 LNG 采购协议[EB/OL]. (2021 - 11 - 30)[2024 - 08 - 19]. https://mgas.in-en.com/html/gas 2978361.shtml.

建设海洋强国"①。

迄今为止,中国和东盟及东盟国家间已展开多项海洋生态环保合作,主要涉及以下几个方面。

1. 2009 年,中国与东盟首次制定并通过了《中国—东盟环境保护合作战略 2009—2013》,2016 年发布了第二个五年战略《中国—东盟环境保护合作战略 2016—2020》。其间发布过两次《中国—东盟环境合作行动计划》,为推进南海环境保护区域合作奠定了基础,对中国—东盟环保合作领域、合作机制、资金机制、合作形式进行了精确的安排。2021 年,中国与东盟共同批准了《中国—东盟环境合作战略及行动框架(2021—2025)》,将聚焦环境政策对话与能力建设、可持续城市与海洋减塑、应对气候变化与空气质量改善、生物多样性与生态系统可持续管理等全球与区域热点议题,为本地区实现可持续发展注入更加强劲的合作动力。②

2. 中国—东盟环境保护合作中心。2010 年由中国生态环境部组建,负责推动中国—东盟包括海洋环保在内的环境合作。

3. 中国—东盟环境合作论坛。2011 年 10 月,该论坛首次启动,是旨在保护南海环境而搭建的务实合作的开放平台。自论坛创办以来,海洋环境治理合作一直是论坛的热点议题。2017 年,论坛围绕可持续发展与污染治理等环境保护议题展开讨论。2019 年,通过高层政策对话,各方分享生态文明和绿色发展的理念与实践,搭建利益相关方的沟通桥梁。

4. 中国—东盟海上合作基金。2012 年,中国设立了 30 亿元的海上合作基金,以落实《南海各方行动宣言》,推动双方在海洋科研与环保、互联互通、航行安全与搜救以及打击海上跨国犯罪等领域的合作。

5. 2012 年,原国家海洋局发布《南海及其周边海洋国际合作框架计划(2011—2015)》,该计划得到东盟、南亚以及部分非洲国家的积极参与,取得了丰硕成果。2016 年,又发布《南海及其周边海洋国际合作框架计划(2016—2020)》,该框架计划积极配合"一带一路"倡议实施,为"十三五"期间中国与南

---

① 高举中国特色社会主义伟大旗帜 为全面建设社会主义现代化国家而团结奋斗——在中国共产党第二十次全国代表大会上的报告[EB/OL]. http://www.npc.gov.cn/npc/c2/kgfb/202210/t20221025_319898.html.

② 参见中国—东盟环境保护合作中心:http://www.lmec.org.cn/chinaaseanenv/ ,2024 年 8 月 19 日登陆。

海及其周边国家、地区、国际组织等合作伙伴,在海洋经济、政策、环境等 7 个方面开展合作确立了实施框架。

尽管中国—东盟的环保合作平台众多,但真正负责涉海环保合作的部门并不多。其中,中国—东盟环境保护合作中心是生态环境部的直属单位和派出机构,主要职责之一是承担一定的海洋环境保护合作事务。此外,《中国—东盟环境合作战略(2016—2020)》在"生物多样性和生态保护"一项中明确了海洋环境合作的目标:促进生物多样性保护优先区的合作,比如东盟遗产公园;在加强海洋环境保护领域合作,诸如红树林保护、沿海地区规划、珊瑚礁修复以及海洋垃圾污染防治等。除此以外,2002 年中国与东盟国家达成的《南海各方行为宣言》第 6 条规定,在全面和永久解决争议之前,有关各方可在海洋环保、海洋科学研究等方面开展合作。[①] 但由于《南海各方行为宣言》只是政治共识,缺乏明确的法律约束力,加之域外国家的干扰,区域层面的合作举步维艰。

第二节　中国—东盟联合开发海洋资源面临的困境

当今世界百年未有之大变局加速演进,国际力量对比深刻调整,地缘政治冲突加剧,中国与东盟建构蓝色伙伴关系,共建中国—东盟命运共同体的过程也深受影响,具体在海洋资源开发、海洋生态环境保护和海上军事安全合作等方面均受到了不同程度的挑战。其中,海上军事安全合作的困境在前一章已有详细论述,本节仅针对前两个方面展开论述。

一、中国—东盟联合开发海洋资源面临的困境

中国与东盟国家共同环绕的南海及其附近海域拥有丰富的油气、渔业等海洋资源。早在蓝色伙伴关系提出之前,中国与东盟就已经开展了若干海洋领域的合作。中国与东盟联合开发利用海洋资源可扩展海洋经济空间,实现较高经济效益,为区域内国家和地区发展提供新动能,降低政治及安全等问题的敏感度,使多方获益,真正体现合作共赢的命运共同体理念。但是,中国—东盟联合开发海洋资源的过程受历史与现实制约,涉及多元利益方,既有东盟

---

①　南海各方行为宣言[EB/OL]. mfa. gov. cn/web/system/index_17321. shtml.

国家相互之间的利益权衡,也有域外其他国家对海上联合开发的介入,导致联合开发一直停留在书面计划和口头,难以真正推动。

(一)南海主权争端使南海声索国与我国互信缺失

南海问题是中国和东盟共同开发海上资源开发面临的最大阻力。21世纪初,美国战略重心东移。2017年,特朗普政府出台所谓"印太战略",并联合其他域外国家不断加强在南海的军事存在。拜登政府更是不断尝试创新、升级对华战略,通过在南海不断升级与域内国家共同进行的军演、胁迫更多的盟友前来南海搅局以及精准施策拉拢域内国家等手段[1],离间中国与东盟部分国家关系,导致南海的局势更加复杂难料。从2019年下半年开始,马来西亚、越南、印度等国在南海问题上的立场明显趋于强硬。自2022年小马科斯上任以来,菲律宾与美国、日本的关系迅速升温,强化菲美军事同盟,打造"美日菲同盟"的态势明显。在小马科斯执政一周年之际,菲律宾竟公然在我国南沙群岛仁爱礁挑衅,并得到美国公开支持。菲律宾还在2023年8月公布的"六年国家安全政策"中提出,菲律宾将寻求增强应对威胁的能力,在追求独立外交政策的同时,强调有必要加强与盟友的关系。此外,文件还提出,菲律宾还将加强与美国的共同防御条约以及与区域伙伴之间的现存机制,以获得可靠的防御能力,并指明南海事务依旧是首要国家利益。中菲仁爱礁事件发生之时,美国总统拜登突然宣布将对越南进行访问[2],欲趁仁爱礁生变导致中菲关系紧张之时,在南海东、西两个方向给中国制造摩擦点。一方面分散中国注意力,另一方面通过不断挑战中国的底线,逼中国动手,打一场"代理人战争"。对于美国的拉拢,越南也早已有意迎合。越南领导人在公开场合提出希望能将美越关系提升为像中俄一样的"主要合作伙伴",以拉拢美国并在处理南海等问题上增加更多筹码。除了菲律宾、越南外,马来西亚、印尼等国也均在南海问题上与中国持有不同意见,这将对中国与东盟国家合作开发海洋资源形成一定压力与考验。

---

① 成汉平.从特朗普到拜登:南海问题"泛国际化"及其影响[J].亚太安全与海洋研究,2022(2):36.

② Statement by Press Secretary Karine Jean Pierre on President Biden's travel to Vietnam[EB/OL]. (2023-08-28)[2024-08-19]. https://www. whitehouse. gov/briefing-room/statements-releases/2023/08/28/statement-by-press-secretary-karine-jean-pierre-on-president-bidens-travel-to-vietnam/.

如今,域外势力不断强势介入南海问题,导致声索国在南海问题上的民族主义情绪都明显高涨,加之所谓"仲裁裁决"对中国南海立场主张的全盘否定,不仅强化了各声索国国内民众对本国"南海权益主张"的信心,也加剧了对中国的抵触心理。根据菲律宾民调机构社会气象站(Social Weather Stations)调查,近九成的民众希望菲政府能抗衡中国,并声称菲律宾"绝对拥有南海主权";约87%的受访者同意菲律宾重新掌控由其"实际控制"的南海岛屿很重要;超过80%的受访者认为,菲不反对中国在南海岛礁建设和"军事化"是错误的,应该加强菲律宾军力尤其是海军军力加以应对。此外,美国等大国一直渲染的"南海仲裁案"的合法性以及"印太战略"的出炉,都加剧了南海问题及共同开发的不稳定因素。

(二)域外大国捷足先登

东盟国家现有的海上资源开发,尤其是油气行业,基本依赖域外大国的资金技术和管理经验,尤其是俄罗斯和美国的支持。

对俄罗斯来说,南海虽远离俄罗斯本土,但由于其特殊的地理位置和丰富的油气资源,无论是之前的苏联还是现在的俄罗斯,都积极在南海地区开展军事和经济合作,以增强在该地区的影响力。早在20世纪七八十年代,苏联就通过向越南提供人员和技术支持,帮助越南在南海开辟出白虎油田、东方油田、青龙油田等八块油田。2012年4月,俄罗斯和越南又共同签署了在南海越南划出的05-2号和05-3号区块合作开采油气协议;2016年两国再次签署了在有关大熊油田的石油区块共同开展勘探工作的协议。[①] 目前俄越两国最大宗的经济合作集中于能源领域,而能源领域的主要合作则集中在南海石油的开采。近几年来,越、菲、马、文、印尼等国对南海石油资源的掠夺性开发呈现"井喷",这与域外大国的介入密切相关。事实上,俄罗斯与东盟之间的能源合作已经触及中国在南海的主权利益,从而对中国—东盟的能源合作构成阻碍。

对美国来说,南海是中美战略竞争的重要组成部分,是美国遏制和削弱中国影响力的重要抓手。[②] 随着中国的快速崛起,美国对华认知出现重大转变。

---

① Russia, Vietnam expand energy cooperation with new oil, gas deals[EB/OL]. (2016-05-17) [2024-08-19]. https://www.spglobal.com/commodityinsights/pt/market-insights/latest-news/natural-gas/051716-russia-vietnam-expand-energy-cooperation-with-new-oil-gas-deals.

② 金永明,崔婷. 美国南海政策的演变特征与成效评估(2009—2022)[J]. 南洋问题研究,2022(2):101.

自奥巴马政府到拜登政府,美国借南海问题对中国进行制衡,想继续维护美国的全球霸主地位。除了军事、外交、法律等手段外,经济手段也是美国加强与东盟国家联系、加强在南海存在的重要方式之一。早在 20 世纪初期,美国的跨国公司就和东南亚一些国家在南海地区联合开采石油。美国跨国石油公司是最早开发南海油气资源的企业之一。美越关系正常化后,埃克森美孚石油公司就重返南海,与越南合作进行油气开发活动。2007 年,越南与美国康菲石油公司共同建造的天然气管道正式投产。2008 年,埃克森美孚石油公司以所谓的"国际招标"的方式,从越南手中获得岘港海岸线外 119 号区块的石油勘探权。目前,与越南合作的美国跨国石油公司主要有埃克森美孚公司、康菲石油公司和雪佛龙石油公司等。文莱与马来西亚也各自在自己实际控制的海域内进行海上油气区块招标。与越南和菲律宾相比,文莱与马来西亚的招标区块没有在中国的南沙岛礁海域内,态度相对温和。目前,美国的大型石油公司几乎与所有南海相关争端国在南海争议区域签有共同开发合同。2019 年10 月,美国和越南更是结成"全面能源合作伙伴"。仅一个多月之后,即 2019年 11 月,到访河内的美国商务部部长韦伯·罗斯又与越南签署了 2 号山美天然气发电厂和液化天然气进口港两大合作项目,进一步拓宽在海上资源开发方面的合作范围。①

　　域外大国的捷足先登与深度介入,一方面挤压了中国与东盟国家海上合作开发的空间,而另一方面则大大削弱了中国在东盟的影响力,使得南海问题向着复杂化的方向发展。据统计,目前来自世界各国超过 200 多家的能源公司在南海海域钻井,钻井总量达上千口,几乎囊括美、欧、日等所有大国。

表 7-1　美国跨国石油公司在南海签署的开发合同汇总表

美国公司名称	合作国	天然气产量 (亿立方英尺/年)	石油产量 (万桶/天)
康菲石油公司 埃克森美孚公司 雪佛龙石油公司	越南	3 000	30
埃克森美孚公司	菲律宾	1 000	10

---

①　成汉平.美越发展全面能源合作伙伴关系的背后[J].世界知识,2020(1):52.

（续表）

美国公司名称	合作国	天然气产量 （亿立方英尺/年）	石油产量 （万桶/天）
康菲石油公司 赫斯石油公司 墨菲石油公司 新田石油勘探公司	马来西亚	18 000	50
雪佛龙公司 康菲石油公司 埃克森美孚公司	印度尼西亚	2 000	6
康菲石油公司 赫斯石油公司 墨菲石油公司	文莱	4 000	12

图表来源:严双伍、李国选.南海问题中的美国跨国石油公司[J].太平洋学报,2015,23(3):31-41.

（三）个别国家的单边行动削弱了双边合作意愿

越南等国的单边行动长期以来都是干扰南海海上务实合作进程的主要因素之一。出于对南海新油气田开发的迫切需求以及制造更多"既成事实"、谋取更多经济和政治利益的考量,在"南海行为准则"达成前的这段时间内,有关声索国正在利用这个"窗口期",抓住一切可以利用的机会,加速在南海的单边行动,如在争议海域油气富集区进行勘探和开发、对无人控制岛礁进行侵占、对断续线内渔业资源进行捕捞、在占领岛礁进行军用设施部署、与美日域外大国进行合作机制建设等。据"哨兵"卫星影像显示,越南从2021年3月至2023年8月在其侵占的南沙岛礁上的扩建工程进展迅猛,在鸿麻岛、敦谦沙洲、毕生礁、无乜礁、柏礁5处岛礁新增扩建面积约2.78平方千米。南海主权声索国的个别海上单边行动,一是极易激化争端国之间的矛盾和冲突,引起海上局势升温,损坏相互间的政治互信,如2023年8月,越南与印尼两国之间就因为纳土纳群岛的领土争端,几乎兵戎相见;二是挤压了争端方之间开展务实合作的空间,特别是单方面的油气钻探与开采等活动与共同开发等倡议直接冲突;三是单方面行动既满足了部分声索国强化主张宣示的政治诉求,又能获得巨大的经济利益,极大削弱了中国—东盟开展海上合作的需求和政治意愿。

（四）各国海洋治理能力不平衡

由于地理位置差异,东盟各国开发海洋资源的意愿也大相径庭。群岛国菲律宾、实际控制较多南海岛礁的越南、拥有较长海岸线的印尼在对海洋资源的开发利用上有较强烈意愿,而内陆国家老挝的海洋资源开发意愿就远远低于其他东盟国家。此外,东盟各国海洋资源开发利用的技术水平差异大,资金又相对匮乏,导致各国的海洋资源开发能力不一。除新加坡外,其他东盟国家均为发展中国家或较不发达国家。这些国家涉及海洋资源开发的工艺技术落后,海洋基础设施不健全,海洋经济配套产业仍不完善。虽然出于发展经济的需求,这些国家对开发利用海洋资源有强烈意愿,但是在具体开发海洋资源的过程中,往往对海洋的破坏大于对海洋的保护。这些国家对于海洋资源开发的深度和广度不同,进而导致享有海洋权利的不平等。地缘差异和不同的利益诉求导致对于海上资源的开发和解决方案有很大的不同,比如油气板块,就涉及不同国家领土诉求、油气开发现状、经济实力、政治生态及外交立场等不同的情况,这需要从多重维度去评估海上开发合作的方案,不能以同一种思维一以贯之,必须区别对待。东盟国家内部情况各异,严重延缓了海洋资源合作开发利用的步伐。特别是拜登政府上台以来,在政治、经济和安全等方面加大了对东盟的影响力度,试图把他们拉入由其主导的、排斥中国的多边机制,这些因素都会延缓中国与东盟海上联合开发计划的推进。

此外,部分东盟国家的治理能力不强和政治稳定性不高则是另一个制约因素。例如,马科斯执政后,菲律宾与美国的关系出现了转折,与中国的关系也同时发生了急速变化;2023年8月,柬埔寨大选刚结束,洪森卸任柬埔寨首相,其子洪玛奈接任;缅甸军政府的相关问题悬而未决;等等。这些不可避免地会影响其海洋资源开发合作的相关政策和对合作对象的选择。

(五) 海洋合作创新不足,涉及面不广

以往的中国—东盟海洋合作主要通过政府间主导的方式展开,其优点是合作层次高、双方重视、成果显著。但也存在一系列问题,一是合作思维固化,一旦提及"中国—东盟海洋合作",各界人士就希望政府出面干预或推动;二是单向性明显,即中国—东盟海洋合作经常会出现一方积极推进而部分国家消极被动的局面,致使合作难以开展;三是非政府层面的民间合作潜力尚未充分发挥。目前,政府主导的海洋合作项目大多在科研、环境保护、防灾减灾、低敏感海域联合执法、海上搜救等领域,涉海民间投资、智慧海洋建设、海洋物流、临港工业区建设、海洋服务贸易合作、海洋金融等领域的合作潜力尚未充分发挥出来,需要更加全面、更加广泛地予以开发。

在海洋合作机制方面,目前中国—东盟的海洋合作机制主要有中国—东南亚国家海洋合作论坛、落实《南海各方行为宣言》联合工作组。博鳌亚洲论坛、中国—东盟海上合作基金、泛北部湾经济合作、中国—东盟博览会等虽在中国与东盟的关系发展中发挥着重要推动作用,但仍存在一些不足。现行的中国与东盟之间的合作框架和协议在宏观视野下仍然缺少关于海洋方面合作的具体内容,大部分是关于经济贸易与投资。《南海各方行为宣言》目前只是一个政治性的纲领,在实际的合作中并未能产生实际效果。原中国国家海洋局于 2012 年 1 月发布的《南海及其周边海洋国际合作框架计划(2011—2015)》旨在加强中国与南海及周边海洋国家的海洋合作,自推行以来取得了一系列成果,但该计划仅由中国单方发布和主导,不能够积极调动东盟相关国家的热情,对于蓝色经济的发展与合作成效并不是很显著。尽管中国—东盟业已建立多个涉及海洋合作的机制,但是依旧缺乏一个专门性的、高层次的海洋合作机制。中国—东盟海洋合作之所以会出现合作面虽广但是缺乏深度等问题,与专门性、高层次海洋合作的缺失有着十分密切的关系。

(六) 涉海合作基金项目地域分布不均,企业参与偏少

2011 年,在中国—东盟正式建立对话关系 20 周年之际,时任中国总理温家宝在中国—东盟领导人峰会上,提出为了开拓双方海上务实合作,决定设立30 亿元人民币的中国—东盟海上合作基金,推动双方在海洋科研与环保、互联互通、航行安全与搜救以及打击海上跨国犯罪等领域的合作。[①] 自该基金设立以来,中国国内和东盟各国政府都表现出极强的兴趣,纷纷开始申报项目。在实际中标项目中,却出现了"地域分布不均,企业参与偏少"的情况。越是偏南的沿海省份,所得到的项目份额就越少,"南海三省"入围项目总和甚至不如地理位置相对偏北的福建省。[②] 实际中标项目中,仅有少数企业参与其中。以海洋能源、海上经贸为主营业务的涉海企业表现出的合作意愿更强烈,提出的合作方案更加具体可行,也更有可能产生直接的社会经济效益。

---

① 温家宝在中国—东盟(10+1)领导人会议讲话[EB/OL]. (2011 - 11 - 18)[2024 - 08 - 19]. www. gov. cn/ldhd/2011 - 11/18/content_1997289. htm.

② 康霖,罗亮. 中国—东盟海上合作基金的发展及前景[J]. 国际问题研究,2014(5):34.

二、中国与东盟海洋生态环境保护合作面临的挑战

中国和东盟沿海国共享南海海域同一片水体,在海洋环境和海洋生态方面,存在休戚相关的共同利益。长期以来,中国与东盟国家通过依托联合国环境规划署(UNEP)、联合国粮农组织(FAO)、亚太经合组织(APEC)等国际组织框架,以及双边直接开展海洋合作,在海洋生态系统研究、生物多样性保护、污染治理等关键领域取得了不少合作成就。但是,由于其中多方有岛礁主权和海洋争端,部分国家引入域外大国力量对海洋经济资源进行开发利用,且受限于相关国际组织与合作机制自身的缺陷,南海海域海洋环境的保护工作仍有一些缺憾。

(一) 政治互信不足

南海问题是导致中国与东盟之间在政治和安全互信构建上出现不足的主要障碍。政治互信不足导致海洋合作的政策沟通不足。近年,中国与东盟高度关注海洋合作,尽管在顶层设计层面中国与东盟间业已就海洋合作达成普遍共识,但是在具体战略落实过程中,中国—东盟的海洋合作仍然存在较为严重的政策沟通不足的问题。

(二) 海洋环保意识缺乏

一方面,在经济发展初期,由于相当长一段时期内环保意识缺失、盲目追求经济效益、开发利用技术水平落后,发展中的中国与东盟都曾经以牺牲海洋环境为代价谋求经济发展,对海洋生态环境造成了一定程度的破坏。另一方面,南海及其附近海域的岛礁和海洋主权争议使得争议各方更加关注各自的利益和安全问题,而不是资源整体的可持续利用和生态环境保护问题,这种对资源和环境保护的忽视,使得对资源的竞争性开采愈发激烈。而这种竞争性的无序开发活动,又进一步加剧了南海的生态环境压力,使得生态环境问题愈加严重,对生态环境的管理面临更大挑战。如何将海洋命运共同体、海洋伙伴关系的理念转化成制度和规则? 如何有效平衡排他性利益和包容性利益、民族主义和国际主义? 这些问题都值得审慎思考。

(三) 海洋环保专业机制缺乏,规则、标准缺失。

其一,区域环保公约和海洋环境影响评价机制标准缺失。由于缺乏区域公约的统领,南海区域合作法律呈现出碎片化和行业化的特点,在协定、软法、

组织、项目和计划之间缺乏沟通,只有单纯的依靠各个主权国家"良好的政治意愿"去施行的行动计划。海洋环境保护合作的开展缺乏法律激励与惩罚机制,域内国家环保义务承担不足,海洋环境保护合作进展缓慢。此外,中国与东盟之间区域性海洋环境影响评价机制标准的缺失也导致了海洋环保规则的有效性难以得到保证。其二,既有制度缺乏有效执行。现有中国—东盟的环境保护合作机制看似合作平台多样、协议众多,但缺乏专业机构,有效执行乏力。中国与东盟在环境保护领域的合作机制并不完善,其突出表现就是专业性环境保护合作机构的缺失。虽然领导人会议、各级高官与工作组会议以及正在酝酿中的环境部长会议正在不断推进中国与东盟环境合作的制度化,但仍然缺少专业的环保合作机构。已经设立的中国—东盟环境保护合作中心是一个双方就海洋环保问题进行沟通对话和战略研究的平台,而不是一个对环保合作进行决策与执行的机构。在中国与东盟环境保护领域的合作中,柔性合作和援助(比如能力培养方面的双边合作等)多,刚性执法合作少。这种松散的环境保护合作模式,反映在功用发挥上即中国—东盟(10+1)领导人会议形成的法律文件多为宣言、计划等功能性而非约束性成果,整个环保机制难以取得突破性进展,整体环保合作项目难以取得实质性成果。例如,《南海各方行为宣言》中虽然规定在全面和永久解决争议之前,有关各方可在海洋环保、海洋科学研究等方面开展合作,但由于其只是政治共识,缺乏明确的法律约束力,加之域外国家的干扰,区域层面的合作举步维艰。又如,在联合国环境规划署推动下展开的专门针对南海的环保合作项目"防止东亚海域环境污染计划"及"东亚海域环境管理伙伴关系计划",计划覆盖了除文莱外所有南海周边国家,目的在于为便利解决国家间跨界海洋问题提供区域合作框架,提升沿海区域环境管理,控制沿海废水、废物污染,划定海洋环境保护区,重点强调要保护红树林、珊瑚礁,防止过度渔业捕捞,加强水质管理,开展针对自然灾害和气候变化的应对行动。然而,该计划并不具有法律上的约束力,无法形成具有约束力的对环境问题的具体应对,也缺乏相应的推进和执行计划的联合机构,完全依赖相关国家的"良好意愿"进行合作,因此,目前尚未达成任何具有约束力的海洋环境保护区域性公约。

(四) 全球性的威胁或挑战

随着中国与东盟国家的发展及合作深化,人类生产、生活或多或少对海洋自然生态造成了影响。这些影响主要包括非人为和人为两方面。非人为的影响主要指海洋自然灾害、气候变化、公共卫生危机等全球性公共议题。气候变化导致南海海水酸化,商业性过度捕捞也在不断侵蚀着南海生物资源的栖息地。人为的影响和威胁指的是除传统污染、渔业耗竭、沿海栖息地丧失等海洋挑战外,人类生产生活给海洋带来的海洋生态威胁。频繁的海运贸易所带来的船源污染,油污事故造成的海水自净能力降低,使得具有半闭海特征的南海生态系统受到严重损害并退化。而人类生产生活产生的二氧化碳排放量持续增加而加剧的海洋酸化问题,人类生产生活产生的塑料垃圾无节制向海洋排放导致的严峻的海洋垃圾问题,陆地工业农业污染物不加任何处理就从河流流入海洋产生的海洋污染问题,过度海洋捕捞带来的鱼类资源枯竭问题等,会导致海洋生物多样性和生态系统的结构与功能遭到破坏,将导致大量物种灭绝、生物多样性退化、海平面上升等不可想象的后果。

(五) 技术挑战

南海海域蕴藏着丰富的油气资源。外界曾推测,如果油气资源得到完全开发,南海有望成为另一个波斯湾。[①] 但深海资源的开发具有地质结构复杂、在此环境下作业难度高的特点,而南海周边国家多为发展中国家,经济、科技不发达,海洋生态环境治理能力弱,且南海油气资源开发先期投入成本巨大,非一般国家能够承担。未来南海附近海域深海开发需要在全球范围内展开合作,才能保证海洋资源的高效开发与合理利用。但如前文所述,这类合作涉及主权、舆论及各国国内民族主义等敏感话题,推动起来困难重重。

---

① 吴磊.中国石油安全[M].北京:中国社会科学出版社,2003:7.

第
八
章

中国—东盟"蓝色伙伴关系"建设的经验借鉴

　　海洋既是全人类赖以生存的共同家园,又是人类扩展经济发展空间、实现社会经济可持续发展的资源宝库。早在 20 世纪八九十年代,以美国为首的西方发达国家就率先制定了海洋开发战略,日本、印度等国也相继跟随。① 美国、日本、印度等国与东盟开展海洋合作的经验,可为中国—东盟构建蓝色伙伴关系提供经验借鉴。中国与东盟可充分用他山之石、他国之鉴,并根植于自身文明特质,守正创新,以构建蓝色伙伴关系为起点,进一步推动中国与东盟海洋命运共同体建设。

第一节　日本与东盟开展海上合作的经验

　　日本四面环海、靠海而生,海洋对其国家安全和经济发展尤为重要。从明治维新开始,日本就把成为"海洋国家"作为其主要对外战略目标。"海洋国家"既是日本国家身份的定位,也是其国家发展道路的选择。日本 80% 的原油进口要经过马六甲海峡。日本每年有超过 7 000 亿美元的货物出口,而这些货物几乎完全是通过海洋运输完成。日本视东盟地区为其维系能源安全和

---

　　① 袁晓茂. 日本海洋开发的主要技术[J]. 海洋地质动态,1988(3):22.

贸易发展的战略要道,认为东南亚的海上通道安全与日本国家利益和国家安全直接相关。2020 年 11 月,东盟和日本发表了《第 23 届东盟—日本"东盟印太展望"合作峰会联合声明》。在联合声明中,日本承诺与东盟加强在海上合作、互联互通、联合国 2030 年可持续发展目标以及经济和其他可能的合作四个领域的合作。① 其中,海上合作是日本与东盟合作的首要合作领域。

一、日本与东盟开展海上合作的演进过程

日本与东南亚开展海上合作的历史可以追溯到 19 世纪末的明治时期,日本在甲午战争后开始在东南亚地区扩张其势力范围。此后,日本与东南亚地区国家进行了大量贸易,对其进行投资,并且开始开辟海上交通和航运路线。

第二次世界大战期间,日本扩张其帝国主义势力,进一步控制了东南亚地区的领土和资源。但随着战争结束,日本战败,日本被迫放弃其所占领土,并在和平条约中承诺不再使用武力来解决国际争端。

第二次世界大战后,日本逐渐恢复了与东南亚国家的关系。日本在战后采取投资、贸易、援助三位一体的经济外交手段②,与东南亚国家进行了和解与合作,逐步实现与东南亚国家关系的正常化。

20 世纪 70 年代以来,日本与东南亚国家加强了海上安全合作。1977 年,日本开始对东南亚地区提供经济援助,并在该地区加强了投资和贸易。

1985 年,日本政府发起了"东南亚海上合作计划",旨在推动日本与东南亚国家在海上安全、海事、渔业等方面的合作。

20 世纪 90 年代,随着东南亚地区经济快速发展,日本加强了与东南亚国家的经济和贸易合作,并开始向东南亚地区提供援助和技术转让。

1993 年,日本与东盟 10 国签署了"东盟—日本合作协议"。这是一个旨在加强日本与东盟间经济合作的协议,其中一个重点合作领域是海上安全。

自 2000 年以来,日本国际论坛(JFIR)先后出台了《21 世纪日本的大战略:从岛国到海洋国家》《21 世纪海洋国家日本的构想:世界秩序与地区秩序》

---

① Joint Statement of the 23rd ASEAN-Japan Summit on Cooperation on ASEAN Outlook on the Indo-Pacific[EB/OL]. (2020 - 11 - 13)[2024 - 08 - 19]. https://asean. org/joint-statement-of-the-23rd-asean-japan-summit-on-cooperation-on-asean-outlook-on-the-indo-pacific-2/.

② 王传剑,刘洪宇. 安倍第二次执政以来日本加强与东盟国家海洋安全合作的进展、动因及前景[J]. 南洋问题研究,2021(3):16.

等重要研究著作,对日本作为海洋国家的战略构想作了系统规划。此后,日本与东盟在海洋安全领域的合作进展迅速,双方逐步从对话协商的"形式合作"过渡到了海洋非传统安全领域的"实际合作"。① 日本与东南亚国家的海上合作重点是打击海盗、恐怖主义和贩毒等非传统安全威胁。

2003 年,日本正式加入《东南亚友好合作条约》。同年,日本和东盟还成立了东盟—日本海上安全合作机制(MSC),旨在加强双方在海上领域的合作和对话。日本政府与东盟签署了东盟—日本自由贸易区(AJFTA)协定,推动贸易自由化和区域经济一体化。

2008 年,日本与东盟部分国家签署了《东盟—日本全面经济伙伴关系协定》(AJCIP),并开始办理协定生效的国内手续。对日本来说,AJCIP 是第一个以地区集团为对象的多国间经济合作协定,将进一步密切日本与东盟国家之间的经贸关系。

2020 年 11 月,东盟和日本共同发表了《第 23 届东盟—日本"东盟印太展望"合作峰会联合声明》。在联合声明中,日本承诺与东盟密切合作,并在《东盟区域行动计划》中概述的四个领域,即海上合作、互联互通、联合国 2030 年可持续发展目标以及经济和其他可能的合作领域上加强务实合作和协同增效,加强东盟—日本战略伙伴关系。

2023 年 9 月,日本在第 26 届东盟—日本峰会上将日本与东盟关系升级为全面战略伙伴关系,并强调"绝不允许在世界上任何地方凭借实力单方面改变现状的尝试",且要"加强海洋领域的合作"。②

二、日本与东盟开展海上合作的内容

对日本来说,东盟不仅具有重要的地缘战略价值,而且在劳动力潜力和资源方面也极具优势。因此,日本将与东盟的关系视为扩大其在亚太乃至全球影响力、成为地区政治大国的一个突破口。20 世纪 90 年代初的日本政府发展援助(ODA)强调了"东南亚是优先地区之一"③。日本学者也说:"要成为地

---

① 王传剑,刘洪宇.安倍第二次执政以来日本加强与东盟国家海洋安全合作的进展、动因及前景[J].南洋问题研究,2021(3):18.

② "东盟与日本关系升级至全面战略伙伴关系",俄罗斯微信通讯社,https://baijiahao.baidu.com/s? id=1776335037695975954&wfr=spider&for=pc.

③ 张腾飞.日本对东南亚经济外交的政策工具与双重逻辑[J].太平洋学报,2023(4):79.

区领导者并发挥全球作用,日本需要与东盟国家发展特殊关系。"由于受第二次世界大战时期被殖民的历史的影响和东盟维护其中心地位的考虑,日本与东盟一开始的海上合作偏重于经贸和非传统安全领域。随着中国日益崛起,日本开始加强与南海周边国家军事安全合作,企图以南海问题遏制中国崛起。

海洋经贸合作。日本与东南亚国家在海洋经济方面积极开展合作,包括共同开发海洋渔业资源、建设海洋产业园区等。东盟有丰富的海洋渔业资源,而日本 90%～95% 的水产品均需要进口,因而,日本非常重视与东盟的渔业合作。日本与东盟国家的渔业合作主要包括两类:一类是与新加坡、文莱、印尼、菲律宾等海上东盟国家间的海洋渔业捕捞,海洋渔业资源保护调查,岛屿、滩涂、人工渔礁建设等方面的合作;另一类是与越南、老挝、柬埔寨、缅甸等陆地东盟国家以发展养殖业为主的合作,通过提供资金、技术等方式,合作繁育、饲养各类水产品,从而提高双方水产品的进出口量。2023 年 9 月,日本政府不顾国际舆论反对,公然向太平洋排放核废水。中国对此举表示强烈反对且全面暂停进口日本水产品。但新加坡、菲律宾、越南和印尼等部分东盟国家却对此事持中立或暗中支持的态度。由此可见,日本与部分东盟国家在政治经济方面的利益高度契合。

海洋环保合作。日本与东盟之间海洋环保合作项目的内容也非常丰富。双方在海洋污染防治、海洋生态保护等方面进行合作,旨在共同维护地区海洋生态环境。日本一直通过"东盟＋3 海洋塑料废弃物合作行动倡议"和东盟与东亚经济研究机构(ERIA)海洋塑料废弃物区域知识中心开展与东盟的海洋环保合作;日本还提供平台分享关于湄公河、恒河以及斯里兰卡和缅甸选定河流塑料污染的科学知识,为地方和全球层面的政策和决策提供信息。此外,日本通过日本—东盟一体化基金(JAIF)向东盟提供了约 10 亿日元,用于东盟国家开发人力资源、提高环保意识和环境保护公关活动,包括制作关于海洋塑料废物的纪录片、支持促进塑料循环协会、为东盟成员国制定国家行动计划和陆海统筹政策办法、加强东盟国家减少海洋废弃物的能力等。①

海上安全合作。日本与东盟国家的海洋安全合作主要以非传统安全合作为主,打击海盗、反恐、共同打击海洋非法捕捞是非传统海上安全事务合作的

---

① TAKASHI SHIRAISHI, TAKAAKI KOJIMA. An Overview Of Japan-ASEAN Relations [M]// ASEAN-Japan Relations. ISEAS Publishing, 2013:1 - 16.

主要内容。东南亚海域历来都是全球海盗活动猖獗区之一,海盗对海洋运输安全构成了巨大挑战,同时也威胁到了日本海上能源开采和商贸运输。日本通过搭建多边和双边合作平台,维护马六甲海峡通航安全。多边层面,2001年,时任首相小泉纯一郎推动日本和东盟成员国签订了《亚洲打击海盗和持械抢劫船只区域合作协定》(ReCAAP)。该协定旨在通过其信息共享中心,提升海上巡航能力,并促进与国际海事组织和国际刑警组织等机构的合作。[①] 日本还通过联合研究、培训和基础设施共享等方式,加快与印尼、马来西亚和新加坡等国家的双边合作,共同打击马六甲海峡猖獗的海盗活动。此外,日本还与东盟国家共同打击海洋"非法捕捞"活动。"非法捕捞"指非法的(Illegal)、不报告的(Unreported)和不受管制的(Unregulated)捕捞活动,简称"IUU 捕捞"。海鲜是日本饮食文化的重要组成部分,日本从包括东南亚国家在内的许多国家进口鱼类和渔业产品,以满足国内需求。日本通过向越南和印尼等东盟国家提供监测船,资助其海洋执法能力建设项目,使东盟国家提高遏制和取缔非法捕捞的能力。2017 年,日本与泰国签署了联合声明,通过提高渔业产品的可追溯性和加强监测、控制、监视,打击"IUU 捕捞"。

非传统安全方面。1992 年,日本派人员参加了联合国在柬埔寨举行的维和行动,此次维和行动被认为是日本与东盟国家开展的首次安全合作。在"宫泽主义"提出后,日本将其在东南亚的战略目标从经济领域扩展到了安全领域,近年来,日本运用卫星、人工智能、无人机等先进技术加强海洋安保。为了助力实现"自由开放"的海洋秩序,日本还加强了与东盟及太平洋等地区国家的联合演习。日本自卫队不仅频繁参与美国主导的各类军事演习,而且还有针对性地同菲、越、马等国开展联合演练,实现了自第二次世界大战结束以来向南海投送军事力量的历史性突破。[②] 2023 年 8 月,日本就将"出云"号直升机驱逐舰停靠在菲律宾,加强菲律宾在南海的"执法力量",以助其对抗中国。

加强海上执法能力相关培训。日本国际协力事业团(JICA)与东南亚渔业发展中心合作,在 2022 年举办解决"IUU 捕捞"的培训项目和研讨会,以支持可持续渔业和渔业社区的可持续发展。该项目旨在减轻非法、无管制和未

---

① ReCAAP Agreement:Regional Agreement on Combating Privacy and Armed Robbery Against Ships in Asia[EB/OL]. https://www. recaap. org/resources/ck/files/ReCAAP%20Agreement/ReCAAP%20 Agreement. pdf.

② 杨光海. 日本介入南海争端的新动向及新特点[J]. 和平与发展,2015(5):105.

报告的捕捞对鱼类生态系统的影响,并加强渔业作为东盟关键产业之一的可持续性。日本还通过战略港口行政管理培训、日本—东盟船舶驾驶员合作计划、国际公法培训方案等培训项目,帮助东盟各国相关部门制定应对各自面临的挑战的解决方案,提高各国相关部门的战略港口行政管理能力,促进官员之间的相互信任和联系,从而促进区域稳定。

此外,日本还积极参与东南亚地区的人道主义援助和灾害救援行动。例如,日本曾向印尼提供灾后重建援助,向菲律宾提供抗台风援助等。

总体而言,日本与东南亚地区的海上合作涉及许多领域,包括海上安全、防卫、经济、贸易、人道主义及自然灾害救援等。这些合作不仅有助于推动地区的和平、稳定和繁荣,也有助于增进日本与东盟间的互信和友好合作关系。

三、日本与东盟开展海上合作的特点

日本与东盟开展海上合作具有三大特点。

第一,以双、多边合作为重点。由于东盟国家利益的多元化以及东盟决议多为柔性决议,不具约束力,日本自 2013 年以来并未将所有东盟国家视为可行的海洋安全合作对象,而是更倾向于选择与那些"志趣相投"的东盟国家开展小规模的双边合作。[①] 新加坡、印尼和马来西亚三国位于马六甲海峡沿岸,地理位置极其重要,日本为了确保其海上战略通道的安全,格外重视与这三个国家的海上安全合作;而越南与菲律宾是南海争端中表现较为强硬的声索国,反华态度明显,也成为日本开展海上安全合作的优先对象。

从 2020 年 5 月到 2023 年年底,日本将越南、印尼和菲律宾这三个东南亚国家列为发展双边关系的重点对象,与越南、印尼和菲律宾互动频繁。越南是美国介入南海问题的支点,在美国推进实施"印太战略"的进程中具有重要战略地位。2020 年 9 月至 10 月,日本海上自卫队进行了"印度—太平洋部署 2020"(IPD - 20),体现了其持续的海上东亚的承诺。尽管与过去相比,日本自卫队在"IPD—20"进行的演习规模相对较小,但日本派遣了一艘直升机护卫舰 JS Kaga (DDH184)、一艘雷号护卫舰(DD107)、一艘静音性能优良的潜

---

① Ngnyen Hung Son, "ASEAN-Japan Strategic Partnership in Southeast Asia: Maritime Security and Cooperation", Beyond 2015 ASEAN-Japan Strategic Partnership for Democracy, Peach and Prosperity in Southeast Asia, 2013, p. 222.

艇O-shio以及三架舰载机,访问了越南的金兰湾,与印尼进行双边演习。印尼和越南是日本自卫队在此次演习中仅有的两个与之互动的东南亚国家。最近日本和印尼的合作增强了印尼在海洋领域发挥威慑作用的军事能力。2023年11月,日本首相岸田文雄在访问菲律宾期间提到,在南海,正在进行一场旨在"保护海洋自由"的,由美国、日本和菲律宾构成的"三边合作"。此次讲话看似强调了三国之间的合作关系,更深层的含义可能预示着美、日、菲三方已在形成一种合作机制,在南海问题上对华集体施压,南海局势将变得更加复杂。

第二,合作内容因国而异,侧重非传统安全合作。日本与菲律宾、泰国同为美国的传统盟国。因此,日本与菲律宾的海洋安全合作更多侧重于联合军事演习与防务交流;印尼、越南、新加坡、马来西亚等国是日本的东南亚"战略伙伴",日本与这些国家的海洋安全合作主要针对海上执法及海洋治理能力建设;对于柬埔寨、文莱和老挝这些经济体量较小、影响力不大的东南亚国家,日本则倾向于开展经济、人道主义、灾害救助等方面的援助和合作。

第三,强调共同利益,打消东盟国家疑虑。经济合作、维和行动和强调日本"自由开放的印太"(FOIP)愿景与"东盟印太展望"(AOIP)的共性,是日本赢取东盟民心的三大法宝。第二次世界大战期间,东南亚部分地区是日本的殖民地,战争结束后,日本通过对东南亚国家秉持"经济优先"的外交理念,以其主导的"雁行模式"提振东南亚各国经济。日本在柬埔寨问题上与东盟国家保持一致立场并派兵参加联合国在柬埔寨的维和行动,这消除了东盟国家此前在安全领域与日本合作的忧虑。此外,日本强调日本"自由开放的印太"愿景和"东盟印太展望"的综合,而不是概念的整合。在东盟主导的每一次多边会议上,包括东盟与中日韩(10+3)领导人会议和东亚峰会,日本都明确表示支持东盟的中心地位和团结。日本和东盟在2020年发表了《第23届东盟—日本"东盟印太展望"合作峰会联合声明》。在该声明中,日本和东盟都致力于促进"基于规则的自由开放的印太地区,拥抱关键原则,如东盟的团结和中心性、包容性、透明度以及(补充)东盟社区建设进程"。由于担心陷入大国竞争,东盟作为一个地区组织一直不愿公开表达对地区大国战略愿景的制度支持,无论是美国、中国还是日本。然而,该声明表明,日本和东盟在印度—太平洋地区有着相同的原则。这意味着日本和东盟将专注于他们可以达成一致的原则、规则和规范,并寻求扩大合作领域,而不是日本简单地要求东盟将"自由开放的印太"作为一个整体战略概念来支持。

第二节　美国与东盟开展海上合作的经验

东盟国家和美国位于不同大陆,文化、政治、历史差异巨大。然而,这些差异并没有阻止美国和东盟的相互接触。东盟成立 10 年后,美国开始与东盟接触。第二次世界大战以来,美国对东盟的态度经历了"善意的忽视""选择性再接触"和"全方位介入"三个阶段。[①] 自 1977 年和东盟建立对话关系以来,美国和东盟的合作领域从商贸、发展援助逐步扩大至安全领域。特别是美国"印太战略"提出后,东盟在美国国家战略中的地位愈显突出。美国把东盟看作介入亚太事务的枢纽,以中国南海为抓手,提升其在南海开展"航行自由行动"的频率和强度,联合盟国和伙伴国以"小多边联合行动"的方式在南海问题上协作配合,试图在东南亚部署更多的前沿存在,以达到遏制中国、护持其全球霸权的目的。

一、美国与东盟开展海上合作的演进过程

美国与东南亚国家之间的海上合作可以追溯到第二次世界大战后期。在第二次世界大战期间,美国与部分东南亚国家合作对抗日本帝国主义。战后,美国继续与东南亚国家保持联系,支持其经济和政治发展并开展了一系列海上合作活动。

1954 年,美国加入了"东南亚条约组织"(SEATO),并开始提供军事援助和培训。

冷战期间,美国与东南亚国家之间的海上合作进一步加强。美国通过向其盟友提供技术和培训,帮助东南亚国家发展其海上力量。20 世纪 50 年代,美国开始在东南亚地区建立军事基地,并与菲律宾、泰国、新加坡等国签订了防务协议。美国还在该地区开展了军事训练、联合演习和人员交流等活动,以加强与东南亚国家之间的合作关系。20 世纪 60 年代,美国开始接替法国参与越南内战,并与东南亚国家加强了军事合作。然而,随着越南战争的结束,美国撤出了驻扎在该地区的军队,并减少了对东南亚国家的军事援助。20 世纪 70 年代,美国与东南亚国家开展了更多的海上合作活动,包括海上巡逻、反

---

① 任远喆.美国东盟关系的"三级跳"与东南亚地区秩序[J].南洋问题研究,2017(1):17.

海盗行动、打击贩毒等。此外,美国还向东南亚国家提供了军事援助和技术支持,以提高他们的海上安全能力。

1977年,美国与东盟建立对话关系。

自20世纪90年代以来,美国在东南亚地区推行"自由和开放"的政策,加强与东南亚国家的经济和贸易合作,同时继续加强海上安全和反恐等合作。

21世纪初,随着中国崛起和南海争端加剧,美国重新加强了与东南亚国家的海上军事合作。美国主要通过向东南亚国家提供军事援助和培训来加强合作,同时在该地区进行舰队部署和联合军演,还与东南亚国家共同应对海盗问题和非传统安全威胁。

自特朗普政府、拜登政府执政以来,东盟在美国"印太战略"中扮演着越来越重要的角色。美国加强了与东盟的合作,帮助东盟处理发展所面临的挑战,以确保该地区实现稳定与繁荣发展。2022年美国—东盟对话关系建立45周年之际,美国与东盟将美国—东盟关系升级为全面战略伙伴关系,并一致同意为了应对中国"在该区域日益增长的势力",将进一步加强海上和经济合作。双方在联合声明中强调:

第一,要建立新的联系。促进包括海事执法机构在内的相关机构之间的合作与协调,通过分享信息、专业知识和提供技术援助,共同加强海洋意识,确保海上安全,遏制非法的、未报告的和不受监管的捕捞。美国与东盟还共同承诺继续以可持续方式保护海洋生态环境。

第二,坚定不移地维护该地区的和平、安全与稳定,并确保海上安全、1982年《联合国海洋法公约》规定的"航行和飞行自由"、对海洋的其他合法使用、不受阻碍的海上合法商务活动、非军事化和开展活动时自我克制。

第三,要根据普遍公认的国际法原则(包括1982年《联合国海洋法公约》)和平解决南海争端。①

在2022年5月举行的美国—东盟特别峰会上,美国宣布了与东盟的海上

---

① ASEAN-U. S. Special Summit 2022, Joint Vision Statement[EB/OL]. (2022 - 05 - 13)[2024 - 08 - 20]. https://www. whitehouse. gov/briefing-room/statements-releases/2022/05/13/asean-u-s-special-summit-2022-joint-vision-statement/.

合作新计划。美国将斥资 6 000 万美元用于新的区域海事倡议。^① 该倡议主要由美国海岸警卫队牵头,与东南亚国家合作,包括转让船只,提高东盟国家执行海事法的能力,共同打击非法的、未报告的和无管制的捕捞活动等方面。

二、美国与东盟开展海上合作的内容

美国与东南亚国家之间的海上合作涉及多个领域,主要聚焦于安全、经贸和发展援助三方面。

海上安全合作是美国与东南亚国家之间重要的合作领域之一,具体可分为传统安全合作和非传统安全合作两方面。美国和东南亚国家在传统海上安全领域的合作非常广泛,包括联合军事演习、信息共享和海上巡逻等,以确保该地区的海洋贸易和安全。一是提供武器和军事训练。美国通过向东南亚国家提供武器和军事训练等方式,帮助东南亚国家提高军事能力,加强双方的海上安全合作。二是海上联合演习。美国与东南亚国家经常进行海上联合演习,以提高双方的军事协同能力。这些演习通常包括联合反海盗、联合巡逻、联合搜救等内容。特朗普政府还加强了美国与东南亚国家之间的反恐合作,双方合作打击海盗、恐怖主义和其他非法活动,以确保该地区的安全。2019年 9 月,美国与东盟进行了首次海上联合演习。2023 年以来,美国恢复了和亚太地区国家高密度的联合演习,美国与菲律宾完成了双方有史以来规模最大的"肩并肩"联合军事演习;美国与泰国组织的 2023 年"金色眼镜蛇"多国联合演习有 30 国 7 000 多人参加。三是情报共享。情报共享是海域态势感知的核心,可保障海上航行通信,开展海上执法安全行动。美国与东盟之间会进行情报共享,共同应对海上安全威胁。美国联合其他 24 个国家向新加坡海军成立的国家信息融合中心(IFC)派驻了 155 名联络官。IFC 与 41 个国家建立的 97 个海上情报中心共同合作,向各国海军、海岸警卫队和其他海事机构提供情报信息服务。2022 年 5 月,美、日、印、澳宣布建立"印太海域态势感知伙伴关系"(IPMDA),旨在为包括东南亚在内的各国提供更好的天基海域态势感知,利用共同的信息中心,构建共同的运营图景,以打击非法捕鱼等行动,这

---

① ASEAN-U. S. Special Summit 2022, Joint Vision Statement[EB/OL]. (2022 - 05 - 13)[2024 - 08 - 20]. https://www. whitehouse. gov/briefing-room/statements-releases/2022/05/13/asean-u-s-special-summit-2022-joint-vision-statement/.

是美国进一步介入东南亚和南海事务的重要部署。除了传统的海上安全领域，美国还与东南亚国家开展了一系列非传统安全领域的合作，如打击跨国犯罪、打击非法渔业、打击海洋污染等。例如，渔业对东南亚国家民众生活来说非常重要，而东盟地区面临海洋渔业生态日益恶化的威胁。美国把这种威胁归结为非法的、未报告的和不受监管的捕捞行为，并于2020年6月成立了IUU捕鱼(不管制捕鱼)机构间工作组，将泰国湾、爪哇海、班达海、西里伯斯海作为全球打击IUU捕鱼行为的首要地区。美国还与新加坡、泰国等国家签订了海上安全协议，共同打击恐怖主义和海盗等的威胁。除了非法捕捞外，东南亚国家还面临台风、地震、海啸等自然灾害和气候变化的威胁。美国国际开发署于2020年9月联合东盟签署首个区域发展合作协定，决定投入5 000万美元来帮助东盟国家应对自然灾害挑战，建立公共卫生应急系统。① 拜登政府强调气候变化对该地区的影响，并支持东南亚国家在应对气候危机和应对极端天气变化方面采取行动。

海洋经济合作。特朗普政府和拜登政府都重视美国与东南亚国家之间的经济合作。美国与这些国家之间的合作重点在于促进贸易和投资，并支持这些国家的经济发展。美国与东盟国家合作开展海上资源勘探、开发和利用，包括渔业、油气、矿产等；开展航运、港口、海上贸易等领域的合作，促进海上贸易和物流发展；开展海上旅游合作，促进海上旅游发展，推动区域旅游一体化。

海上执法能力培训。美国通过三种方式协助东盟加强海上执法能力建设：一是在曼谷的国际执法学院为东盟国家相关执法人员提供国际执法培训；二是派遣美国海岸警卫队队员赴东南亚国家开展培训；三是为东盟国家相关执法人员提供机会赴美国海岸警卫队学习。近年，美国还向东盟国家援助了大量海上执法设备。在2022年美国—东盟特别峰会上，美国承诺将向东南亚和大洋洲地区部署一艘快艇，用于安全合作和作为培训平台。这艘快艇将活跃在整个地区，为多国船员提供上船培训机会，执行训练任务并参与海上合作。美国海岸警卫队承诺在舰艇退役时将优先把它们转交给东南亚国家，以提高该地区沿海国家的海上执法能力，促进太平洋的"自由与开放"。特别峰会还提出，美国国务院和美国海岸警卫队将首次在印太地区设立培训团队，并由在美国的培训人员提供额外的专项支持，从而扩大美国海岸警卫队对东南

---

① 吴凡. 美国—东盟海上执法安全合作的动力与困境[J]. 现代国际关系,2022(5):23.

亚海事执法机构的支持。这些技术专家将在机构发展、应急准备、设备维护和劳动力专业化等领域为该区域合作伙伴的海上执法机构提供能力建设。

三、美国与东盟开展海上合作的特点

美国与东盟开展海上合作主要有以下四个鲜明的特点。

第一,依靠盟友和伙伴国推进海上合作。美国非常重视利用国际力量来推进其外交政策。美国一直强调与菲律宾、泰国等传统盟友的合作。从特朗普政府到拜登政府,美国"印太战略"不断推进升级,从"美国优先"转向高度重视与盟友和伙伴国的关系建设,积极打造美国在印太地区的战略支点,制衡中国崛起。特朗普政府 2019 年提出的"印太战略"中就强调了要与柬埔寨、印尼和菲律宾开展海洋环境保护方面的合作。2022 年,拜登政府的"印太战略"还特别提出要加强与印尼、马来西亚、新加坡、越南的伙伴关系。近年,美国重启美、日、印、澳四国安全对话机制,与英国和澳大利亚建立三边安全伙伴关系,在海底建设、网络能力、人工智能、量子技术等尖端技术领域开展实质性合作;联合日、澳等盟友,在国际场合公开否定中国在南海的主权,否认中国对美济礁、仁爱礁、曾母暗沙等岛礁的主权及在南沙群岛专属经济区海域的权益主张。[①] 美国以菲律宾、越南等伙伴国为战略支点国,联合盟友和伙伴国在南海进行联合军演,破坏南海稳定局势;在菲律宾增设军事基地,在南海和台海区域进行战略联动,牵制中国的海军力量。美国现在正在全力构建"美国＋关键国家""美国＋南海争议国家""开放型小多边"三种小多边安全合作模式,全面干预南海事务,使南海局势更加复杂严峻。[②]

第二,依靠海岸警卫队开展海上安全执法合作。美国海岸警卫队具有执法和军事双重属性。[③] 从特朗普政府和拜登政府开始实施"印太战略"以来,海上执法安全合作就成为美国与东盟的主要合作领域,海岸警卫队是美国海上执法的主要力量。拜登在美国海岸警卫队学院的毕业典礼上宣称:"美国海岸警卫队将日益成为美国参与印太地区拯救生命、保护环境、捍卫整个地区主

① 韦宗友.美日印澳四国合作机制新动向及其影响[J].当代世界,2020(12):48.
② 王联合.美国"印太战略"框架下针对南海问题的联盟新样式[J].国际观察,2021(1):106-130.
③ 吴凡.美国—东盟海上执法安全合作的动力与困境[J].现代国际关系,2022(8):21.

权的核心力量。"①美国第 116 届国会更进一步提出:"要发挥海岸警卫队的特殊优势,通过参与国际合作,获取国际战略通道的情报信息共享权与联合执法权,在与中国'一带一路'倡议的竞争中取得优势。"2022 年 5 月,美国在东南亚部署了一艘美国海岸警卫队的国家安全舰,以帮助东南亚国家打击非法捕捞和其他犯罪活动。此外,美国海岸警卫队还是开展东南亚人道主义救援的重要力量。

第三,借助双轨机制开展海上合作。目前,美国与东盟的海上合作机制为美国与东盟分别主导运行的双轨合作机制。美国积极支持东盟主导的区域机制,并努力帮助东盟推进海上安全,增强海洋意识。与特朗普时期的"退群"和相对忽略东盟国家不同,拜登任下的美国高调重回亚太多边机制。2021 年,拜登两度参加 APEC 领导人峰会,以视频形式参加第 9 届东盟—美国和东亚峰会,还于 2022 年 5 月在华盛顿特区召开了历史性的美国—东盟特别峰会。2021 年 7 月,布林肯参加了东盟—美国外长特别会议,8 月,参加了美国—东盟外长会议、东亚峰会外长视频会议、第 28 届东盟地区论坛(ARF)年度外长会议、湄公河—美国伙伴关系以及湄公河之友外长会议。美国正在通过重回东盟来主导国际机制,升级现有制度,创建新型制度,重塑印太制度体系,形成对中国的制衡。② 当前美国主导下的美国—东盟非传统安全领域合作机制有"东南亚海上执法倡议"(SEAMLEI)、"海洋和渔业伙伴关系"(USAID Oceans)、"太平洋伙伴关系"(PP),传统安全领域的合作机制包括"东南亚合作训练"(SEACAT)、"海上战备合作与训练"(CARAT)和"东南亚海上安全倡议"(MSI)。东盟主导的涉及海上合作的机制有"东盟地区论坛"(ARF)、"东盟海事论坛扩大会议"(EAMF)等。美国主导的美国—东盟合作机制突出开展实际行动,而东盟主导的涉及美国—东盟海上合作的机制强调对话协商交流。③

第四,构建多元海上合作行为体。美国与东盟的海上合作不仅局限于政

---

① Remarks by President Biden at United States Coast Guard Academy's 140th Commencement Exercises[EB/OL]. (2021 - 05 - 19)[2024 - 08 - 28]. https://www. whitehouse. gov/briefing-room/statements-releases/2021/05/19/remarks-by-president-biden-at-united-states-coast-guard-academys-140th-commencement-exercises/.

② 赵菩,李巍. 霸权护持:美国"印太"战略的升级[J]. 东北亚论坛,2022,31(4):33.

③ 吴凡. 美国—东盟海上执法安全合作的动力与困境[J]. 现代国际关系,2022(8):22.

府间合作,还包括军事、私人企业、智库等行为体参与合作。美国海军与东南亚国家海军之间有联合军演和学术交流合作。2021 年,由美国牵头、21 国海军参与的"东南亚合作训练"军事演习在新加坡举行。埃克森美孚等美国企业与越南、菲律宾、马来西亚等东盟国家合作,已经在南海合作钻探了上千口油井。美国还借助非政府组织和智库等行为体向东盟领导和海事利益攸关方提供专题知识和咨询意见,举办讲习班,帮东盟相关国家和组织提高对海事安全和海事领域的认识。

第三节　印度与东盟开展海上合作的经验

印度和东盟国家经由海洋连通,地理上的连通性为双方开展经贸交流和人文交流提供了极大便利。连接东西方的、世界上最繁忙的贸易路线之一穿过这一地区,连接南海和印度洋的马六甲海峡一直容易受到安全威胁。因此,保护海上航道以及维护良好的海上秩序是印度和东盟国家的主要关切。随着国际政治经济格局的转变和印度自身国力增长的需要,当今印度与东盟国家开展海上合作还兼具提高印度力量投射能力和抗衡中国在该地区的影响力两个目标。

一、印度与东盟开展海上合作的演进过程

印度与东南亚的海上合作可以追溯到古代。早在公元前 1 世纪,南亚次大陆南部的印度地区就与东南亚有了贸易往来。进入现代,印度自 1947 年独立后,便开始与东南亚国家开展正常贸易和文化交流。1954 年,印度、印尼和其他亚洲、非洲国家在雅加达共同发起了"亚非会议",旨在加强亚非国家之间的政治、经济和文化联系。这一倡议为印度与东南亚国家的海上合作奠定了基础。

冷战期间,在美苏两极格局的背景下,印度与东盟的关系发展并不顺畅。20 世纪 70 年代,印度与苏联结盟,而新成立的东盟则偏向西方。

20 世纪 90 年代,冷战结束,横亘于印度和东盟之间的结构性矛盾消失,分属于两大阵营的印度和东盟不再对峙,印度和东盟回归地理上相邻的地缘属性,根据各自的国家或组织利益自由开展对外关系。随着东南亚地区经济的快速发展,印度更是加强了与东南亚国家的经济和贸易合作。从 1994 年开

始,印度海军便开始与新加坡海军联合开展海上双边演习。

21世纪初,印度提出"东印度洋倡议",旨在加强印度与东南亚国家之间的海上安全和合作。该倡议包括建立联合巡逻、信息共享、灾害救援和海洋保护等机制。

2004年,印度和东南亚国家在沿海的安达曼和尼科巴群岛共同开展了首次海上军事演习,这标志着二者在海上安全合作的开始。2004年4月,印度公布了印度海军关于印度海上安全的第一份公开官方文件《印度海洋学说》,把马六甲海峡定义为印度海军"主要利益区域"的一部分。[①]

2007年5月,印度首次颁布正式海洋战略文件《自由使用海洋:印度海上军事战略》。该文件将印度的海洋利益分为主要和次要两个级别。主要地区集中在印度洋地区,包括阿拉伯海和孟加拉湾附近的专属经济区、岛屿领土及其沿岸水域和马六甲海峡、霍尔木兹海峡、曼德海峡和好望角等进出印度洋的咽喉要道。而次要区域则覆盖邻近的水体,包括印度洋南部、红海、南海和西太平洋区域。[②]

自2011年以来,印度和东盟国家一直共同努力加强海上安全合作。2013年3月印度开始与马来西亚和缅甸海军进行联合巡航;10月印度为越南海军提供基础潜艇训练;印度还通过"东部舰队"的海外部署,与越南、新加坡和泰国等国进行海军高层交往和港口访问来支撑其"东向"政策。

2014年莫迪上台后,将"东向"政策升级为"东进"政策,并提高了与东南亚国家海上安全合作的层次,强调东盟国家在"东进"政策中处于核心位置。2015年印度莫迪政府出台《印度海洋安全战略》和《印度海洋学说》,将其作为指导印度海洋发展的官方战略文件。莫迪政府的海上安全战略由之前的自由获取海洋利益转向更加侧重于维护海上安全,并把除内陆国家老挝以外的其余所有的东南亚国家纳入印度的海洋利益区之中。[③]

2020年9月,印度与东盟达成《2021—2025年共同行动计划》,并把海洋安全合作置于首要合作领域。2021年,印度和东南亚国家签署《印度—东南

---

① 时宏远.印度的海洋强国梦[J].国际问题研究,2013(3):111.

② Indian Navy (Integrated Headquarters). Freedom to Use the Seas: India's Maritime Military Strategy[M]. New Delhi, 2007:59-60.

③ 刘磊,于婷婷.莫迪执政以来印度与东南亚国家的海上安全合作[J].亚太安全与海洋研究,2019(1):92.

亚战略伙伴关系蓝图 2021—2025》,其中包括双方在海洋安全、海洋生物多样性和海上贸易等方面加强合作。

近年来,印度和东南亚的安全合作变得更加紧密。东南亚地区是印度连接太平洋的门户。印度加强与东南亚的海上合作不仅可以使印度洋地区和经济繁荣的西太平洋联结起来,而且可增加其在美国"印太战略"中的分量,抓住美国"拉印制华"的契机,以争取改变中印之间力量不对等的现状,实现其成为"有声有色的大国"的目标。[①]

总的来说,印度和东南亚国家在海上合作方面的历史和内容不如日本和美国那么深厚和广泛。但是,近年来,双方都逐渐认识到了合作的重要性,并在经济、海上安全合作等领域开展了积极合作,对促进印度洋和西太平洋地区的发展、保护海洋环境和资源、促进文化交流发挥了积极作用。

二、印度与东盟开展海上合作的内容

据美国智库外交关系委员会 2018 年的报告,特定的东南亚国家正在努力使其战略伙伴关系多样化,超越"北京和华盛顿之间的二元选择",这些多样化努力的一个关键因素是与印度合作,将其"作为对中国更有力的制衡,并防范衰落的美国"。当东盟十国领导人访问新德里并参加 2018 年印度的年度共和国日阅兵时,印度和东盟也都一致决定加强海上合作。印度与东盟国家的海上合作内容主要包括以下几个方面。

海上安全合作。印度与东南亚国家的海上安全合作涉及情报分享、海上巡逻、反恐合作、打击海盗、打击非法渔业等领域。自 1995 年起,印度就联合印尼、新加坡、泰国和斯里兰卡等国家在孟加拉湾开展"米兰"多边海军演习。2022 年印度邀请包括东南亚国家在内的全球 46 个国家海军参与其海军牵头的"米兰"联合军演。印度海军引领的"米兰"海军军事演习,已经成为印度与东盟国家进行多边海上安全合作的重要平台。[②]

除了"米兰"联合军演,印度还加强与东盟成员国的双边海军合作,不断提高对南海的关注度。莫迪执政后,印度不仅加强了同印尼、泰国和新加坡

---

① 成汉平,张静.美国"印太战略"背景下印度对"21 世纪海上丝绸之路"倡议的认知、举措和影响[J].昆明:云南大学学报(社会科学版),2022(1):115.

② 宁胜男."印太"视角下印度与东盟关系[J].印度洋经济体研究,2021(2):20.

这些传统合作对象的海洋安全合作,而且拓展了与越南和缅甸的海上安全合作。此外,近年印度对南海的关注度也越来越高。印度正通过石油和天然气投资以及海军演习的方式,增加其在南海的存在感。从 2007 年起,印度的海洋理论就强调马六甲海峡是印度海军的主要利益区之一,而南海是次要利益区。[①] 2016 年 5 月 18 日,印度从东部海军司令部派遣了四艘船只,在南海和西太平洋开展为期两个半月的行动,并停靠金拉恩湾(越南)、苏比克湾(菲律宾)和巴生港(马来西亚),以及日本、韩国和俄罗斯的港口。当印度参加马拉巴尔海军演习(与日本和美国)及与韩国在西太平洋进行通行演习时,印度特遣队还对东南亚的港口进行了友好访问。这些举措无一不体现印度对南海的重视。[②]

海上经济合作。印度将东盟视为其融入亚洲和全球经济的通道。[③] 印度与东南亚国家在海洋经济方面进行合作,包括共同开发海洋资源、促进海上贸易、海运合作等。20 世纪 90 年代,印度拉奥政府陷入了"双赤字"危机,经济行至崩溃边缘。拉奥政府被迫改变封闭自守、自力更生的经济发展思路,推动印度经济从"内向型"向"外向型"转变。当时经济高速增长的东盟国家吸引了印度眼球。印度将东盟国家视为融入亚太经济圈和世界经济的跳板。1991年,印度推出"东向"政策,加强与东盟国家的经贸往来。

目前,印度和东盟正在加强在"蓝色经济"——通过使用新兴先进技术高效利用海洋资源领域的合作。"蓝色经济"是 2015 年 9 月在纽约举行的联合国可持续发展峰会上通过的可持续发展目标的一部分,它要求"通过各种伙伴关系,以前所未有的规模开展跨国界和跨部门合作",旨在通过更好地利用海洋来克服气候变化的影响。[④] 印度外交部前秘书 Preeti Saran 表示,"蓝色经济"将成为印度—太平洋地区经济增长和发展的关键促进因素。"蓝色经济"也是印度外交部每年就印度—东盟关系组织的"德里对话"多年来的主题之一。最近,印度对连接印度洋和太平洋的南海表现出了更大的战略兴趣。印

---

① Indian Maritime Doctrine Indian Navy Naval Strategic Publication 1.1 [EB/OL]. https://inexartificers.com/public/uploads/ebooks/Ebook_1_07-01-2019_11_36_53.pdf.

② 印度 4 艘军舰开始向南海展开作战部署 将与美日演习 [EB/OL]. (2016-05-20)[2024-08-28]. https://www.guancha.cn/military-affairs/2016_05_20_361109.shtml.

③ 宁胜男."印太"视角下印度与东盟关系[J].印度洋经济体研究,2021(2):19.

④ 赵琪.推动蓝色经济高效发展[EB/OL].(2022-06-24)[2024-08-28]. https://www.cssn.cn/skgz/bwyc/202208/t20220803_5468806.shtml.

度正以投资石油和天然气为手段,增加其在南海的存在感。

人道主义救援。印度海军多次参与东盟的人道主义救援活动,在洪水、海啸和地震等自然灾难中向东盟国家施以援手,获得东盟国家好感。它在救援和救灾行动中的表现增加了东盟国家对印度海上实力的认知和对印度会在面临危机时帮助受难者的信任。从那时起,东盟国家对印度的看法变得友好。东盟国家并不认为印度是安全威胁,相反,他们将其视为制衡中国的力量。此外,印度海军还参与了搜救马航失联客机、东盟地区论坛救灾演习等人道主义救援活动。

此外,印度还与东盟国家在科技、能源、环境保护和文化交流等方面开展合作。例如,印度与新加坡合作开展海洋科学研究、与印尼合作进行海洋能源的开发和利用等。

三、印度与东盟开展海上合作的特点

印度与东盟开展海上合作有以下四个特点。

第一,海军扮演多重角色,支持印度国防外交。自 2009 年起,印度就确定了印度海军支持印度外交和国防政策的四个关键角色:军事、外交、安保和维和。[①] 军事职能强调发展力量投射的能力,建立与外国海军的互信;外交职能指在外交角色中,印度海军"关心的是外交政策的管理,而不是实际使用武力",印度海军侧重于加强印度与其邻国和印度洋地区具有战略重要性的国家的关系,包括新加坡、马来西亚、印尼、泰国和缅甸等东南亚国家;安保职能是指部队被用来执行保护领土或贯彻国际授权建立的制度的任务,包括沿海和近海安全、专属经济区的安全和良好的海上秩序;维和职能是指印度海军强调发挥人道主义精神,在洪水、海啸和地震等灾难中开展搜救和援助。

第二,选择重点国家,开展双边合作。新加坡、印尼、越南和缅甸是印度在东盟内部的重点经营对象。[②]

近年,印度与新加坡的海上合作程度在不断加深,从最初的反潜作战演习,扩展到更复杂的模拟水面舰艇部署。印度和新加坡于 1999 年开始了名为

[①] Indian Maritime Doctrine Indian Navy Naval Strategic Publication 1. 1 [EB/OL]. https://inexartificers. com/public/uploads/ebooks/Ebook_1_07 - 01 - 2019_11_36_53. pdf.

[②] 宁胜男."印太"视角下印度与东盟关系[J].印度洋经济体研究,2021(2):23.

SIMBEX 的双边海军演习。多年来,SIMBEX 的范围和复杂性都有所增加,超出了传统的反潜战,纳入了海上安全、防空和反水面战的要素。2017 年 11 月,新加坡国防部部长吴英亨访问印度并参加第二次国防部长级对话时,两国签署了"印度—新加坡海军合作双边协议"。根据该协议,印度海军将能够使用新加坡樟宜海军基地进行后勤支援,包括加油。[①] 新加坡甚至提议在安达曼海和马六甲海峡之间的区域举行多边海军演习,让更多南亚国家参加。印度和新加坡于 2017 年 11 月签署了一项海军协议,主要内容是使用对方基地,加强海上安全合作,协议同时强调了"尊重国际水域的航行和贸易自由"的必要性。[②] 印度与新加坡的后勤协议增强了印度海军在传统作战区域之外的作战能力,并加强了马六甲海峡的巡逻以保护海上交通线。

印尼处于连接东西方海上贸易路线的战略要道,是东盟最大的成员国,在东南亚安全中起着至关重要的作用。印度与印尼在应对该地区面临的恐怖主义、海盗等非传统安全挑战方面有着共同的利益,二者海上合作日益密切。自 2002 年以来,印度—印尼的双边海上演习"协调巡逻",每两年举行一次,旨在确保印度洋地区这一演习区域的商业航运、国际贸易和合法海洋活动的安全。印尼传统上反对外国势力介入马六甲海峡,但在 2009 年 3 月,其正式请求印度协助确保该海峡的安全。[③] 2018 年莫迪访问印尼,双方宣布将双边关系提升至全面战略伙伴关系,并发表《联合声明》,提出要加强海洋合作,推动印度"东进"行动政策、"萨迦构想"与印尼"全球海洋支点"战略对接,承诺加强在军事对话、海上安全及恐怖主义和联合演习等问题上的合作,还宣布将共同开发具有重要战略意义的印尼西部港口城市沙璜。这是印度和东南亚国家首次共同发表此类文件。[④]

印度把越南作为新的海上安全合作的重点国家开展海上安全合作。印度和越南是冷战时期苏联的亚洲盟友,两国间有着深厚的友谊。冷战结束后,1994 年两国就签署了国防合作协议。越南在 20 世纪 90 年代一直渴望让印

① 骆永昆. 印度东进东南亚:新进展、动因及影响[J]. 和平与发展,2019(4):75.

② 印媒关注印度新加坡签署海军合作协议:为抗衡中国 [EB/OL]. (2017 - 12 - 01)[2024 - 08 - 28]. https://baijiahao. baidu. com/s? id=1585545380654446150&wfr=spider&for=pc.

③ BREWSTER DAVID. India's Defense Strategy and the India-ASEAN Relationship[J]. India Review, 2013,12(3):151 - 164.

④ 莫迪首访印尼着眼海上安全合作,将共同开发印尼西部重要港口[EB/OL]. (2018 - 05 - 31) [2024 - 08 - 20]. https://www. thepaper. cn/newsDetail_ forward_ 2164346.

度参与安全事务,以满足其在军事训练和军械采购方面的需求。但越南与印度之间的防务关系在 2000 年印度前国防部部长乔治·费尔南德斯(George Fernandes)访问河内时才有了重大提升。访问期间,费尔南德斯表示,"印度的战略利益从阿拉伯海北部延伸到南海和太平洋"。2007 年 7 月,印度和越南将两国双边关系上升为战略伙伴关系,此后两国安全合作加速发展,两国开展外交部副部长级的战略对话、定期国防交流和互动、国防贸易、培训以及新技术开发合作。越南急切希望印度在地区安全框架中发挥更大的作用,同时也期待印度制造的导弹和武器销售。2011 年印度与越南签署了在南海联合勘探石油的谅解备忘录。印度国有石油公司 OVL 不顾中国反对,接受越南邀请,在 127 号和 128 号区块勘探石油和天然气。2016 年印度和越南将两国关系提升为全面战略伙伴关系。印度总理莫迪和越南总理阮春福在 2020 年 12 月 21 日举行的虚拟峰会上,"同意加强三个军种和海岸警卫队之间的军事交流、培训和能力建设计划",并决定"在印度向越南提供的国防信贷额度基础上加强国防工业合作"。① 根据印度为越南边防卫队司令部提供的 1 亿美元高速警备艇防御信贷额度,新德里将完成的高速警备艇移交给越南,而剩余的高速警备艇将在印度的技术援助下在越南制造。由于越南在南海有很长的海岸线,并且是印度在东南亚"最亲爱的"战略伙伴②,印度将其与越南的海上安全合作视为其增加在南海存在的基石。

印度与缅甸之间的文化经贸合作古已有之。印度视缅甸为联通东南亚的战略通道,通过印缅泰三国高速公路、卡拉丹多模式运输等项目与东南亚相连。此外,印度还从缅甸大量进口油气资源,保障自身能源安全。1992 年印度主动提出"建设性接触"政策,与缅甸打破外交僵局。2017 年印缅签署了一份谅解备忘录,以发展基础设施,加强海上安全合作。此举被视为对中国在缅甸日益增加的影响力的一种抗衡。③

第三,依靠多边合作机制,推动海上合作。印度是所有东盟多边机制的

---

① Ministry of External Affairs. India—Vietnam Joint Vision for Peace, Prosperity, and People [EB/OL]. (2020-12-21)[2024-08-28]. https://www.mea.gov.in/bilateral-documents.htm? dtl/33324/India__Vietnam_Joint_Vision_for_Peace_Prosperity_and_People.
② 印度将向越南提供 1 亿美元贷款采购印国防产品[EB/OL]. (2023-11-25)[2024-08-28]. https://mil.huanqiu.com/article/9CaKrnJDhYU.
③ 林民旺. 缅甸,印度"东进"的桥头堡[J]. 世界知识,2017(20):74.

正式成员。1995年印度成为东盟的对话伙伴,1996年成为东盟区域论坛成员,2005年成为东亚峰会成员,后来又在2019年成为东盟国防部长会议(ADMM)成员。借此,印度得以融入东盟主导的亚太多边合作机制。此外,印度还自主构建"米兰"海军联合演习、印度洋海军论坛、环印度洋地区合作联盟等以己为主的印度洋地区海洋安全多边合作机制。环孟加拉湾多领域经济技术合作倡议(BIMSTEC)于1997年提出,是印度和东盟之间真正的海事机制,成员国包括印度、泰国、缅甸、不丹、孟加拉国、尼泊尔和斯里兰卡。印度还是环印度洋联盟(IOR—ARC)的重要创始国。印度通过积极参与联盟活动,有意塑造其对联盟的领导力,扩大其在环印度洋的影响力。两年一度的十七国"米兰"联合海军演习不仅在战术层面上建立了印度与东盟之间的友谊和理解,而且为海军们提供了建立纽带和友谊的良好机会。西太平洋海军研讨会(Western Pacific Naval Symposium,WPNS)是印度和东南亚国家海军互动的另一个平台,2015年在新加坡水域进行了多边演习。① 在印度文化部的领导下,印度还启动了毛萨姆项目(Mausam),旨在通过召开国际学术研讨会,促进古代海上贸易路线相关研究,以恢复印度古老的海上航线、文化以及与印度洋相连的各邦和地区的贸易联系。② 该项目被吹捧为印度对中国海上丝绸之路的回应,但它未能提出任何政策或具体议程,也并未成为制衡中国海上丝绸之路的真正力量。

第四,开展人道主义援助,赢取东盟民心。印度善于通过及时的人道主义救援活动和高层领导访问等方式,赢得东盟国家的信任,俘获民心。2001年,印度前总理瓦杰帕伊自1998年核试验后首次访问了越南、印尼、马来西亚和日本,极大增强了印度在亚太地区的政治战略地位,为印度在该地区的政治形象增加了许多可信度。印度海军在2004年海啸后的迅速救援行动,也赢得了很多东南亚民众的信任。

---

① 西太海军论坛多边海上联合演习结束[EB/DL].(2015 - 05 - 23)[2024 - 08 - 28]. https://world. chinadaily. com. cn/2015 - 05/23/content_20798954. htm.

② Thomas Daniel. Project Mausam: A Preliminary Assessment of India's Grand Maritime Strategy from a Southeast Asian Perspective[EB/OL].(2015 - 07 - 21)[2024 - 08 - 21]. http://www. maritimeindia. org/View%20Profile/635730250805439349. pdf.

第九章

构建中国—东盟"蓝色伙伴关系"的前景与未来

　　综合来看,与中国相比,东盟对与中国建立蓝色伙伴关系的态度更为积极。一方面,由于自身的地理区位因素,东盟国家历来都非常重视对海洋的开发,尤其看重海洋经济的发展,将海洋经济视作东盟未来经济增长的支柱产业之一。另一方面,在2018年11月发布的《中国—东盟战略伙伴关系2030年愿景》中,中国与东盟确立了发展中国—东盟蓝色经济伙伴关系的目标①,并得到东盟成员国的积极支持。因此,近年来,中国与东盟国家开展了一系列与海洋相关的交流与合作,如与印尼重点开展海洋经济合作,建设"两国双园"旗舰项目②,促进海洋经济可持续发展;与马来西亚签署谅解备忘录,开展水生疾病防控技术研究;与柬埔寨开展水稻和渔业综合栽培推广应用合作,开展中国与东盟渔业资源保护与开发研究。值得一提的是,尽管逆全球化给中国和东盟国家的经济、商贸活动带来不利冲击,但中国与东盟在深化蓝色伙伴关系合作领域方面仍取得突破性进展。如广西壮族自治区作为中国与东盟最近的海上出口,大力发展海洋经济,加强海上开放合作,重点推进与东盟海外合作

---

　　① 参见第三十二条:鼓励中国—东盟蓝色经济伙伴关系,促进海洋生态系统保护和海洋及其资源可持续利用,开展海洋科技、海洋观测及减少破坏合作,促进海洋经济发展等。

　　② 合力推进中印尼"两国双园"建设[EB/OL].(2023-10-19)[2024-08-21].https://www.gov.cn/govweb/yaowen/tupian/202310/content_6910139.htm#1.

园区升级,加快建设中国(广西)—文莱渔业合作示范区等"走出去"项目,仅2020年至2022年间,就新增50个"走出去"项目。这都显示出中国—东盟蓝色伙伴关系的韧性和良好前景。

第一节　构建中国—东盟"蓝色伙伴关系"的前景

从当前的合作成果来看,中国—东盟蓝色伙伴关系已呈现全方位的合作前景,这体现了蓝色伙伴关系理念的发展潜力和不断拓宽、拓深的未来走向,其中,如中国—东盟海上经济合作、产业合作、能源合作、科技合作、生态合作、机制合作、文化合作等,都可能结出未来中国—东盟蓝色伙伴关系多点开花的硕果。

一、蓝色经济、产业合作

当前,中国与东盟的经贸合作、产业合作日益密切。中国提出的共建"一带一路"倡议与东盟自身的发展规划的对接也不断深化。货物贸易规模不断扩大,服务业及基础投资蓬勃发展,经贸园区建设合作深入推进,产业链和供应链深度融合。1991年中国与东盟的双边贸易额仅为79.6亿美元,2020年,东盟成为中国第一大贸易伙伴,形成了中国与东盟互为最大贸易伙伴的良好格局。[①] 2023年,中国与东盟多边贸易继续增长,多边贸易规模达到6.41万亿元,东盟连续四年成为中国第一大货物贸易伙伴,中国也连续多年保持东盟第一大贸易伙伴地位。

中国与东盟的合作在蓝色经济、产业合作层面更是方兴未艾,发展蓝色经济有利于打造中国—东盟合作的新高地,促进相关合作走深走实。为开展海上务实合作,中国已经设立了30亿元人民币的中国—东盟海上合作基金,目前,中国—东盟海上合作基金已资助了东南亚海洋环境预报与灾害预警系统、东南亚濒危海洋物种与生态系统保护研究、中国—东盟海洋保护区生态管理网络建设等多个项目,涵盖了海洋科研、海上交通安全、海洋环境保护等领域。

---

① 贸易快报|2022年中国与东盟、RCEP成员国及"一带一路"沿线国家贸易情况[EB/OL].(2023 - 01 - 13)［2024 - 08 - 21］. http://asean. mofcom. gov. cn/article/jmxw/202301/20230103379195. shtml.

在此基础上,中国和东盟可继续开拓蓝色经济发展的新思路,如大力发展海洋和渔业、海洋运输业、旅游业,共建蓝色经济示范区,进一步整合区域内的海洋政策和涉海经济活动。正如中国前驻东盟大使邓锡军所言,中国与东盟构建蓝色经济伙伴关系正从"凝聚共识阶段"迈向"实践探索阶段",各方面条件已日趋成熟。①

二、能源合作

早在 2005 年,中、菲、越三国的石油公司就签署了《在南中国海协议区三方联合海洋地震工作协议》。该协议区面积约 14.3 万平方公里,被认为是朝着"搁置争议、共同开发"迈出的历史性和实质性的一步,也是三方共同落实《南海各方行为宣言》的重要举措。2013 年,中国与文莱发表《中华人民共和国和文莱达鲁萨兰国联合声明》,同意支持两国企业共同勘探和开发海上油气资源。2022 年,中越两国发表的《关于进一步加强和深化中越全面战略合作伙伴关系的联合声明》强调:"积极推动海上共同开发磋商和北部湾湾口外海域划界磋商,推动上述两项工作早日取得实质进展。双方愿继续积极开展低敏感海域合作。"②2023 年 11 月,中国电力建设集团有限公司与印尼国家电力公司签署了谅解备忘录,合作进行印尼海上风能开发的可行性研究,这些项目将帮助印尼政府实现 2060 年净零排放的目标。未来海洋能源开发将继续成为中国—东盟蓝色伙伴关系的重要组成部分,中国—东盟也将进一步深化在海洋产业、互联互通、科技创新等方面的合作,以增强区域能源安全和可持续发展的能力。

三、海洋生态环境合作

在海洋生态环境保护领域,2007 年举行的中国—东盟第十一次领导人会议就将环境保护列为重点合作领域。2011 年,中国—东盟环境保护合作中心正式成立,旨在为建设资源节约型和环境友好型的东亚共同努力,并把环保合

① 驻东盟大使邓锡军出席 2022 构建蓝色经济伙伴关系论坛[EB/OL]. (2022-11-29)[2024-08-21]. https://www.mfa.gov.cn/web/zwbd_673032/gzhd_673042/202211/t20221130_10983300.shtml.
② 关于进一步加强和深化中越全面战略合作伙伴关系的联合声明[EB/OL]. (2022-11-01)[2024-08-21]. https://www.gov.cn/xinwen/2022-11/01/content_5723205.htm.

作列为中国—东盟加强合作的 11 个优先领域之一。迄今为止,中国—东盟各国不仅成功落实了《中国—东盟环境保护合作战略(2016—2020)》和《中国—东盟环境合作行动计划(2016—2020)》,2021 年还通过了《中国—东盟环境合作战略及行动框架(2021—2025)》[①],并举办了 10 届中国—东盟环境合作论坛,共同打造出中国—东盟环境信息共享平台,启动一系列中国—东盟"绿色使者计划"能力建设活动,推动海洋减塑行动。2023 年中国—东盟环境合作论坛举办期间,中国—东盟绿色价值链伙伴关系正式启动,目标是促进区域内气候友好和可持续投资与贸易的互联互通。此外,近年来,中国还分别与东盟各国的海事主管部门就红树林、海床、珊瑚礁保护等事宜建立了一系列的合作伙伴关系。

在海洋防灾减灾领域,2016 年起,依托中国—东盟博览会的平台,举办了 4 届中国—东盟灾害管理培训班、2 届中国—东盟科技创新。2018 年,中国—东盟减轻灾害风险管理研讨会正式举办;2019 年,中国—东盟减灾与应急管理高官论坛成功举办。值得注意的是,2021 年,中国—东盟灾害管理部长级会议召开,并通过了《中国—东盟灾害管理工作计划(2021—2025)》[②]。在 2023 年 9 月的第一届中国—东盟国家蓝色经济论坛上,中国自然资源部第四海洋研究所(中国—东盟国家海洋科技联合研发中心)与柬埔寨王国环境部自然保护区管理司签订海洋生态系统保护与管理合作协议,与泰国朱拉隆功大学、马来西亚马来亚大学签订海洋科技合作谅解备忘录。中国自然资源部国家卫星海洋应用中心、中国—东盟卫星遥感应用中心、中国自然资源部第四海洋研究所(中国—东盟海洋科技创新中心)共同发布中国—东盟海域水色水温遥感图。[③] 这预示着未来中国—东盟在海洋生态环境合作领域将大有可为,海洋生态环境合作也将成为未来中国—东盟蓝色伙伴关系的重要组成部分。

---

① 中国—东盟环境保护合作中心. 中国—东盟环境合作战略及行动框架 2021—2025[R/OL]. http://www. caeisp. org. cn/zlyxdjh/202108/P020210806592484690608. pdf.

② 第二届中国—东盟灾害管理部长级会议举行[EB/OL]. (2022 - 10 - 21)[2024 - 08 - 21]. https://www. mem. gov. cn/xw/bndt/202210/t20221021_424344. shtml.

③ (第 20 届东博会)中国—东盟共商蓝色经济发展 "蓝碳"交易助力"零碳办会"[EB/OL]. (2023 - 09 - 18)[2024 - 08 - 21]. https://baijiahao. baidu. com/s? id=1777373433950836510&wfr= spider&for=pc.

四、海洋数据信息合作

近年来,中国与东盟通过"中国—东盟海洋大数据处理与管理技术培训""中国—东盟海洋环境大数据服务平台建设"①等机制开展了一系列的中国—东盟海洋信息技术合作研究。此外,中国还与马来西亚、柬埔寨、新加坡、泰国、越南等东盟成员国在海洋数据产品研发、数据分析技术和能力建设方面开展了有效合作。

在信息通信和网络安全领域,2001年第五次中国—东盟领导人会议将信息通信确定为双方合作的重点领域。2020年第二十三次中国—东盟领导人会议上,通过了《中国—东盟建立数字经济合作伙伴关系倡议》,确定了中国—东盟将建立数字经济合作伙伴关系;2020年还发表了《中国—东盟数字经济合作白皮书》和《中国—东盟数字经济国际合作指标体系与创新合作机制研究》,为中国—东盟数据信息合作指明了方向。2021年,首届中国—东盟数字部长级会议正式举行,并就进一步深入合作达成了一致。② 此外,中国与东盟国家还在东盟地区论坛等框架下开展了网络安全合作。如2018年的东盟地区论坛外长会议通过了中国关于加强网络安全应急反应意识和信息共享的倡议。③ 在中国—东盟全面深化数据信息合作的背景下,海洋领域的信息合作直接关乎中国—东盟在海上的互联互通,并能够为其他的非传统安全合作等事项奠定良好的基础。

五、合作机制建设

自从1991年中国和东盟正式开启对话进程以来,中国—东盟都十分重视合作机制的建设。目前,中国—东盟已成功建立了一系列的合作机制,如中国—东盟(10+1)合作、澜沧江—湄公河合作、东盟与中日韩(10+3)合作、东盟地区论坛、东亚峰会、中国—东盟各项合作基金以及中国—东盟海洋合作中

---

① 中国—东盟蓝色伙伴关系的建立及其主要成就[EB/OL].(2023-10-14)[2023-11-25]. http://aoc.ouc.edu.cn/2023/1010/c9824a444424/pagem.htm.

② 中国—东盟合作事实与数据:1991—2021[EB/OL].(2022-01-07)[2024-08-21]. http:// asean.mofcom.gov.cn/article/o/g/202201/20220103236066.shtml.

③ Chairman's Statement of the 25th ASEAN Regional Forum[EB/OL].(2018-08-06)[2023-12-17]. https://www.mfa.gov.sg/Newsroom/Press-Statements-Transcripts-and-Photos/2018/08/Chairmans_Statement_25thARF.

心等。可以说,中国同东盟建立了包括领导人、部长、高官在内的完整对话合作机制。此外,中国—东盟还建立了外交、经贸、文化、新闻、卫生、交通、电信、检察、海关、质检、打击跨国犯罪和灾害管理等 12 个部长级会议机制,设立了联合合作委员会会议、外交高官磋商、科技联委会、经贸联委会以及互联互通合作委员会等部门高官会议机制。特别是 2020 年,中国—东盟制订了《落实中国—东盟面向和平与繁荣的战略伙伴关系联合宣言的行动计划(2015—2020)》,在其基础上,中国—东盟制订了第四份战略伙伴关系行动计划(2021—2025)。① 这些合作机制能够为蓝色伙伴关系的发展提供更多的机制性保障,为中国—东盟更加成熟、稳定的海洋合作注入信心。

六、海洋协同治理

俄乌冲突爆发后,"和平赤字""发展赤字""治理赤字""信任赤字"进一步冲击全球治理体系,G20、WTO 等全球治理机制正成为欧美国家宣扬孤立主义的工具和武器。在上述危机迭起的背景下,全球治理体系遭到破坏并转向区域治理,更急待区域间的协同合作。为此,中国与东盟在区域海洋治理方面进行了有益的探索和尝试。中国和东盟国家共同妥善处理南海问题,共同维护南海和平稳定,为中国—东盟蓝色伙伴关系的建立和发展创造了条件。《南海各方行为宣言》签署后,中国与东盟国家于 2011 年就落实《南海各方行为宣言》的指导方针达成一致,并于 2013 年启动了"南海行为准则"磋商,2018 年"南海各方行为准则"单一磋商文本草案形成。2019 年,该草案的第一轮审读提前完成。目前,中国和东盟国家正在对"南海各方行为准则"文本进行第三轮审读,并取得了积极进展。中国一直以来都支持东盟共同体建设,支持以东盟为中心的区域合作框架,支持促进地区团结与合作。同时,中国致力于同包括东盟在内的地区国家一道,本着和平、发展、自治、包容的精神,坚定不移地践行开放的区域主义,不断为开放的区域主义注入新的时代内涵。此外,东盟也正在大力促进经济增长、社会进步和文化发展,建立和平与稳定的区域共同体。东盟共同体于 2015 年正式成立,由东盟政治安全共同体、东盟经济共同

---

① 落实中国—东盟面向和平与繁荣的战略伙伴关系联合宣言的行动计划(2021—2025)[EB/OL]. (2020-11-12)[2023-11-25]. https://www.mfa.gov.cn/web/wjb_673085/zzjg_673183/yzs_673193/dqzz_673197/dnygjlm_673199/zywj_673211/202011/t20201112_7605657.shtml.

体和东盟社会文化共同体三大支柱组成。2019 年,第 34 届东盟峰会发表《东盟印太展望》和《东盟领导人可持续伙伴关系愿景声明》。[①] 东盟也多次强调,"东盟印太展望"是一个独立自主的倡议,坚持开放包容,强调对话合作,聚焦经济发展,不依赖任何一方,也不针对任何一方。此外,中国与东盟国家在《亚洲地区反海盗及武装劫船合作协定》框架下,积极推进打击海盗和海上武装抢劫的区域治理。这都表明,未来中国与东盟的海洋协同治理将成为中国—东盟蓝色伙伴关系的发展趋势。

七、蓝色文化交流合作

汉代以来,"海上丝绸之路"就大大促进了中国与东南亚国家的海上文化交流。双方深厚的历史和文化渊源也使得海洋文化的交流与合作是当前中国—东盟海洋合作的必由之路。郑和下西洋所建立的国际和平发展秩序,是当今"一带一路"进程中的一笔宝贵的历史财富,奠定了人们的情感基础。海洋文化的交流与合作可以加强和巩固人民的情感基础,从而获得东盟国家人民的支持。因此,中国与东盟应积极开展人与人之间的海洋文化交流,增进人与人之间的相互了解和信任,夯实人心基础,推动中国与东盟在 21 世纪"海上丝绸之路"上的海洋合作,实现互利共赢。

第二节　构建中国—东盟"蓝色伙伴关系"的未来

中国—东盟蓝色伙伴关系已呈现全方面发展的合作趋势,中国—东盟蓝色经济伙伴关系的前景是围绕蓝色理念的体系化、机制化建构。在中国—东盟(10＋1)合作、澜沧江—湄公河合作、东盟与中日韩(10＋3)合作、东盟地区论坛、东亚峰会、中国—东盟各项合作基金以及中国—东盟海洋合作中心等机制背景下,中国—东盟蓝色伙伴关系也正朝着更加纵深化、专业化的机制前进。

一、中国—东盟蓝色经济伙伴关系

近年来,中国与东盟在政治、经济、文化等领域开展了密切合作,取得了较

---

① Chairman's Statement of the 34th ASEANSummit[EB/OL]. (2019 - 06 - 23)[2023 - 11 - 25]. https://asean. org/speechandstatement/chairmans-statement-of-the-34th-asean-summit/.

为丰硕的成果。共建"一带一路"倡议为中国与东盟的蓝色经济合作提供了宝贵的机遇和高质量的发展平台,蓝色经济已成为中国与东盟合作的重要动力源泉和新的经济增长点。"蓝色经济"的概念是在 2012 年里约热内卢联合国可持续发展大会上首次提出的,并迅速得到国际社会的接受和倡导。根据联合国的定义,可持续的蓝色经济是一种促进经济增长、保护和改善各行各业生计并确保可持续利用海洋资源的经济。2015 年,联合国《2030 年可持续发展议程》将解决海洋问题纳入其目标。"蓝色经济"概念的出现扩大了"绿色经济"的发展范围,也引起了人们对海洋环境问题的广泛关注。

2018 年 11 月发布的《东盟—中国战略伙伴关系 2030 年愿景》提出:"鼓励中国—东盟蓝色经济伙伴关系,促进海洋生态系统保护和海洋及其资源可持续利用……促进海洋经济发展等。"①2021 年 11 月,中国—东盟建立对话关系 30 周年纪念峰会召开。峰会通过的《中国—东盟建立对话关系 30 周年纪念峰会联合声明》指出,将继续鼓励建立中国—东盟蓝色经济伙伴关系,为双方加强相关合作提供指导。② 目前,中国与东盟蓝色经济合作在建立区域经济合作机制、海洋科技创新等领域取得了重大突破和进展,有利于进一步巩固和发展蓝色经济伙伴关系。此外,中国—东盟自由贸易区、中国—东盟博览会、泛北部湾经济合作区、中国—东盟海上合作基金等也得到落实。这些都对促进中国与东盟及其成员国的海上合作、促进蓝色经济的繁荣与发展发挥了重要作用。其中,泛北部湾经济合作区作为中国—东盟"10+1"框架下的新兴次区域合作机制,已成为中国—东盟"一轴两翼"区域经济合作格局的重要组成部分。文化交流和文明对话是国际合作的基础,定期举办合作论坛是国际社会开展经济交流的主要途径之一。依托现有平台和机制,在比较优势明确、蓝色经济发展需要的前提下,尊重各方多样化发展战略的对接和优势互补,更加广泛地推动建立全方位的经济交流合作平台,构建更加健全的长效政策沟通机制。充分利用现有的教育交流机制,推动科研院所合作,共同培养海洋优秀人才,为建立中国—东盟蓝色经济伙伴关系提供有效力量。

---

① 中国—东盟战略伙伴关系 2030 年愿景[EB/OL]. (2018 - 11 - 15)[2024 - 08 - 22]. https://www. gov. cn/guowuyuan/2018 - 11/15/content_5340677. htm.

② 中国—东盟建立对话关系 30 周年纪念峰会联合声明——面向和平、安全、繁荣和可持续发展的全面战略伙伴关系[EB/OL]. (2021 - 11 - 03)[2024 - 08 - 22]. https://www. gov. cn/xinwen/2021 - 11/23/content_5652616. htm.

提升传统海洋产业、发展新兴海洋产业、发展蓝色经济对当前全球新兴国家和地区的发展十分重要,为继续平衡利用海洋与保护海洋的关系,需要加强全球、区域和次区域合作。因此,要推进中国—东盟蓝色经济伙伴关系,就要扩大中国与东盟海洋资源可持续利用方面的新合作,探索蓝色经济合作的新模式,共同谱写发展的新篇章,使新型海洋经济成为推动海洋可持续发展的积极力量。

二、中国—东盟蓝色安全伙伴关系

自 2021 年以来,习近平总书记陆续提出了全球文明倡议、全球发展倡议、全球安全倡议,这体现了中国政府构建人类命运共同体的意志与决心,为协调发展与安全问题提供了"中国方案"。自 2013 年首届中国周边外交工作研讨会召开以来,十年间,中国坚持以构建人类命运共同体为目标,坚持亲诚惠容,坚持与邻为善,坚持周边外交政策,与周边国家实现互利共赢,大大改善了周边安全环境。[①] 东南亚是中国周边外交的重点,在中国和东盟国家的共同努力下,中国—东盟关系已成为最具活力、最富内涵、最为互利的对话伙伴关系之一,成为东亚地区合作的典范,为亚太地区的和平、稳定、发展与繁荣作出了重要贡献。

需要指出的是,东盟地区集中了一些与中国存在领土和海洋争端的国家。但是,中国与东盟建立对话关系以来,并未发生大规模的军事冲突。相反,中国和东盟能够妥善解决分歧,互利互惠,将一个充满潜在对抗的地区变成友好、稳定、和平与发展的地区。中国与东盟在和平解决争端上,倡导安全共识、宽容合作,坚持发展重点,注重区域合作的成功实践和全球发展倡议。因此,总结分析中国与东盟发展和安全的实践经验,将有助于全球发展倡议、全球安全倡议在全球范围内的推广和实施。

南海问题是影响中国—东盟关系的重大安全问题。在中国与东盟的共同努力下,《南海各方行为宣言》是中国与东盟国家就南海问题达成的重要政治共识。在《宣言》签署和实施过程中,双方逐步形成协商管控南海局势的对话机制,《宣言》分磋商签署、落地实施和进一步落实三个阶段,每个阶段大约为

---

① 张洁. 全球发展倡议和全球安全倡议的地区实践与历史经验——关于中国—东盟推动区域合作与治理南海问题的考察[J]. 亚太安全与海洋研究,2023(04):51 - 66+134.

十年,中国—东盟区域合作的升级也基本上分为三个阶段,每个阶段也为十年。这两个阶段之间有明显的同步性。这充分说明,中国和东盟国家在南海问题上以及在区域合作方面相互影响,取得了共同的成功。因此,未来"南海各方行为准则"一旦成功签署,将预示着中国—东盟蓝色安全伙伴关系的初步确立,这将给实现地区常态化的和平发展注入新的动力。

三、中国—东盟蓝色科技伙伴关系

随着第三次工业革命带来的全球科学技术的不断进步,中国与其他国家的科研和技术交流日益频繁且深入。中国与东盟国家的海洋科技合作已成为双方海洋合作的重要领域。如2009年6月3日,中国与马来西亚在北京签署《中华人民共和国政府与马来西亚政府海洋科技合作协议》,就海洋科技合作达成原则共识。该《协议》是我国与南海周边国家签署的第一个政府间海洋科技合作协议,内容涵盖海洋政策、海洋管理、海洋生态环境保护、海洋科学研究与调查、海洋防灾减灾、海洋资料交换等众多领域。协议的签署不仅提高了中马双方在海洋观测、海洋生物技术和海洋卫星遥感方面的技术水平,也为南海地区的和平与稳定作出了贡献。[1] 2010年5月14日,中国—印尼海洋与气候联合研究中心在雅加达正式成立。通过这一海洋科技交流的重要合作平台,双方在海洋和气候变化观测研究、海洋生态保护等领域开展了合作项目。[2] 2011年,中国与泰国签署了《中华人民共和国国家海洋局与泰王国自然资源与环境都关于海洋领域合作的谅解备忘录》,该备忘录为中泰两国第一份海洋合作文件,为两国海上合作奠定了法律基础,使中国国家海洋局与泰国自然资源与环境部建立了更加紧密的联系。[3] 2012年,在泰国、柬埔寨、马来西亚和其他东盟国家的支持下,我国推动实施《南海及其周边海洋国际合作框架计划(2011—2015)》。该项目是中国与东盟之间稳定的政府间和机构间合作与对话机制。中国积极推动与周边海域国家在海洋与气候变化、海洋环境保护、区

---

① 中马两国政府签署合作协议[EB/OL]. (2009 - 06 - 09)[2023 - 11 - 25]. http://www.cso. org.cn/gjjl/780.jhtml.

② 与印度尼西亚合作与交流[EB/OL]. [2024 - 08 - 22]. http://subsites.chinadaily.com.cn/SouthChinaSea/2016 - 07/22/c_53581.htm.

③ 中泰签署海洋领域谅解备忘录 合作实现新突破[EB/OL]. (2011 - 12 - 27)[2024 - 08 - 22]. https://www.gov.cn/gzdt/2011 - 12/27/content_2030955.htm.

域海洋学研究等六个领域开展务实合作。① 2013年,中泰气候与海洋生态联合实验室正式投入运行,该实验室主要研究海洋在气候变化中的作用及其对海洋的影响,服务于海洋生态系统的保护和海洋资源的可持续利用。② 可见,中国与东盟国家的海洋科技合作逐步深化,交流日益频繁。

现阶段,中国与东盟的经济发展已进入新的常态,新技术、新经济、新业态是中国经济发展的新增长点。中国和东盟国家也积极推动国内新旧经济增长动力转换和新经济发展。因此,中国会继续加强双方在海洋科技等领域的合作,建立和完善中国—东盟蓝色科技伙伴关系,重视在"一带一路"框架下,在政府主导下,开展由民间组织、企业和社会各界牵头的各项民间交流活动,推动民间交流发展,为双方海洋合作注入新的活力,实现合作模式的创新发展。

四、中国—东盟蓝色文化伙伴关系

从历史上看,由于地理区位优势,东南亚一直都是"海上丝绸之路"的重要地带,孕育出了一条联通中国与东南亚的人文纽带。随着当今全球贸易的发展,"海上丝绸之路"也应继续充当中国与东盟国家经贸文化交流的重要渠道,不断继续丰富和发展区域海洋文化。中国东南沿海、中南半岛、菲律宾、印度尼西亚和其他岛弧地区都曾是古代海洋文化的繁荣地区之一。先秦两汉时期,百越族的祖先途经东南沿海地区到达东南亚,开辟了早期的海上交通。汉唐以后的中国古代海上丝绸之路,继承和发展了东南地区本土海洋文化的内涵,留下了丰富的海洋文化资源,如海神信仰、海洋民俗、海洋历史、航海技术、航道文物、沿海聚落和建筑等,这些都是人类海洋文明和文化交流的宝贵遗产,见证了中国—东南亚地区海洋文明和文化发展的主线,反映了不同时期海洋的社会经济形态。

两千多年来,海上贸易一直是中国和东南亚文化交流的主要载体,伏波、南海神、妈祖、清水祖师、水尾圣娘等作为古代海员的保护神,推动了古代海上丝绸之路的发展,促进了中国与东南亚的经贸交流合作和文化融合,并成为东南亚华侨和当地居民共同认可的海神信仰,在当今的东南亚各地仍留有大量

---

① 海洋局:推进南海海洋国际合作框架计划实施[EB/OL].(2012-06-11)[2024-08-22]. https://news.ifeng.com/c/7fcO2CL0GJ2.

② 中泰气候与海洋生态联合实验室在普吉正式启用[EB/OL].(2013-06-06)[2024-08-22]. https://www.gov.cn/jrzg/2013-06/06/content_2421244.htm.

的历史遗存。同时,中国与东盟国家的宗教文化也在"海上丝绸之路"中相互影响、相互渗透。儒家、道教等中国传统文化通过丝绸之路传入东南亚,并与印度等地传入的佛教相结合,形成了具有东南亚特色的上座部佛教分支。汉传佛教与藏传佛教对东南亚国家也有很大的影响,中国寺庙和佛教徒也因此遍布东南亚各地,并作为一种温和的宗教信仰广泛传播。宗教文化在中国与东南亚国家的交流过程中发挥着重要作用。此外,华人移民对东南亚政治与文化生态的影响也不容忽视。东南亚华侨大多来自中国东南沿海地区,多为逃避战争或追求财富而在东南亚繁衍生息。人的流动即文化的流动。移民带来的文化与当地文化相互影响、相互渗透、相互融合,成为东南亚文化的一部分。如郑和崇拜在东南亚地区广泛传播,其可被视为华人华侨与东南亚土著居民共同塑造的"神灵",是中国海洋文明和海洋文化的集中体现。因此,在未来的中国—东盟蓝色伙伴关系中,建立蓝色文化伙伴关系,深入挖掘中国—东盟的共同文化遗产,共同推进文化遗产的现代转型,将是促进中国—东盟人民友好发展的必由之路。

五、中国—东盟蓝色生态伙伴关系

海洋是生命之源,海洋对于人类的生存而言,价值是不可估量的。但由于人类长期的不合理和过度利用,海洋生态环境问题成为 21 世纪环境、资源和人口三大问题之一,海洋生态资源严重衰退,海洋生态环境遭受前所未有的污染。

自《马尼拉宣言》发表以来,东盟海洋生态环境保护合作已初具规模。东盟已成立了沿海和海洋环境工作组,负责与海洋生态环境监测相关的项目。在工作组的努力下,东盟制定了一系列的海洋生态和环境标准,如东盟国家海洋保护区标准、东盟海洋遗产区标准和东盟区域海洋水质标准等。在联合国发展项目以及国际社会援助项目的帮助下,东盟在海洋环境保护上取得了一系列成效,如珊瑚礁、沿海沼泽和沿海退化管理,海洋固液体和有毒废物管理,油罐排放的油泥和压载水以及生态旅游管理等,均实现了机制与技术上的突破。2014 年 11 月 13 日,时任中国国务院总理李克强在内比都与缅甸总统吴登盛共同主持召开了第 17 次中国—东盟(10＋1)领导人会议,在本次会议上,李克强总理就海洋生态环境合作议题与东盟各国首脑进行了深入讨论,各方达成多项共识。① 2014年也因此被确定为中国—东盟海上合作年,开启了中国—东盟构建蓝色生态伙伴关系的新篇章。

东盟成员国均为主权独立的国家行为体。在当今世界,海洋对主权国家的经济发展具有非常重要的意义,是海上交通、海洋贸易和海洋渔业的前提和基础,海洋生态安全还可能造成国际贸易中比较常见的绿色贸易壁垒。出于对海洋生态安全的关注,很多国家抵制那些在生产过程中对海洋生态环境产生危害的产品②。此外,更为重要的是,海洋对维护生态平衡、生物多样性有着其他环境要素无法替代的作用。然而,经济发展所带来的物质提升往往会蒙蔽人们的理智,进而使人们忽视海洋对于生态环境的重要性。在此背景下,中国—东盟蓝色生态伙伴关系具有广阔的发展前景。中国和东盟可以利用APEC环境合作模式③及东盟—中日韩(10+3)环境合作模式,在海洋命运共同体的理念下,积极探索中国—东盟蓝色全面生态伙伴关系,并围绕预防为先、可持续发展、及时公平解决争端、共同管理和合理分担责任、尊重国家主权和不损害外部环境等原则,建立相应的海洋生态保护机制体系,深化中国和东盟在海洋生态环境领域的制度化合作,增强科技的支撑作用,提高海洋生态环境灾害的预警能力和应急能力,共同推进中国与东盟的海洋生态保护进程。

第三节　对进一步顺利推进中国—东盟"蓝色伙伴关系"的建议

2022年6月,中国自然资源部公布了《蓝色伙伴关系原则》,进一步明确了蓝色伙伴关系的内涵,即在自愿和合作的基础上,通过共商、共建全球蓝色伙伴关系,共享蓝色发展成果,促进联合国《2030年可持续发展议程》,特别是目标14(为可持续发展保护及可持续利用海洋和海洋资源)、目标17(加强执

---

① 李克强在第十七次中国—东盟(10+1)领导人会议上的讲话(全文).[EB/OL].(2014-11-14)[2024-08-22].https://www.gov.cn/govweb/guowuyuan/2014-11/14/content_2778300.htm.

② 杨振姣,王娟,王刚,等.非传统安全体系中海洋生态安全的地位与意义[J].中国渔业经济,2012(4):143-149.

③ 环境产品与服务合作是APEC最早开展且具有重大成果的合作领域之一。APEC环境产品与服务合作进程可分为倡议初步提出期、实践期和合作措施密集出台期三个阶段,APEC环境产品与服务合作具有合作战略性、内容丰富、形式多样、广受国际社会关注等特点,参见:李丽平,张彬.APEC环境产品与服务合作进程、趋势及对策[J].亚太经济,2014(2).

行手段、重振可持续发展全球伙伴关系）的落实，共同推进《联合国海洋法公约》、联合国《生物多样性公约》、《巴黎协定》等国际海洋文书的实施进程，促进其承诺和目标的实现，将共同保护海洋，科学利用海洋，增进海洋福祉，促进蓝色繁荣，分享蓝色成就，建设蓝色家园。可以看出，蓝色伙伴关系是中国响应联合国《2030年可持续发展议程》的重要举措，也是推动海洋治理能力现代化的制度安排。

然而，在冷战思维的影响下，美国对南海及其周边国家实施的"印太战略"的地缘政治影响正在加剧。在中国继续推动高质量共建"一带一路"、构建人类命运共同体和人类健康共同体的同时，加强与东盟国家的海洋合作，加强海洋公共产品建设，与南海周边国家形成海洋纽带，共同构建全方位、多领域、共参与的蓝色伙伴关系是中国作为负责任的新兴大国深入参与全球治理的努力方向。

一、贯彻习近平外交思想，夯实中国周边外交

党的十八大以来，习近平总书记在对外工作领域提出一系列具有开创性意义的新理念、新思想、新战略，形成了习近平外交思想。习近平外交思想是习近平新时代中国特色社会主义思想的重要组成部分，是马克思主义基本原理同中国特色大国外交实践相结合的重大理论成果，是以习近平同志为核心的党中央治国理政思想在外交领域的集中体现，是新时代我国对外工作的根本遵循和行动指南。

构建蓝色伙伴关系是习近平外交思想的重要组成部分。近年来，习近平总书记多次在不同场合为全球海洋治理提供"中国方案"，主张促进海上互联互通和各领域务实合作，积极发展蓝色伙伴关系。构建海洋命运共同体理念是对人类命运共同体理念的丰富和发展，是人类命运共同体理念在海洋领域的具体实践，是中国在全球治理特别是全球海洋治理领域贡献的又一"中国智慧""中国方案"，必将有力推动世界发展进步，造福各国人民。因此，我们要大力贯彻习近平外交思想，在"一带一路"有序推进、中美合作红利消退、海洋成为高质量发展战略要地的今天，从国家战略层面构建高质量蓝色伙伴关系，以伙伴关系深化"一带一路"合作、突破西方国家的对华壁垒，在西方国家打着反对"搭便车"旗号从原有国际海洋公共产品和海洋秩序供给者角色有选择退出的情况下，适时接盘并塑造引领，与构建"21世纪海上丝绸之路"相呼应，与构

建全球海洋命运共同体相契合。

习近平总书记强调,外交是国家意志的集中体现,必须坚持外交大权在党中央。在中央全面深化改革总体部署下,中央外事工作领导小组改为中央外事工作委员会,加强外交外事工作的顶层设计、总体布局、统筹协调、整体推进、督促落实,推进对外工作体制机制改革取得重要成果,强化对各领域各部门各地方外事工作的统筹协调,确保党中央决定的对外大政方针和战略部署得到坚决有力贯彻执行。

二、推出更多海上公共产品,夯实互信基础

当前,东南亚仍有一些国家对我国的崛起和发展存有一定的疑虑,这也是长期以来部分东南亚国家奉行"经济靠中国,安全靠美国"的原因所在。为此,中国与东盟构建海上秩序的一个重要举措就是提供更多的海上公共产品,这既能淡化海上主权之争,又能推动争议国之间的互信,且能大大对冲来自域外势力的介入和影响。

中国提供海上公共产品的途径主要有以下几个方面。第一,拓展海上安全合作。中国海军应该本着开放精神,适应海军护航任务的常态化、兵力行动的远洋化,重点围绕国际维和、救灾救援、海上反恐、反海盗、打击走私等海洋安全问题,深化与南海相关国家的海军关系,做好海军外交,如舰只的访问交流、海上共同搜救、海上联合军事演练等,从而加强海上公共安全产品的供给。第二,做好海洋危机的预报、预警工作。海洋危机爆发会有一个时间积累,爆发之前会有一定危机先兆,中国应该充分利用自己在超级计算机、人工智能、大数据等方面的独特优势,做好自然环境监控与信息收集,尽早能发现先兆信息,从而发出危机警报,第一时间启动海洋公共危机管理的程序,与周边国家共同打造海洋命运共同体。第三,大力发展海洋科技。在涉海科技方面,与南海周边国家相比,中国的航天科技、卫星技术、深海技术以及可燃冰利用等技术都处于绝对的优势地位,对于中国提供海上公共安全产品有重大意义。第四,在现有的中国及东南亚海洋濒危物种研究的基础上进一步拓展规模,扩大范畴。

此外,应该在现有科技条件的基础上,建立中国—东盟合作框架下的大数据合作,我们已有的很多合作机制在长远来看需要大数据的支持,需要有海洋气象、环保、渔业、减灾防灾海量数据的支持。同时,已有的合作机制也能够为

我们加强大数据合作提供重要基础,而这些恰恰是域外国家所不具备的优势,对推进中国与东盟国家之间的互信具有极大的促进作用。

总之,在海上公共产品、生物科研、渔业等方面,对(南海)海洋的开发利用涵盖了传统产业和第四次科技革命背景下的新兴产业,南海有希望成为一个巨大的产业链和经济集团,惠及多边利益。

三、强化海事合作,让相关国家拥有获得感

能否实现可持续性的海洋发展关乎未来海洋生态的走向,也直接影响着海洋经济效应能否实现最大化。因此,可延伸相关的合作机制,在现有的中国与印尼海洋与气候联合研究中心及观测站建设、东南亚海洋环境预报及减灾系统、北部湾海洋与海岛环境管理等项目的基础上,发挥南海合作基金的功效,用于加强与南海沿岸国家的其他海事合作。

第一,在《联合国海洋法公约》的框架下,加强国家管辖范围以外区域海洋生物多样性的养护和可持续利用问题(BBNJ)的谈判,BBNJ 包括适用范围、目标、其他文书和框架等问题,原则方法包括尊重公约、尊重沿海国的大陆架、尊重各国主权和领土完整等,强调内容包括加强国际合作、划区管理保护区、环境影响评价、能力建设和海洋技术转让等,会给南海沿岸国带来新的合作机遇。①

第二,在国际海事组织的框架中,大力推进或强化南海沿岸国的国内渡轮安全合作。目前在东南亚各国中,普遍存在着渡轮安全方面的隐患,以至于海上渡轮事故频发。所以,未来应以我国为主,吸纳菲律宾、马来西亚、印尼、新加坡等国家来共同开展这项工作,包括制订安全培训计划、定期召开专家会议以及实地查看、交流安全制度落实情况等,甚至还包括共同商讨、制订相关渡轮安全措施、提供相关设施等。说到底,就是要以中国为主导,建立一个可持续的有务实合作过程及成果的海事合作新典范,让相关国家拥有获得感,使人类命运共同体和海洋命运共同体理念在东盟国家中得到体现。

第三,逐步完善海洋保险体系建设,并将其视为一个重要创新,因为海洋

---

① 杨泽伟.全球治理区域转向背景下中国—东盟蓝色伙伴关系的构建:成就、问题与未来发展[J].边界与海洋研究,2023(2):28-45.

保险的发展势必有利于中国—东盟海洋金融合作,同时也有利于增强中国—东盟互信。

此外,除了现有的对话合作机制,中国还应加快与马来西亚、菲律宾、越南等国建立更完善的海事安全合作对话机制。

四、涉海功能合作需要迈出历史性的一步

在"一带一路"倡议的引领下,中国在处理南海争端时,还应致力于扩大功能合作,"功能合作"即能够给参与方带来双赢的海上开发合作。为此,可从与声索国共同开发油气资源入手,具体如下:

其一,与越南开展海上合作。中央相关部委可先期成立工作小组、专家小组,与越南方面对接,就海上合作开发展开具体的细节性磋商,确定合作的原则和计划,制定相应的预案与步骤。同时,应反复公开强调中方对海上合作开发始终持开放的态度,欢迎并推进与包括越南在内的各方实施海上联合开发,中方将会很好地承担起一个大国应有的责任。目前,中国—越南北部湾湾口外海域工作组以及低敏感领域合作专家组已经先后进行了多次正式的磋商,并且取得了十分积极的进展,为双方的功能合作奠定了重要的基础。

其二,与马来西亚开展海上合作。目前,马来西亚一直是海底天然气的最大勘探国,未来中马两国在海底天然气开发上的合作具有极大的空间,中方拥有雄厚的资金和先进的技术,双方完全可以做到优势互补。

五、加快"南海行为准则"谈判步伐,助力蓝色伙伴关系构建

"南海行为准则"的谈判成功是未来构建中国与东盟蓝色伙伴关系的重要保障,能够建立机制,大大减少域外势力对南海问题的干扰,并约束一些国家的海上冒险行为。中方希冀未来达成"南海行为准则"的目的就是能够推动中国与南海周边诸国和平妥当处理争议,淡化南海问题的安全性特征,凸显南海和平与发展的意义。由于域内外势力联手恶意搅局,谈判出现了一定的挫折。中方应坚持原则,一是杜绝域外势力染指干预,避免"南海行为准则"谈判国际化;二是保持警惕,及时揭露域外势力欲联手域内个别国家左右谈判进程的阴谋;三是灵活应变,视谈判进展而做出一定的调整和变化,大力推动"南海行为准则"尽快落地。简言之,在当前复杂的背景下,"南海行为准则"是确保中国与东盟国家成功构建蓝色伙伴关系、避免域外势力干扰的重要砝码,中方有必

要与东盟国家一道齐心协力,在坚决排除外力的作用下努力推动"南海行为准则"谈判进程。

六、利用、协调现有的合作机制

一方面,充分发挥联合国及其专门机构的作用。例如,在海洋生态环境保护领域,鼓励各国利用联合国环境规划署"区域海洋项目"之"东亚海域环境管理区域合作计划"衍生出来的海岸地区管理系统,来监督海岸地区的环境影响;推动各国在联合国粮农组织的亚太渔业委员会框架下开展渔业管理合作等。另一方面,在积极利用现有合作项目及平台的基础上,加强既有合作计划、平台间的对接。例如,借助 RCEP 大力发展蓝色海洋经济;加强"一带一路"倡议与《东盟互联互通总体规划 2025》的对接,深化"保护海洋生态""应对气候变化""防治海洋污染""可持续利用海洋资源""促进蓝色增长"等领域的全面合作。此外,遵循共商共建共享原则,借鉴北极理事会的成功经验,整合和协调现有的中国—东盟的合作机制,建立南海合作理事会,将其作为中国—东盟蓝色伙伴关系的重要平台。①

七、注重舆论引导,对冲西方对我国的抹黑

随着世界经济格局的再调整,西方国家加强了对华的舆论抹黑,这严重掣肘了中国—东盟蓝色伙伴关系的构建。对此,应该加强在东盟国家的舆论宣传,尤其是引导正面舆论,令东盟国家及其民众能够理性、客观地认识中国,促进中国—东盟共同发展。

第一,可大力依靠海外友好媒体的力量,对中国进行正面的舆论引导,并定期组织相关媒体的从业人员来华访问、合作交流,在东盟国家营造知华、友华的社会舆论氛围,夯实民心基础,从而由下而上影响对象国家,使其能够制订更加积极、友善、稳健、可持续的对华政策,这对蓝色伙伴关系的构建十分重要。

第二,可参照日本等国的做法,以多种形式对周边国家有影响力的私营媒体进行投资,使其对中国的报道做到客观公正,避免在域外势力及非政府组织

---

① 杨泽伟.全球治理区域转向背景下中国—东盟蓝色伙伴关系的构建:成就、问题与未来发展[J].边界与海洋研究,2023(2):28-45.

的影响和操弄下导致某些东盟国家"逢中必反",误导舆论。

第三,鼓励我国中央媒体、地方省市媒体与东盟国家的相关主流媒体建立战略合作关系,在稿件互通、信息共享上形成机制性合作,以及时了解舆论导向,不断建构客观良好的中国形象。

第四,鉴于当前在东盟国家中以当地语言介绍中国的报刊由或中国发行的以当地语言为媒介的报刊少之又少,建议展开专题研究,并从丝路基金中拨出部分款项,推出以当地语言为主的介绍中国或中国与本国关系的系列图书、报纸、期刊,开发出方便当地民众使用的相关电子产品、网络社交平台等。

后
记

当今,海洋的保护和可持续利用是典型的全球治理问题,保护海洋需要各国共同努力。而在百年未有之大变局下,在逆全球化的潮流下,构建中国—东盟蓝色伙伴关系还具有重要的现实意义。它是中国与东盟国家构建命运共同体的具体行动,构建中国—东盟命运共同体既是区域秩序重塑的战略目标,也是区域秩序重塑的重要战略手段。而在南海存在争端之际,中国政府努力构建与东盟国家蓝色伙伴关系的举措,更能在全球树立一个和平的典范——以对话、合作而不是对抗、冲突来实现共赢。长期以来,中国—东盟命运共同体框架下中国和东盟国家构建起来的互利共生的地区体系结构,致力于实现双方的持久和平与发展,建设稳定的区域秩序,保障地区持久和平与发展。可以说,构建中国东盟—蓝色伙伴关系超越了海洋治理的范畴,基于此,希望本书的研究能够不落窠臼。

经过将近两年时间的努力,这部《构建中国—东盟"蓝色伙伴关系"研究》终于付梓。作为主编,颇有喜极而泣之感,书稿创作过程中的一次次修改、一次次讨论,凝聚着所有作者的无数心血和劳动。实在是太不容易!在此,我谨向本书所有的作者和顾问表示衷心的感谢!

作为主编,在深感责任重大的同时更忐忑不安地等待着外界的反馈和回应。因为我们深知书稿一旦印刷出版便无法再行修改,若有疏漏,那很可能会成为终生的遗憾。但是,"百密总有一疏",我们很担心自己的疏忽、水平的欠缺会导致这样的遗憾出现。因此,我们将以万分谦虚和无比感激的态度期待着外界真诚而善意的批评和指正,这样的批评有助于我们每一个作者不断提高自己的理论与研究水平。

成汉平

甲辰年仲夏于金陵